고급 동역학

문제연습

유주식 · 고형종 공저

교육과학사

이 책에서는 5급(기술) 국가 공무원 공채 제2차 시험(2002년도~2021년도)에 출제된 전체 동역학 문제를 소개하고 풀이 과정을 기술하였다.

5급(기술) 공무원 시험은 예전에는 기술고등고시(행정고등고시-기술직)라고 하였으며, 아주 어려운 시험 중의 하나이다. 동역학은 이 시험의 선택과목이며 그 동안 출제된 문제들을 살펴보면 어려운 문제들이 많은데, 대부분의 문제들이 동역학 지식을 점검하고 개념을 더 정리하는 데 도움이 되는 좋은 문제라고 생각하여 이 책을 준비하게 되었다. 문제의 쉽고 어려움을 떠나 정확하게 개념을 파악하고 있어야 풀 수 있는 문제들이 좋은 문제이고 좋은 문제는 기본 이론을 체계적으로 이해하게 함으로써 문제해결 능력을 향상시켜주는 법이다. 모든 문제에 대하여 관련 이론을 소개하고 풀이 과정을 상세히 기술하였으므로 그 내용을 쉽게 이해할 수 있으리라 생각한다.

아무쪼록 이 책에 소개된 문제들을 통해 동역학 실력이 한층 더 향상되고 관련된 시험을 준비하는 수험생은 기초를 충실히 다지는 계기가 되기를 바란다. 끝으로 이 자리를 통해 이 책이 나올 때까지 여러 면에서 도움을 베풀어 주신 교육과학사 관계자분들께 감사의 인사를 전한다.

2022년 6월

유주식 · 고형종

차 례

차 례

제1장 2002년 시행 제38회 기술고등고시 제2차시험

[문제 1.1] 많은 조그마한 상자들을 나르는 컨베이어 벨트가 일정한 속도 v로 움직이면서 아래 그림에서 보여지는 것처럼 아이들 롤러를 통과하고 있다. 상자와 벨트 사이의 최대정지마찰계수 $\mu = 0.75$라면, 상자가 벨트 위에서 미끄러지지 않을 최대 속도 v를 구하시오. (반경 200mm 인 롤러의 상황에 주목하라) (40점)

[국가공무원 5급(기술) 공개경쟁채용 제2차시험(2002)]

풀이 롤러를 지난 후 수평부에서는 미끄러지지 않으므로 롤러를 지날 때까지만 고려하면 된다. 상자가 벨트 위에서 미끄러지지 않을 때 선속도가 v이므로 경로의 곡률반경을 r이라 할 때 법선방향(반경방향) 가속도는 $a_r = \dfrac{v^2}{r}$이고, 벨트가 일정한 속도 v로 움직이므로 접선방향 가속도는 $a_t = 0$이다. 따라서 상자에 작용하는 힘과 가속도를 나타내면 [그림(1)]과 같다. 여기에서 반경방향과 접선 방향으로 뉴턴운동법칙을 적용하면

$$\sum F_r = ma_r \ : \ mg\cos\theta - N = m\frac{v^2}{r} \quad \cdots\cdots ①$$

$$\sum F_t = ma_t \ : \ mg\sin\theta - \mu N = 0 \quad \cdots\cdots ②$$

이다. 식 ①에서 구한 N을 식 ②에 대입하여 v를 구한다.

$$mg\sin\theta - \mu m\left(g\cos\theta - \frac{v^2}{r}\right) = 0$$

$$\mu\frac{v^2}{r} = g(\mu\cos\theta - \sin\theta)$$

$$\therefore\ v = \sqrt{\frac{rg(\mu\cos\theta - \sin\theta)}{\mu}} \quad \cdots\cdots ③$$

$\mu \le \mu_{max}$이므로

$$v \le \sqrt{rg\left(\cos\theta - \frac{\sin\theta}{\mu_{max}}\right)} \quad \cdots\cdots ④$$

이다. 곡률반경은 롤러 이전에는 ∞, 롤러를 지날 때는 롤러 반지름과 같으므로 식 ④를 고려할 때, 롤러 이전에는 $\theta \le \tan^{-1}\mu_{max}$을 만족하면 되고, 롤러에서는 $\mu = \mu_{max}$일 때의 속도가 최대 속도가 된다. 식 ③에 주어진 값 $\theta = 20°$, $\mu = 0.75$, $r = 0.2\text{m}$와 $g = 9.8\text{m/s}^2$를 대입하면 다음과 같이 상자가 벨트 위에서 미끄러지지 않을 최대 속도 v가 얻어진다.

$$v = \sqrt{\frac{rg(\mu\cos\theta - \sin\theta)}{\mu}}$$

$$= \sqrt{\frac{0.2\times 9.8(0.75\times\cos 20° - \sin 20°)}{0.75}} = 0.974[\text{m/s}]$$

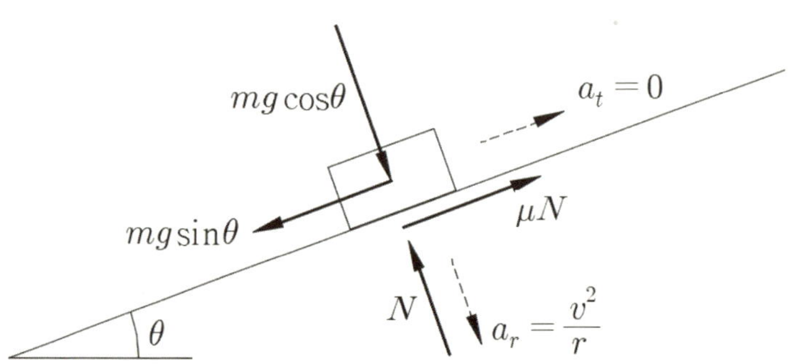

[그림(1)] 상자에 작용하는 힘과 가속도

[참고] 상자의 운동을 구간별로 나누어 해석하면 다음과 같다.

벨트가 일정한 속도 v로 움직이고, 처음에 같은 속도 v로 출발한 상자들이 미끄러지지 않고 움직이려면 상자의 접선방향(벨트 운동방향과 평행한 방향) 가속도 성분이 0이 되어야 한다. [그림(2)]의 세 구간에서 운동방정식과 마찰계수를 사용하여 다음과 같이 해석한다.

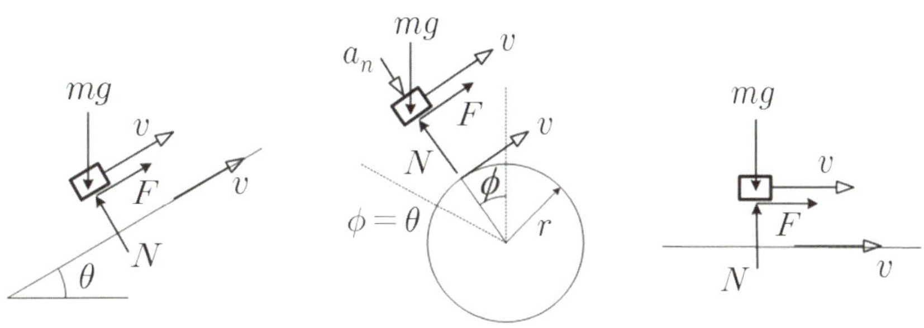

[그림(2)] 세 구간에서의 자유물체도

• 경사 구간

$$\sum F_n = ma_n \ : \ mg\cos\theta - N = 0 \ \cdots\cdots ①$$

$$\sum F_t = ma_t \ : \ F - mg\sin\theta = 0 \ \cdots\cdots ②$$

$$\frac{F}{N} = \frac{mg\sin\theta}{mg\cos\theta} = \tan\theta = \tan 20° = 0.3640 < 0.75 = \mu_s \ \cdots\cdots ③$$

이 구간에서는 속도와 무관하게 경사각 θ가 마찰각

$$\tan^{-1}(\mu_s) = \tan^{-1}(0.75) = 36.87°$$

이하면 미끄러지지 않는다.

• 롤러 구간: [그림(2)]에서 $0 \le \phi \le \theta$인 구간

$$\sum F_n = ma_n \ : \ mg\cos\phi - N = m\frac{v^2}{r} \ \cdots\cdots ④$$

$$\sum F_t = ma_t \ : \ F - mg\sin\phi = 0 \ \cdots\cdots ⑤$$

$$\frac{F}{N} = \frac{mg\sin\phi}{mg\cos\phi - m(v^2/r)} \le \mu_s \ \cdots\cdots ⑥$$

식 ⑥을 정리하면

$$v \le \sqrt{gr\left(\cos\phi - \frac{\sin\phi}{\mu_s}\right)} = v_{ub}(\phi) \quad \cdots\cdots ⑦$$

이 된다. 한계 속도 v_{ub}가 ϕ의 단조감소 함수이므로 최대 속도는 다음과 같다.

$$v_{\max} = v_{ub}(\theta) = \sqrt{9.81 \times 0.2\left(\cos 20° - \frac{\sin 20°}{0.75}\right)} = 0.9741\ [\mathrm{m/s}]$$

• 수평 구간: 경사 구간 해석에서 $\theta = 0$인 경우에 해당
결론적으로 이 구간에서는 경사각 0이 마찰각보다 작으므로 속도에는 제한이 없다.
세 구간의 결과를 종합하면 벨트가 최대로 낼 수 있는 속도는 0.9741[m/s]이다.

[문제 1.2] **마찰이 없는 평면상에서 당구공이 구르기 위해서는 어느 지점(높이 h)에 수평 방향의 충격이 가해져야 하는가? (20점)**

[국가공무원 5급(기술) 공개경쟁채용 제2차시험(2002)]

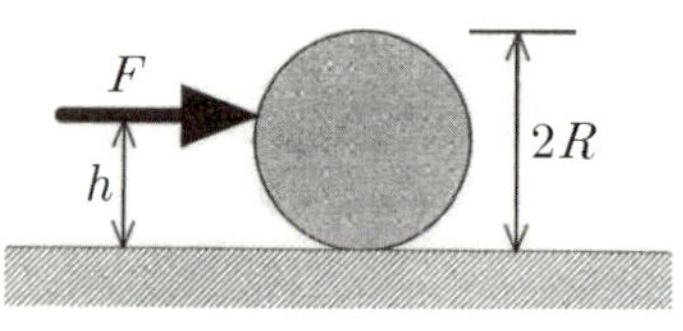

풀이 당구공의 질량중심(G)에 대한 질량관성모멘트는

$$I_G = \frac{2}{5}mR^2$$

이다. 당구공에 충격을 주기 전과 후를 각각 첨자 1, 2로 나타낸다. 충격을 주기 전 당구공의 각속도와 질량중심(G)의 속도는 다음과 같다.

$\omega_1 = 0$, $v_{G1} = 0$

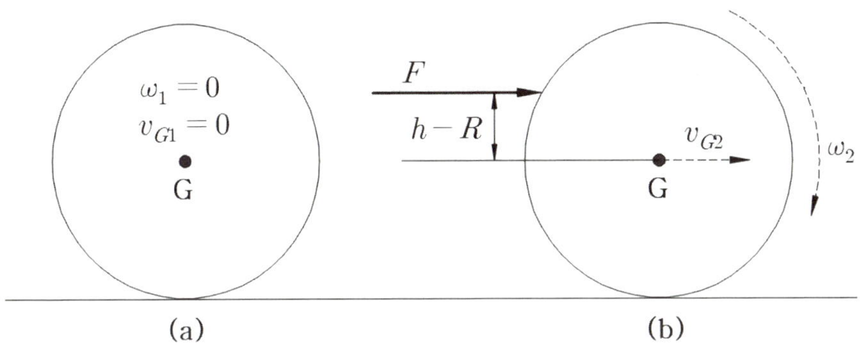

[그림(1)] 충격을 주기 전(a)과 후(b)의 당구공 상태

[그림(1)]에서 마찰(력)이 없으므로 질량중심에 대해 각충격량-각운동량 원리를 적용하면

$$(h-R)F\Delta t = I_G(\omega_2 - \omega_1) = I_G(\omega_2 - 0) = I_G\omega_2$$

$$\therefore\ (h-R)F\Delta t = \frac{2}{5}mR^2\omega_2 \cdots\cdots ①$$

이고, 선형충격량-선형운동량 원리를 적용하면

$$F\Delta t = m(v_{G2} - v_{G1}) = m(v_{G2} - 0) = mv_{G2}$$

$$\therefore\ F\Delta t = mv_{G2} \cdots\cdots ②$$

이다. 여기에서 당구공이 미끄러짐이 없이 구르면

$$v_{G2} = R\omega_2 \cdots\cdots ③$$

가 된다. 식 ②, ③을 식 ①에 대입하면 다음과 같이 당구공이 구르기 위한 높이 h가 구해진다.

$$(h-R)(m \times R\omega_2) = \frac{2}{5}mR^2\omega_2$$

$$h - R = \frac{2}{5}R$$

$$\therefore\ h = \frac{7}{5}R$$

[참고] 힘 F로 밀 때의 운동방정식을 시용하여 다음과 같이 해석할 수도 있다. 질량 m, 반지름 R인 당구공의 표면에 접하는 축(A)에 대한 질량관성모멘트(I_A)는 평행축정리에 의해 다음과 같다.

$$I_A = I_G + mR^2 = \frac{2}{5}mR^2 + mR^2 = \frac{7}{5}mR^2 \quad \cdots\cdots ①$$

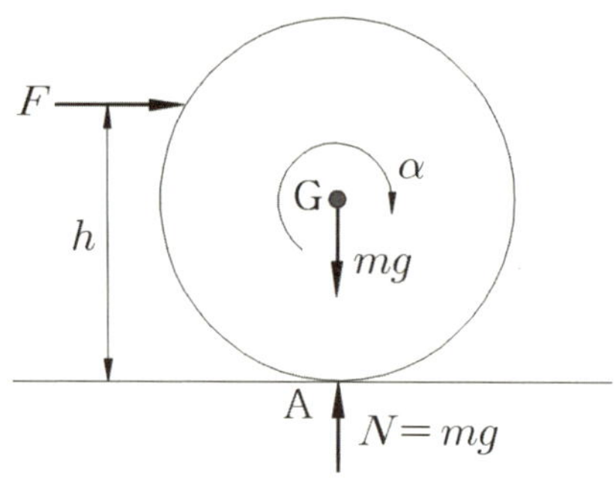

[그림(2)] 당구공의 자유물체도

[그림(2)]의 자유물체도에서 각운동방정식($\sum M_A = I_A\alpha$)을 적용하면

$$Fh = \frac{7}{5}mR^2\alpha \quad \cdots\cdots ②$$

이고, 수평방향 선형운동방정식($\sum F = ma$)에 운동학관계식을 적용하면

$$F = ma_G = m(R\alpha) \quad \cdots\cdots ③$$

이다. 식 ③을 식 ②에 대입하면 다음과 같이 h가 구해진다.

$$(mR\alpha)h = \frac{7}{5}mR^2\alpha$$

$$\therefore\ h = \frac{7}{5}R$$

[문제 1.3] 다음 그림과 같이 2개의 균일한 단면을 갖는 가느다란 봉이 T자 형태로 만들어져 그 끝점 O를 중심으로 한 평면 안에서 진자처럼 운동하고 있다. 각 봉의 질량은 m이고, 길이는 $2L$이다. 작은 각도의 진동이라 가정할 때, 이 운동의 운동방정식과 주기를 계산하시오. (20점)

[국가공무원 5급(기술) 공개경쟁채용 제2차시험(2002)]

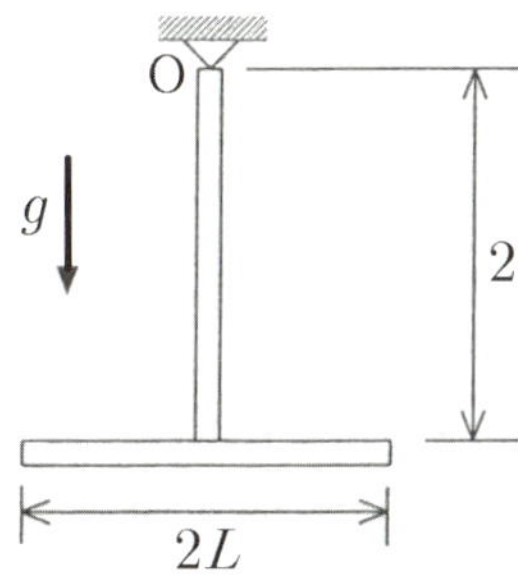

풀이 수직으로 서있는 봉과 수평으로 놓여있는 봉을 각각 1, 2라 한다. 두 봉의 질량중심은 O점으로부터 각각 L, $2L$만큼 떨어져 있고 질량 m, 길이 l인 막대에서 $I_G = (1/12)ml^2$ 이므로 평행축정리에 의해 O점에 대한 질량관성모멘트는 다음과 같다.

$$I_{O,1} = \frac{m}{12}(2L)^2 + m(L)^2 = \frac{4}{3}mL^2 \quad \cdots\cdots ①$$

$$I_{O,2} = \frac{m}{12}(2L)^2 + m(2L)^2 = \frac{13}{3}mL^2 \quad \cdots\cdots ②$$

따라서 T자형 봉의 O점에 대한 질량관성모멘트는

$$I_O = I_{O,1} + I_{O,2} = \frac{4}{3}mL^2 + \frac{13}{3}mL^2 = \frac{17}{3}mL^2 \quad \cdots\cdots ③$$

이다. [그림]과 같이 연직선으로부터 θ만큼 회전했을 때 봉에 대해 각운동방정식($\sum M_O = I_O\alpha$)을 적용하면

$$-mg \times L\sin\theta - mg \times (2L\sin\theta) = I_O\alpha$$

$$\therefore\ I_O\alpha + 3mgL\sin\theta = 0 \quad \cdots\cdots ④$$

여기에서 $\theta \ll 1$일 때 $\sin\theta = \theta$이고 각가속도 $\alpha = \dfrac{d^2\theta}{dt^2}$이므로 식 ④로부터 다음과 같은 운동방정식이 얻어진다.

$$\left(\frac{17}{3}mL^2\right)\frac{d^2\theta}{dt^2} + 3mgL\theta = 0$$

$$\therefore \ \frac{d^2\theta}{dt^2} + \left(\frac{9g}{17L}\right)\theta = 0 \quad \cdots\cdots ⑤$$

식 ⑤를 진동방정식 $\dfrac{d^2\theta}{dt^2} + \omega^2\theta = 0$와 비교하면

$$\omega = \sqrt{\frac{9g}{17L}} \quad \cdots\cdots ⑥$$

이고 주기는 다음과 같다.

$$T = \frac{2\pi}{\omega} = 2\pi\sqrt{\frac{17L}{9g}} \quad \cdots\cdots ⑦$$

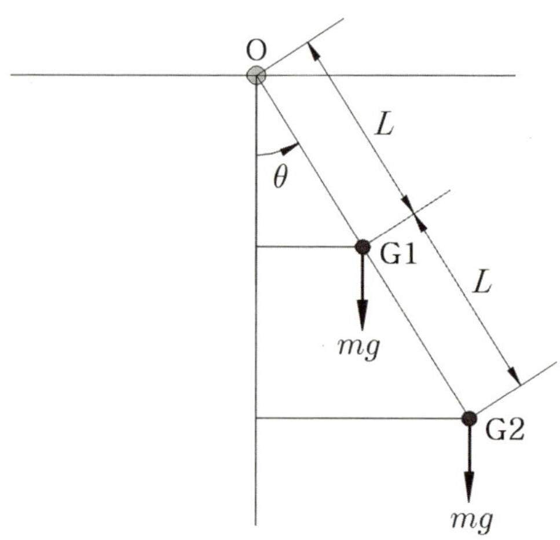

[그림] 무게중심과 각 변위

[문제 1.4] **곡률반경 200m인 곡선도로 위를 자동차가 달리고 있다. 곡선도로의 경우 바깥쪽이 안쪽보다 높게 시공되는 것이 일반적이다. 도로가 비에 젖어 있어서 자동차 바퀴와 도로의 마찰계수를 0.2로 가정한다. 다음에 답하시오. (총 20점)**

[국가공무원 5급(기술) 공개경쟁채용 제2차시험(2002)]

1) 5°의 경사각을 갖고 바깥쪽이 높은 경우, 자동차가 옆으로 미끄러지지 않고 일정한 속도로 주행할 수 있는 최고 주행속도[m/s]를 구하시오. (10점)
2) 반대로 5°의 경사각을 갖고 안쪽이 높은 경우, 자동차가 옆으로 미끄러지지 않고 일정한 속도로 주행할 수 있는 최고 주행속도[m/s]를 구하시오. (10점)

풀이 곡률반경 R, 주행속도 v일 때 무게 W인 자동차에 작용하는 원심력(F_R)은 다음과 같다.

$$F_R = m\frac{v^2}{R} = \frac{Wv^2}{gR} \quad \cdots\cdots ①$$

1) 바깥쪽이 높을 때 반경방향으로 자동차에 작용하는 힘을 도시하면 [그림(1)]과 같다. 여기에서 힘의 평형을 고려하면

$$W\sin\theta + \mu N = F_R\cos\theta \quad \cdots\cdots ②$$

$$N - W\cos\theta = F_R\sin\theta \quad \cdots\cdots ③$$

이고, ②−③×μ를 하면

$$W(\sin\theta + \mu\cos\theta) = F_R(\cos\theta - \mu\sin\theta)$$

$$\therefore\ F_R = \left(\frac{\sin\theta + \mu\cos\theta}{\cos\theta - \mu\sin\theta}\right)W \quad \cdots\cdots ④$$

이다. 식 ①과 ④로부터

$$\frac{Wv^2}{gR} = \left(\frac{\sin\theta + \mu\cos\theta}{\cos\theta - \mu\sin\theta}\right)W$$

$$\therefore \ v = \sqrt{gR\left(\frac{\sin\theta + \mu\cos\theta}{\cos\theta - \mu\sin\theta}\right)} = V_1(\mu)$$

이고, $V_1(\mu)$가 μ의 단조증가함수이므로 최고 주행속도는 다음과 같다.

$$v_{max} = V_1(0.2) = \sqrt{9.8 \times 200 \times \left(\frac{\sin5° + 0.2 \times \cos5°}{\cos5° - 0.2 \times \sin5°}\right)}$$
$$= 23.9\ [\text{m/s}]$$

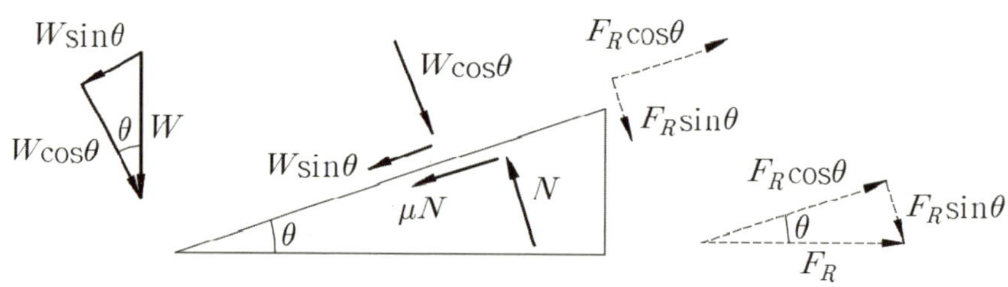

[그림(1)] 바깥쪽이 높은 경우

2) 안쪽이 높은 경우 반경방향으로 자동차에 작용하는 힘을 도시하면 [그림(2)]와 같다. 여기에서 힘의 평형을 고려하면

$$\mu N - W\sin\theta = F_R\cos\theta \ \cdots\cdots ⑤$$
$$W\cos\theta - N = F_R\sin\theta \ \cdots\cdots ⑥$$

이고, ⑤+⑥×μ를 하면

$$W(-\sin\theta + \mu\cos\theta) = F_R(\cos\theta + \mu\sin\theta)$$
$$\therefore \ F_R = \left(\frac{\mu\cos\theta - \sin\theta}{\mu\sin\theta + \cos\theta}\right)W \ \cdots\cdots ⑦$$

이다. 식 ①과 ⑦로부터

$$\frac{Wv^2}{gR} = \left(\frac{\mu\cos\theta - \sin\theta}{\mu\sin\theta + \cos\theta}\right)W$$

$$\therefore\ v = \sqrt{gR\left(\frac{\mu\cos\theta - \sin\theta}{\mu\sin\theta + \cos\theta}\right)}$$
$$= \sqrt{gR\left(\frac{\cos\theta - (1/\mu)\sin\theta}{\sin\theta + (1/\mu)\cos\theta}\right)} = V_2(\mu)$$

이고, $V_2(\mu)$가 μ의 단조증가함수이므로 최고 주행속도는 다음과 같다.

$$v_{max} = V_2(0.2) = \sqrt{9.8\times 200\times\left(\frac{0.2\times\cos 5° - \sin 5°}{0.2\times\sin 5° + \cos 5°}\right)}$$
$$= 14.7\,[\text{m/s}]$$

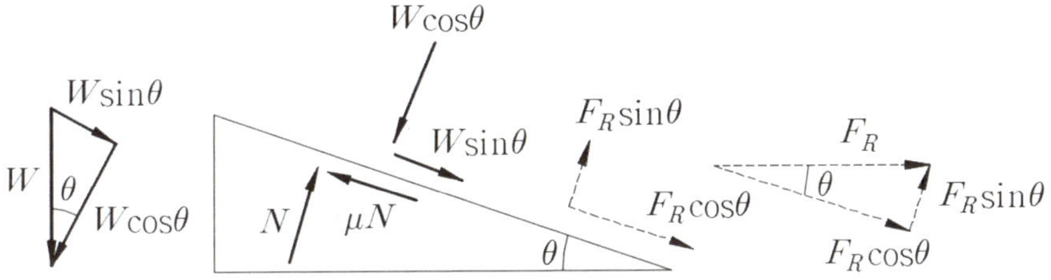

[그림(2)] 안쪽이 높은 경우

[참고] 관성력인 원심력을 사용하지 않고 경사면에서 질점의 운동방정식을 사용하여 해석하면 다음과 같다.

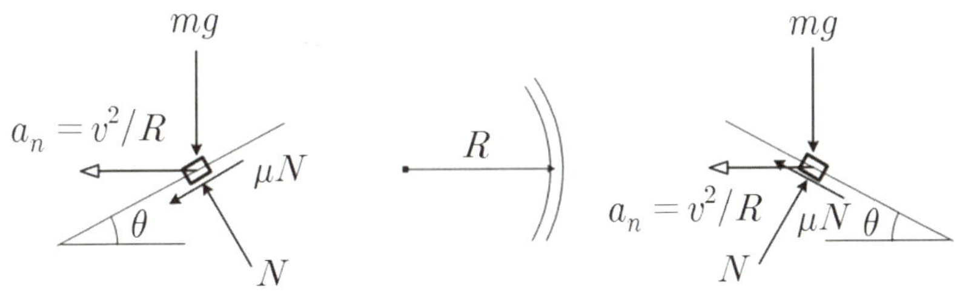

[그림(3)] 자동차의 자유물체도

[그림(3)]에 보인 것처럼 바닥은 평면인데 도로만 경사지고, 곡선도로의 곡률반경에 비해 도로의 크기가 작아서 질점인 자동차까지의 거리는 경사와 무관하다고 본다. 도로가 곡률 중심을 향하여 θ만큼 경사진 경우 운동방정식은

$$\sum F_n = ma_n \ : \ N\sin\theta + \mu N\cos\theta = m\frac{v^2}{R} \quad \cdots\cdots ⑧$$

$$\sum F_z = ma_z \ : \ N\cos\theta - \mu N\sin\theta - mg = 0 \quad \cdots\cdots ⑨$$

이다. 식 ⑨에서 무게를 이항한 후 두 식의 비를 계산하면 다음과 같이 속도 v를 구할 수 있다.

$$\frac{v^2}{gR} = \frac{\sin\theta + \mu\cos\theta}{\cos\theta - \mu\sin\theta}$$

$$\therefore \ v = \sqrt{gR\left(\frac{\sin\theta + \mu\cos\theta}{\cos\theta - \mu\sin\theta}\right)} \quad \cdots\cdots ⑩$$

이 식은 1)에서 구한 것과 일치하며, 속도가 마찰계수 μ가 클수록 커지므로 $\mu = 0.2$일 때 최대가 된다. 따라서 θ가 5°일 경우의 최대 주행속도는

$$\sqrt{(9.81)(200)\left(\frac{\sin 5° + 0.2\cos 5°}{\cos 5° - 0.2\sin 5°}\right)} = 23.96\ [\mathrm{m/s}]$$

이고, 0°, −5°일 때 19.81[m/s], 14.73[m/s]이다. 이 중에서 −5°인 경우는 [그림(3)]을 참조하여 도로가 곡률 중심 반대쪽으로 경사진 경우에 대한 해석을 통하여 다음과 같이 확인해 볼 수 있다.

$$\sum F_n = ma_n \ : \ -N\sin\theta + \mu N\cos\theta = m\frac{v^2}{R} \quad \cdots\cdots ⑪$$

$$\sum F_z = ma_z \ : \ N\cos\theta + \mu N\sin\theta - mg = 0 \quad \cdots\cdots ⑫$$

$$\frac{v^2}{gR} = \frac{-\sin\theta + \mu\cos\theta}{\cos\theta + \mu\sin\theta}$$

$$\therefore \ v = \sqrt{gR\left(\frac{-\sin\theta + \mu\cos\theta}{\cos\theta + \mu\sin\theta}\right)} \quad \cdots\cdots ⑬$$

이 식은 식 ⑩에서 θ 대신에 $-\theta$를 대입한 것과 같고 2)의 결과와도 일치한다. [그림(3)]의 해석에서 마찰력의 방향은 바깥쪽으로 쏠리는 것을 제한하는 방향, 즉 구심방향 성분이 생기게 하는 방향이다.

제2장 2003년 시행 제39회 기술고등고시 제2차시험

- 모든 문제에서 중력가속도 $g = 10\text{m/s}^2$이다.

[문제 2.1] 다음 물음에 답하시오. (총 20점)

[국가공무원 5급(기술) 공개경쟁채용 제2차시험(2003)]

1) 아래 그림과 같은 자동차가 전륜구동인 경우와 후륜구동인 경우에 최대 가속도를 각각 구하시오. (단, 타이어와 노면 사이의 유효마찰계수는 0.5이다) (10점)
2) 경사면을 올라갈 경우 전륜구동과 후륜구동 중 등판각도는 어느 차량이 크게 나오는지 판단하시오. (10점)

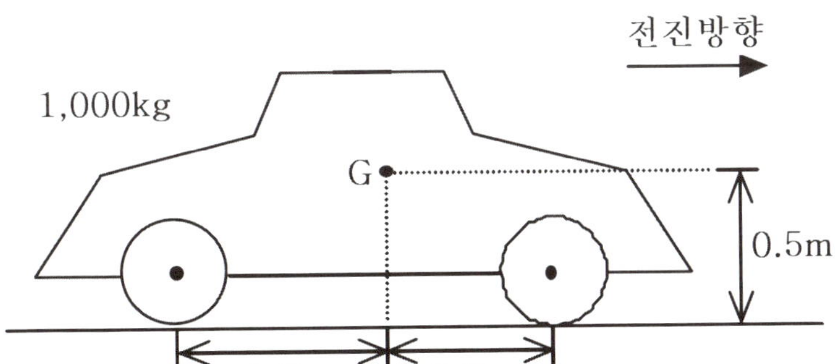

풀이 여기에서 구동마찰력은 구동바퀴에만 작용한다고 가정한다.

1) 전륜구동인 경우 자동차에 작용하는 힘을 [그림(1)]에 도시하였다. 그림에서 C점에 대한 각운동방정식 $\sum M_C = I_G\alpha + (ma)d = 0$을 적용하면

$$N_1 \times (1.2 + 0.8) + \mu N_1 \times 0.5 - mg \times 1.2 = 0$$

$$\therefore \ N_1 = \frac{1.2mg}{2 + 0.5\mu}$$

이고, 전진방향으로 운동방정식 $\sum F = ma$ 를 적용하면 가속도는 다음과 같다.

$$f = \mu N_1 = ma \ \rightarrow \ \mu \times \frac{1.2mg}{2 + 0.5\mu} = ma$$

$$\therefore \ a = \frac{1.2\mu g}{2 + 0.5\mu} = \frac{1.2 \times 0.5 \times 10}{2 + 0.5 \times 0.5} = \frac{8}{3} = 2.67 \, [\mathrm{m/s^2}]$$

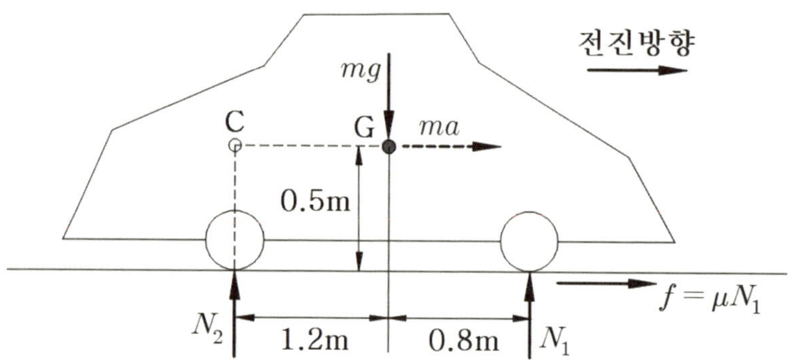

[그림(1)] 전륜구동

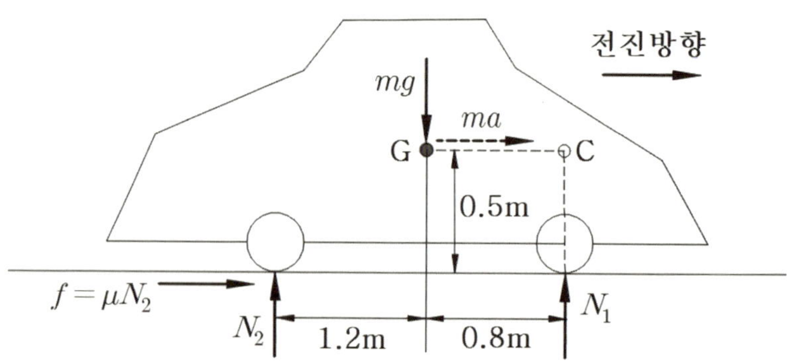

[그림(2)] 후륜구동

후륜구동인 경우 자동차에 작용하는 힘을 [그림(2)]에 도시하였다. 그림에서 C점에 대한 각운동방정식 $\sum M_C = I_G\alpha + (ma)d = 0$ 을 적용하면

$$\mu N_2 \times 0.5 - N_2 \times 2 + mg \times 0.8 = 0$$

$$\therefore \quad N_2 = \frac{0.8mg}{2 - 0.5\mu}$$

이고, 전진방향으로 운동방정식 $\sum F = ma$ 를 적용하면 가속도는 다음과 같다.

$$f = \mu N_2 = ma \;\rightarrow\; \mu \times \frac{0.8mg}{2 - 0.5\mu} = ma$$

$$\therefore \quad a = \frac{0.8\mu g}{2 - 0.5\mu} = \frac{0.8 \times 0.5 \times 10}{2 - 0.5 \times 0.5} = \frac{16}{7} = 2.29\,[\mathrm{m/s^2}]$$

2) 경사면의 경사각이 θ 일 때 전륜구동인 경우 [그림(3)]에서 C점에 대한 각운동방정식 $\sum M_C = I_G\alpha + (ma)d = 0$ 을 적용하면

$$N_1 \times (1.2 + 0.8) + \mu N_1 \times 0.5 - mg\cos\theta \times 1.2 = 0$$

$$\therefore \quad N_1 = \frac{1.2mg\cos\theta}{2 + 0.5\mu}$$

이고, 구동마찰력은 다음과 같다.

$$f_1 = \mu N_1 = \frac{1.2\mu mg\cos\theta}{2 + 0.5\mu}$$

$$= \frac{1.2 \times 0.5mg\cos\theta}{2 + 0.5 \times 0.5} = 0.267mg\cos\theta \cdots\cdots\cdots ①$$

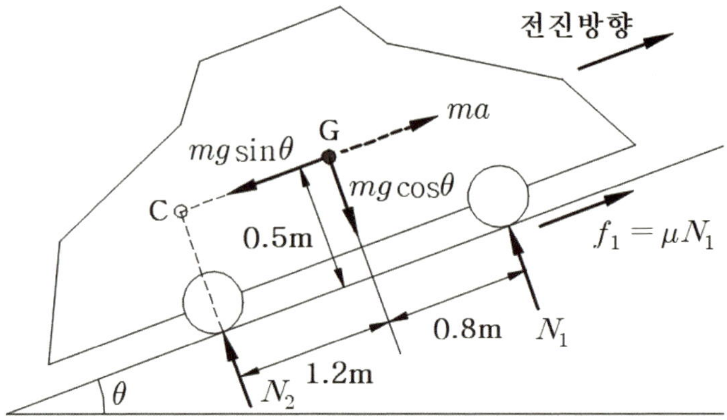

[그림(3)] 전륜구동

후륜구동인 경우 [그림(4)]에서 C점에 대한 각운동방정식

$$\sum M_C = I_G\alpha + (ma)d = 0$$

을 적용하면

$$\mu N_2 \times 0.5 - N_2 \times 2 + mg\cos\theta \times 0.8 = 0$$

$$\therefore\ N_2 = \frac{0.8mg\cos\theta}{2 - 0.5\mu}$$

이고, 구동마찰력은 다음과 같다.

$$f_2 = \mu N_2 = \frac{0.8\mu mg\cos\theta}{2 - 0.5\mu}$$

$$= \frac{0.8 \times 0.5mg\cos\theta}{2 - 0.5 \times 0.5} = 0.229mg\cos\theta \ \cdots\cdots\cdots\cdots\ ②$$

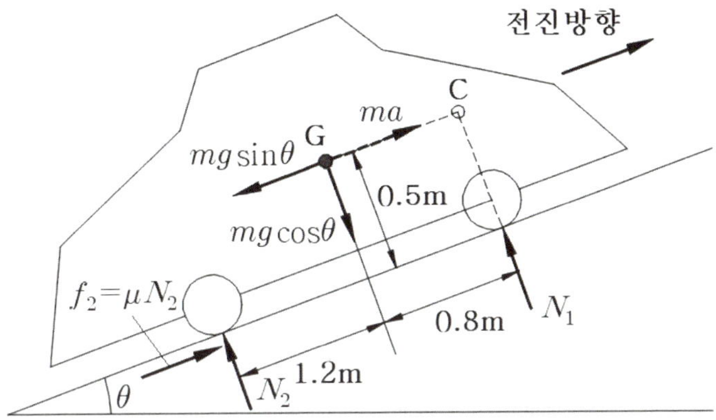

[그림(4)] 후륜구동

경사면 방향의 운동방정식 $f_k - mg\sin\theta = ma$와 식 ①, ②에 의해

$$k_i mg\cos\theta - mg\sin\theta = ma, \quad k_i = \frac{f_i}{mg} \quad (i = 1, 2)$$

$$\frac{a}{g} = k_i\cos\theta - \sin\theta \quad \cdots\cdots ③$$

이 된다. 전륜구동과 후륜구동 양쪽에서 같은 가속도(또는 감속도)로 운동하는 상황에서 등판각도를 비교해야 한다. $k_1 = 0.267$, $k_2 = 0.229$와 모든 예각 θ에 대해

$$k_1\cos\theta - \sin\theta > k_2\cos\theta - \sin\theta$$

가 성립한다. 같은 비가속도 a/g에 대해 식 ③을 만족하는 각도는

$$y = a/g, \quad y = k_i\cos\theta - \sin\theta$$

의 교점으로 정해지므로 명백하게 $\theta_1 > \theta_2$이다. 따라서 전륜구동의 등판각도가 후륜구동보다 크다.

[문제 2.2] 아래 그림과 같이 균일하고 가는 봉(길이 $L=$0.75m, 질량 $m=$ 2kg)이 수평면을 향해 $\theta = 70°$의 각으로 정지 상태에서 떨어진다. 봉의 초기 높이 $h=$1.5m이며, 충돌계수 e는 0.7일 때 1) 충돌 직후 봉의 각속도 2) 충돌 직후 봉의 질량중심의 속도를 구하고, 3) 충돌 직후 봉이 회전함에 따라 봉의 끝점 B가 표면에 부딪칠지 판단하시오. (30점)

[국가공무원 5급(기술) 공개경쟁채용 제2차시험(2003)]

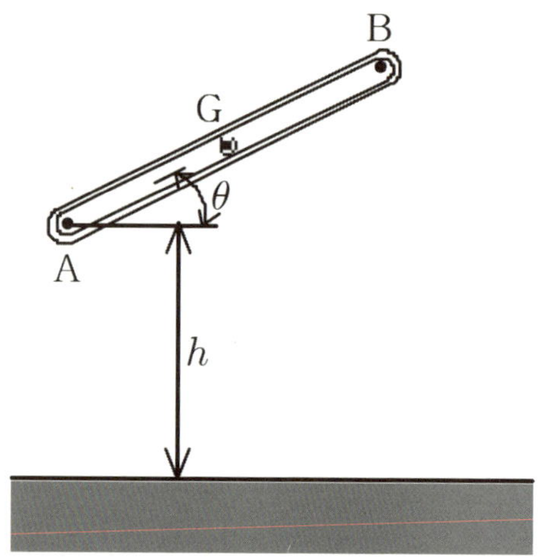

풀이 충돌 전후 질량중심(G)과 충돌 점(A)의 속도를 [그림]에 나타내었다. [그림]에서 v_G, v_A, v_G', v_A'는 연직 아래 방향 속도이다. 운동방정식

$$\sum F_x = m\dot{v}_{Gx} = 0,\ \sum F_y = m\dot{v}_G = mg$$

와 각운동방정식

$$\sum M_G = I_G\dot{\omega} = 0$$

에 의해 충돌 직전 질량 중심(G)과 A점의 속도와 각속도는 다음과 같다.

$$v_G = \sqrt{2gh},\ v_A = v_G,\ \omega = 0 \quad \cdots\cdots ①$$

1) 충돌 직후 봉의 각속도(ω') : 충돌계수의 정의로부터

$$e=\frac{0-v_A'}{v_A-0}=\frac{-v_A'}{v_A}$$

$$\therefore\ v_A'=-ev_A=-ev_G \quad \cdots\cdots ②$$

이다. 운동학으로부터 충돌 후 A점의 속도는

$$v_A'=v_G'-\frac{L}{2}\cos\theta\times\omega' \quad \cdots\cdots ③$$

이고, A점에 대한 각운동량 보존으로부터

$$mv_G\times\frac{L}{2}\cos\theta=mv_G'\times\frac{L}{2}\cos\theta+\frac{mL^2}{12}\times\omega'$$

$$\therefore\ v_G\cos\theta=v_G'\cos\theta+\frac{\omega' L}{6} \quad \cdots\cdots ④$$

이 된다. 식 ②, ③으로부터

$$v_G'=v_A'+\frac{\omega' L}{2}\cos\theta=-ev_G+\frac{\omega' L}{2}\cos\theta \quad \cdots\cdots ⑤$$

이고, 식 ⑤를 식 ④에 대입하면 다음과 같이 충돌 후 봉의 각속도(ω')가 구해진다.

$$v_G\cos\theta=\left(-ev_G+\frac{\omega' L}{2}\cos\theta\right)\cos\theta+\frac{\omega' L}{6}$$

$$\omega' L\left(\frac{1}{6}+\frac{1}{2}\cos^2\theta\right)=(1+e)\cos\theta\, v_G$$

$$\therefore\ \omega'=\frac{6v_G(1+e)\cos\theta}{L(1+3\cos^2\theta)}$$

$$=\frac{6\times\sqrt{2\times9.8\times1.5}\times(1+0.7)\cos70°}{0.75\times(1+3\cos^2 70°)}=18.7\ [\text{rad/s}]$$

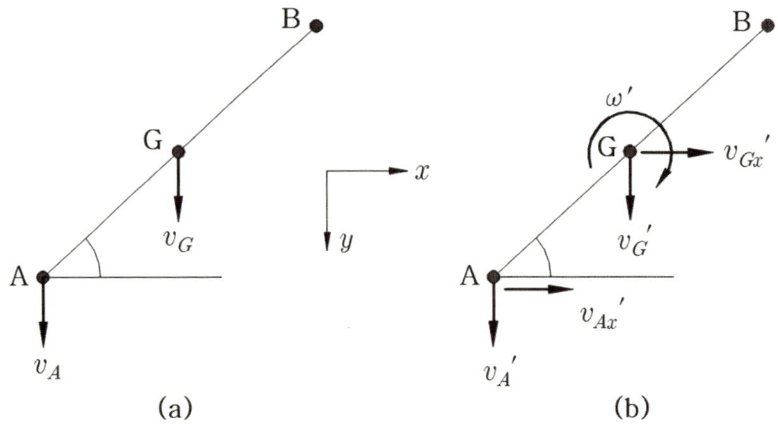

[그림] (a) 충돌 전 (b) 충돌 후

2) 충돌 직후 봉의 질량중심의 속도(v_G'): 충돌과정에서 x 방향 충격력이 없으므로 $v'_{Gx} = v_{Gx} = 0$이고, 식 ⑤로부터

$$
\begin{aligned}
v_G' &= -ev_G + \frac{\omega' L}{2}\cos\theta \\
&= -0.7 \times \sqrt{2 \times 9.8 \times 1.5} + \frac{18.7 \times 0.75}{2} \times \cos 70° \\
&= -1.40\,[\text{m/s}]
\end{aligned}
$$

이다. 따라서 봉의 질량중심의 속도는 위 방향으로 1.40 [m/s]이다.

3) 충돌 이후 시간 t일 때, 봉의 운동은 운동방정식($\sum F_x = m\dot{v}_{Gx} = 0$, $\sum F_y = m\dot{v}_G = mg$)과 각운동방정식($\sum M_G = I_G\dot{\omega} = 0$)에 의해

$$
\begin{aligned}
&v_{Gx} = constant = v'_{Gx} = 0 \\
&\therefore\ x_G = constant = x_G(0) \\
&v_G = v'_G + gt = -1.40 + 9.8t \\
&\therefore\ y_G = -0.375\sin 70^o - 1.40t + 4.9t^2 \\
&\qquad = -0.375\sin 1.22 - 1.40t + 4.9t^2 \\
&\omega = constant = \omega' = 18.7 \\
&\therefore\ \theta = 70^o - 18.7t = 1.22 - 18.7t
\end{aligned}
$$

로 기술된다. 기하 관계식에 의해

$$
\begin{aligned}
y_A &= y_G + \frac{L}{2}\sin\theta \\
&= 0.375[\sin(1.22 - 18.7t) - \sin(1.22)] - 1.40t + 4.9t^2 \\
&= -0.375[\sin(18.7t - 1.22) + \sin(1.22)] - 1.40t + 4.9t^2 \\
y_B &= y_G - \frac{L}{2}\sin\theta \\
&= 0.375[-\sin(1.22 - 18.7t) - \sin(1.22)] - 1.40t + 4.9t^2 \\
&= -0.375[-\sin(18.7t - 1.22) + \sin(1.22)] - 1.40t + 4.9t^2 \\
y_B - y_A &= 0.75\sin(18.7t - 1.22)
\end{aligned}
$$

가 된다. 봉이 상승하여 무게중심이 최대로 올라가는 시간은 $v_G = 0$이 되는 시간 $t_{max} = 1.40/9.8 = 0.143$ [s]이고, 봉이 다시 평면과 부딪치는 시간은 대략 $2t_{max} = 0.286$ [s]이다. B가 표면에 부딪치려면

$$
\begin{aligned}
&y_B - y_A = 0.75\sin(18.7t - 1.22) > 0, \quad 0 < 18.7t - 1.22 < \pi \\
&\therefore\ 0.0652 < t < 0.233
\end{aligned}
$$

이어야 한다. $y_{B1} = 4.9t^2 - 1.40t$의 그래프가 아래로 볼록하고

$$
y_{B1}(0.0652) = -0.0704, \quad y_{B1}(0.233) = -0.0602
$$

이므로 이 구간에서

$$
\begin{aligned}
y_B &= y_{B1} + 0.375[\sin(18.7t - 1.22) - \sin(1.22)] \\
&< -0.0602 + 0.375[1 - \sin(1.22)] = -0.0374 < 0
\end{aligned}
$$

가 되어 B가 표면에 부딪칠 조건 $y_B = 0$이 될 수 없다. $\sin\theta$의 부호가 바뀌는 다음 구간 $0.233 < t < 0.401$에서 $y_A > y_B$이고 봉이 표면에 부딪히기에 충분한 시간이므로 다시 A가 표면에 2차로 부딪친다. 이후 봉이 회전하면서 상승하고 다시 낙하하는 과정에서 B가 표면에 부딪칠지에 대해서는 추가 해석이 필요하다.

[문제 2.3] 리듬체조 선수가 반경이 0.3m이고 질량이 2kg인 굴렁쇠를 반시계 방향으로 회전시키면서 굴렁쇠 중심의 선형속도가 2m/s가 되도록 우측으로 가만히 던졌다. 이때 굴렁쇠는 미끄러지며 구르다가 다시 제자리로 돌아오게 된다. 어떤 크기의 초기 각속도로 던져야 굴렁쇠가 우측으로 움직여진 순간과 굴렁쇠가 미끄러짐이 없이 구르는 순간이 일치하겠는가? (단, 굴렁쇠와 바닥 사이의 마찰계수는 0.1이다) (30점)

[국가공무원 5급(기술) 공개경쟁채용 제2차시험(2003)]

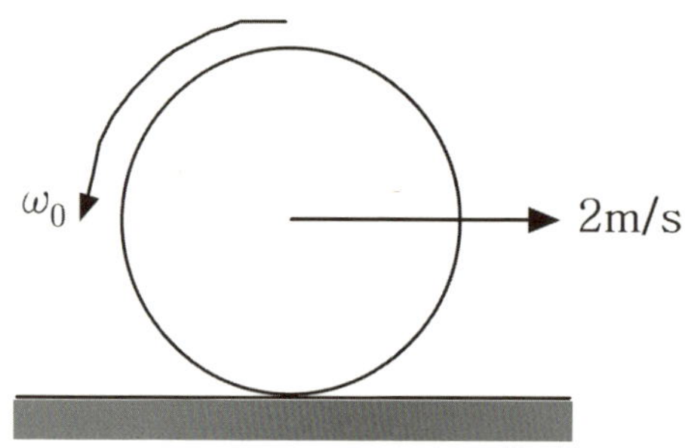

풀이 굴렁쇠는 수직 방향으로는 움직이지 않고 수평 방향으로만 움직인다. 오른쪽 방향을 선형속도 v_G의 방향, 반시계방향을 회전방향으로 잡고, 최종 상태를 첨자 f로 나타낸다. 가장 우측으로 움직여진 순간은 굴렁쇠의 이동속도가

$$v_{G,f} = 0$$

인 순간이고, 이때 굴렁쇠는 미끄러짐이 없이 구르므로 굴렁쇠의 반지름을 r이라 하면 회전속도는

$$\omega_f = -\frac{v_{G,f}}{r} = 0$$

이 된다.

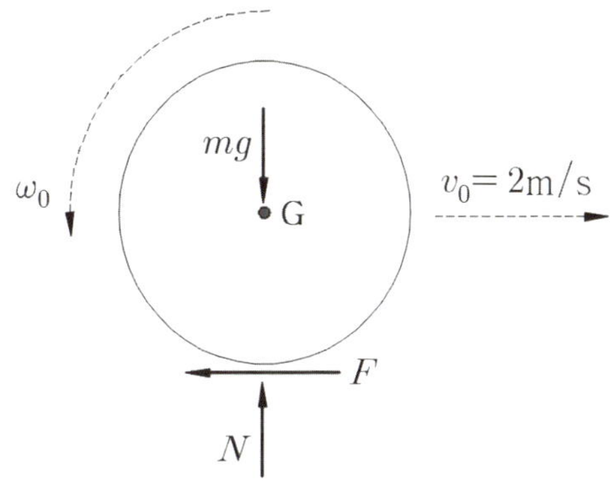

[그림] 굴렁쇠에 작용하는 힘과 초기속도 및 각속도

수직 방향 운동이 없으므로 [그림]에서 수직 반력 $N = mg$이고 마찰력은

$$F = \mu N = \mu mg \quad \cdots\cdots ①$$

이다. 수평 방향으로 선형충격량-선형운동량 원리를 적용하면 $v_{G,f} = 0$이므로

$$\sum \int_{t_1}^{t_2} F_{hor} dt = m(v_{G,2} - v_{G,1}) \ : \ F\Delta t = mv_0 \quad \cdots\cdots ②$$

이고, 질량중심(G)에 대해 각충격량-각운동량 원리를 적용하면 $\omega_f = 0$이므로

$$\sum \int_{t_1}^{t_2} M_G dt = I_G(\omega_2 - \omega_1) \ : \ rF\Delta t = I_G \omega_0 \quad \cdots\cdots ③$$

이다. 식 ②와 식 ③으로부터 초기 각속도 ω_0를 구한다. 식 ②를 식 ③에 대입하면 초기 각속도(ω_0)의 크기는

$$r \times mv_0 = mr^2 \times \omega_0$$

$$\therefore \ \omega_0 = \frac{v_0}{r} = \frac{2}{0.3} = \frac{20}{3} = 6.67\ [\text{rad/s}]$$

이다. 여기에서 굴렁쇠의 굵기는 반지름에 비해 아주 작다고 가정하여 중

심에 대한 굴렁쇠의 질량관성모멘트를 mr^2으로 하였다.

[참고] 충격량 대신에 운동방정식과 마찰계수를 사용하여 해석하면 다음과 같다.

• 선형운동방정식

$$\sum F_{hor} = ma_G \ : \ -F = m\dot{v}_G \quad \cdots\cdots ④$$

$$\sum F_{ver} = 0 \ : \ N - mg = 0 \quad \cdots\cdots ⑤$$

• 각운동방정식

$$\sum M_G = I_G \alpha \ : \ -rF = mr^2 \dot{\omega} \quad \cdots\cdots ⑥$$

• 마찰계수

$$F = \mu N \quad \cdots\cdots ⑦$$

식 ④, ⑤, ⑦을 결합하고 $v_G(0) = v_0$를 적용하여 적분하면

$$-\mu mg = m\dot{v}_G$$

$$\therefore \ v_G = v_0 - \mu g t \quad \cdots\cdots ⑧$$

이 되고, 식 ⑤, ⑥, ⑦을 결합하고 $\omega(0) = \omega_0$를 적용하여 적분하면

$$-r\mu mg = mr^2 \dot{\omega}$$

$$\therefore \ \omega = \omega_0 - \frac{\mu g t}{r} \quad \cdots\cdots ⑨$$

이 된다. $v_G = 0$이 되는 순간부터 미끄러지지 않고 구른다고 하면, 이 순간에 $r\omega = v_G = 0$이므로

$$v_0 = \mu g t$$

$$\omega_0 = \frac{\mu g t}{r}$$

가 된다. 이 두 식에서 t를 소거하면 초기 각속도 ω_0는 다음과 같다.

$$\omega_0 = \frac{v_0}{r} = \frac{2}{0.3} = 6.67\,[\mathrm{rad/s}]$$

이 문제에서 '오른쪽으로 움직여진 순간'이라는 표현이 모호하며, 초기 각속도가 마찰계수의 크기와 무관하게 정해지기 때문에 다소 비합리적이라는 느낌이 든다.

[문제 2.4] **다음과 같은 두 바퀴 자전거의 동작 특성을 동역학 원리와 관계식을 사용하여 설명하시오. (총 20점)**

[국가공무원 5급(기술) 공개경쟁채용 제2차시험(2003)]

1) 자전거를 타고 가다가 자전거가 기우는 경우, 쓰러지지 않기 위해서 기울어지는 방향으로 핸들을 틀어야 자전거가 바로 서게 되는 이유 (10점)
2) 저속보다는 속도를 내어 달리는 상태에서 중심잡기가 용이한 이유 (10점)

풀이 두 바퀴 자전거의 동작 특성에 대하여 동역학 원리와 관계식을 사용하여 설명한다.

1) 자전거가 직선운동을 하다가 한쪽, 예컨대 오른쪽으로 기우는 경우를 고려한다. 이 경우 핸들을 기울어지는 방향인 오른쪽으로 돌리면 [그림]과 같이 자전거가 곡률중심이 오른쪽에 있는 곡선 경로를 따라 운동하게 된다. 이때 구심가속도 $a_n = \dfrac{v^2}{R}$과 반대방향으로 가상적인 힘(관성력)인 원심력 $F_r = F_{(-n)} = m\dfrac{v^2}{R}$이 작용하여, 오른쪽으로 무게중심이 이동하여 시계방향으로 넘어지는 모멘트와 반대방향의 복원모멘트를 일으키게 되므로 자전거를 바로 세울 수 있게 된다. 핸들을 반대로 돌리게 되면 기울어지는 방향으로 원심력이 작용하여 넘어지는 데 힘을 보태므로 자전거를 세우기가 더 힘들어진다.

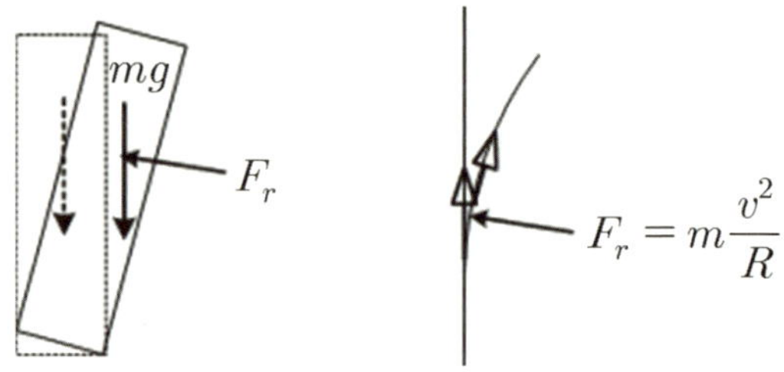

[그림] 자전거에서 원심력의 역할

2) 자전거가 일정한 속도로 달리는 경우 관성의 법칙 또는 충격량-운동량 원리에 의하여 운동량이 클수록 속도의 변화를 일으키는 데 더 큰 힘이 들어가게 된다. 즉 충격량-운동량 원리 $I = F\Delta t = \Delta(mv)$ 에 의해서 자전거의 속도가 빨라서 운동량이 큰 경우, 넘어지는 것과 같은 무게중심의 이동에 큰 충격량이 필요하게 된다. 현재 운동량에 비해 작은 충격량이 가해져도 변화된 운동량은 현재 운동량과 크게 차이가 나지 않으므로 중심을 잡기가 쉬운 것이다.

제3장 2004년 시행 제48회 행정고등고시(기술직) 제2차시험

[문제 3.1] 질량 50kg, 반경 25cm인 균일한 원통이 놓여 있다. 여기에 $M = 75\text{N} \cdot \text{m}$의 토크가 작용할 때 원통의 각가속도와 질량중심 G의 가속도를 구하시오. (단, 정지마찰계수 $\mu_s = 0.3$, 동마찰계수 $\mu_k = 0.25$이다) (30점) [국가공무원 5급(기술) 공개경쟁채용 제2차시험(2004)]

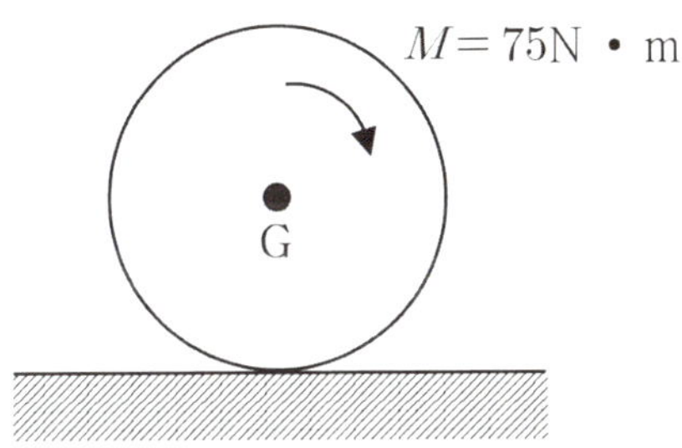

풀이 질량중심(G)에 대한 원통의 질량관성모멘트는 다음과 같다.

$$I_G = \frac{1}{2}mr^2 = \frac{1}{2} \times 50 \times 0.25^2 = 1.56\,[\text{kg} \cdot \text{m}^2]$$

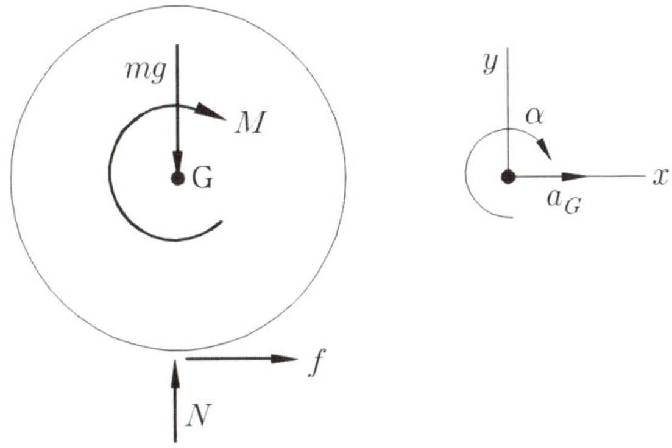

[그림] 자유물체도

원통의 각가속도와 질량중심 G의 가속도를 각각 α와 a_G로 하고 [그림]의 자유물체도를 참고하여 운동방정식을 적용하면 다음과 같다.

$$\sum F_x = ma_G \ : \ f = ma_G \ \rightarrow \ f = 50a_G \cdots\cdots ①$$

$$\sum F_y = 0 \ : \ N - mg = 0 \ \rightarrow \ N = mg = 50 \times 9.8 = 490\,[\text{N}] \cdots ②$$

$$\sum M_G = I_G\alpha \ : \ M - fr = I_G\alpha \ \rightarrow \ 75 - 0.25f = 1.56\alpha \cdots\cdots ③$$

식 ①과 ③의 연립방정식에서 미지수가 α, a_G, f의 세 개이므로 추가 정보가 필요하다. 마찰력과 관련하여 두 가지 가능성을 검토할 수 있다.

(1) 먼저 물체가 미끄러지지 않고 굴러간다고 가정하면 질량중심의 가속도와 각가속도의 관계는 다음과 같다.

$$a_G = r\alpha = 0.25\alpha \cdots\cdots ④$$

식 ④를 식 ①에 대입하고 이 식을 식 ③에 대입하면

$$75 - 0.25 \times (50 \times 0.25\alpha) = 1.56\alpha$$

$$\therefore \ \alpha = 16.0\,[\text{rad/s}^2]$$

$$f = 50 \times 0.25\alpha = 50 \times 0.25 \times 16.0 = 200\,[\text{N}]$$

이다. 여기에서 최대정지마찰력은

$$f_{s,\max} = \mu_s N = 0.3 \times 490 = 147\,[\text{N}]$$

이므로 물체가 미끄러지지 않는다는 조건 $f \leq f_{s,\max}$를 만족하지 못한다. 따라서 물체가 미끄러지지 않고 굴러간다는 가정은 옳지 않다.

(2) 물체가 미끄러지면서 굴러간다고 하면 마찰력은

$$f = \mu_k N = 0.25 \times 490 = 123\,[\text{N}]$$

이고, 식 ①과 ③으로부터 원통의 각가속도와 질량중심 G의 가속도는 다음과 같다.

$$a_G = \frac{f}{50} = \frac{123}{50} = 2.46\,[\mathrm{m/s^2}]$$

$$\alpha = \frac{75 - 0.25f}{1.56} = \frac{75 - 0.25 \times 123}{1.56} = 28.4\,[\mathrm{rad/s^2}]$$

[문제 3.2] **아래 그림과 같이 2m/s의 속도로 오른쪽으로 운동하는 작은 공이 45° 경사면에 충돌한 후 튀어 올라 A지점에 다시 떨어진다. 이 경우 높이 h를 구하시오. (단, 공과 경사면 사이의 반발계수는 0.8이다) (25점)**

[국가공무원 5급(기술) 공개경쟁채용 제2차시험(2004)]

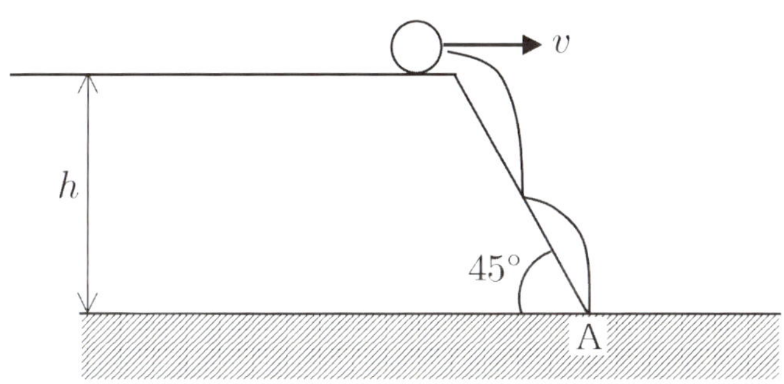

풀이 $\tan 45° = 1$이므로 처음 경사면에 충돌한 지점까지 수평거리와 수직거리가 같다. 따라서 처음 충돌할 때까지 걸린 시간을 t_1이라 하면

$$v_0 t_1 = \frac{1}{2} g t_1^2 \qquad \therefore\ t_1 = \frac{2v_0}{g}$$

이므로 [그림(1)]에서 처음 낙하거리 H는

$$H = \frac{1}{2} g t_1^2 = \frac{2v_0^2}{g} = \frac{2 \times 2^2}{9.8} = 0.816\,[\mathrm{m}]$$

이고, 충돌직전 공의 속도의 수평 성분과 수직 성분은 다음과 같다.

$$v_{1x} = v_0 = 2\,[\mathrm{m/s}](\rightarrow)$$

$$v_{1y} = g t_1 = 2v_0 = 4\,[\mathrm{m/s}](\downarrow)$$

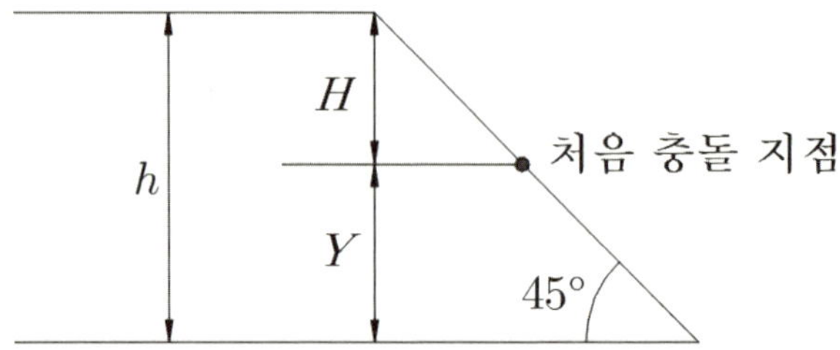

[그림(1)]

[그림(2)]와 같이 경사면에 수직한 방향과 경사면 방향을 각각 n, t 방향이라 하고 충돌 직전 공의 n, t 방향 성분을 구하면

$$v_{1n} = \frac{1}{\sqrt{2}}(v_{1x} - v_{1y}) = \frac{1}{\sqrt{2}}(2-4) = -\sqrt{2}\ [\text{m/s}]$$

$$v_{1t} = \frac{1}{\sqrt{2}}(v_{1x} + v_{1y}) = \frac{1}{\sqrt{2}}(2+4) = 3\sqrt{2}\ [\text{m/s}]$$

이다. 따라서 충돌 후 공의 n, t 방향 성분은 다음과 같다.

$$v_{2n} = -ev_{1n} = 0.8\sqrt{2}\ [\text{m/s}]$$

$$v_{2t} = v_{1t} = 3\sqrt{2}\ [\text{m/s}]$$

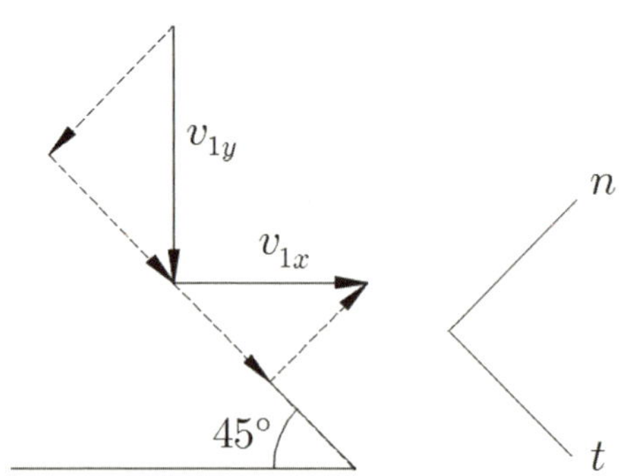

[그림(2)]

충돌 후 낙하거리를 구하기 위해 [그림(3)]과 같이 충돌 후 공의 수평 성분과 수직 성분(x, y 성분)을 구한다.

$$v_{2x} = \frac{1}{\sqrt{2}}(v_{2n} + v_{2t}) = \frac{1}{\sqrt{2}}(0.8\sqrt{2} + 3\sqrt{2}) = 3.8[\text{m/s}]$$

$$v_{2y} = \frac{1}{\sqrt{2}}(v_{2n} - v_{2t}) = \frac{1}{\sqrt{2}}(0.8\sqrt{2} - 3\sqrt{2}) = -2.2[\text{m/s}]$$

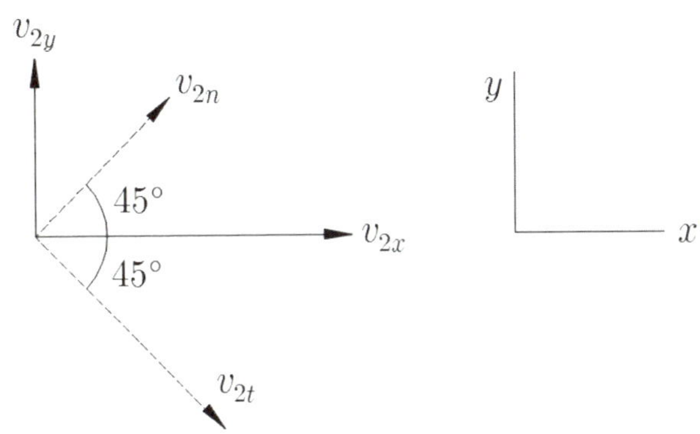

[그림(3)]

여기에서 $\tan 45° = 1$이므로 처음 충돌 지점으로부터 A지점까지 수평거리와 수직거리가 같다. 충돌할 때까지 걸린 시간을 t_2라 하면

$$v_{2x}t_2 = -\left(v_{2y}t_2 - \frac{1}{2}gt_2^2\right) \rightarrow 3.8 = 2.2 + 4.9t_2$$

$$\therefore \; t_2 = \frac{1.6}{4.9} = 0.327[\text{s}]$$

이고, 낙하거리는

$$Y = v_{2x}t_2 = 3.8 \times 0.327 = 1.243[\text{m}]$$

이므로 높이 h는 다음과 같다.

$$h = H + Y = 0.816 + 1.243 = 2.059[\text{m}]$$

[참고] 공을 질점으로 보고 [그림(4)]의 좌표계에서 벡터를 이용하여 운동을 해석하면 다음과 같다. 1차와 2차 충돌 상황을 1, 2로 나타낸다.

공의 위치벡터를 $\vec{R}=\vec{R}(t)=x\vec{i}+y\vec{j}$ 라 하면 운동방정식 $\vec{F}=m\vec{a}$ 에 의해

$$mg\frac{1}{\sqrt{2}}(\vec{i}-\vec{j})=m\ddot{\vec{R}}$$

$$\therefore\ \ddot{\vec{R}}=\frac{g}{\sqrt{2}}(\vec{i}-\vec{j}) \cdots\cdots ①$$

이 된다. 초기조건

$$\vec{R}(0)=\vec{0},\ \dot{\vec{R}}(0)=2\frac{1}{\sqrt{2}}(\vec{i}+\vec{j})=\sqrt{2}(\vec{i}+\vec{j})$$

을 사용하여 적분하면 공의 속도와 위치는 다음과 같다.

$$\dot{\vec{R}}=\sqrt{2}(\vec{i}+\vec{j})+\frac{gt}{\sqrt{2}}(\vec{i}-\vec{j})=\frac{(2+gt)}{\sqrt{2}}\vec{i}+\frac{(2-gt)}{\sqrt{2}}\vec{j} \cdots\cdots ②$$

$$\vec{R}=\frac{(4t+gt^2)}{2\sqrt{2}}\vec{i}+\frac{(4t-gt^2)}{2\sqrt{2}}\vec{j} \cdots\cdots ③$$

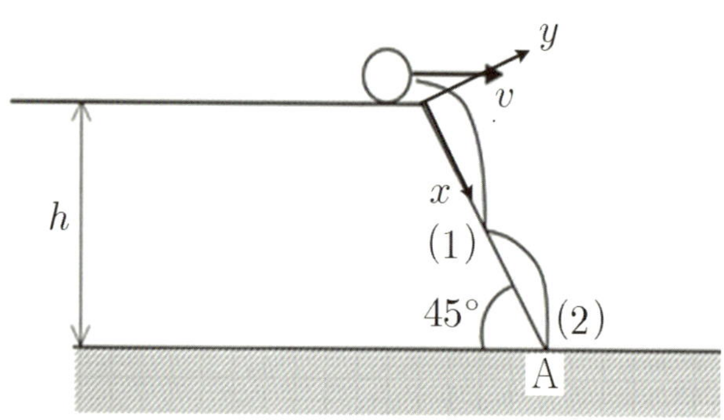

[그림(4)] 좌표계

1차 충돌 시 $y(t_1)=0$이므로 식 ②, ③에 의해

$$t_1=\frac{4}{g};\ v_{x1}=3\sqrt{2},\ v_{y1}=-\sqrt{2}$$

$$x_1=\frac{8\sqrt{2}}{g},\ y_1=0$$

이다. 면이 정지해 있기 때문에 충돌 후 공의 속도는, x방향은 충격력이 없으므로 변화가 없고 충돌선 방향, 즉 y 방향은 반발계수에 의해 구해진다. 즉

$$v_{x1'} = v_{x1} = 3\sqrt{2}$$
$$v_{y1'} = (-e)v_{y1} = (-0.8)(-\sqrt{2}) = 0.8\sqrt{2}$$

이 된다.

편의상 $t - t_1 = \tau$라 하면 $d/dt = d/d\tau$이다. $\tau = 0$에서 충돌이 일어난 후 공의 위치는 초기조건

$$\vec{R}(0) = x_1\vec{i} = \frac{8\sqrt{2}}{g}\vec{i}$$
$$\dot{\vec{R}}(0) = v_{x1'}\vec{i} + v_{y1'}\vec{j} = \sqrt{2}(3\vec{i} + 0.8\vec{j})$$

하에서 식 ①의 t에 대한 도함수를 τ에 대한 도함수로 보고 적분하면 다음과 같다.

$$\begin{aligned}\vec{R} &= \frac{8\sqrt{2}}{g}\vec{i} + \sqrt{2}\tau(3\vec{i} + 0.8\vec{j}) + \frac{\sqrt{2}g\tau^2}{4}(\vec{i} - \vec{j}) \\ &= \frac{1}{g}\left(8\sqrt{2} + 3\sqrt{2}g\tau + \frac{\sqrt{2}g^2\tau^2}{4}\right)\vec{i} \\ &\quad + \frac{1}{g}\left(0.8\sqrt{2}g\tau - \frac{\sqrt{2}g^2\tau^2}{4}\right)\vec{j} \quad \cdots\cdots ④\end{aligned}$$

2차 충돌은 $y_2 = 0$이 되는 시간 $\tau_2 = t_2 - t_1$일 때 생기므로 식 ④에 의해

$$g\tau_2 = 3.2 \quad \cdots\cdots ⑤$$
$$\tau_2 = \frac{3.2}{g}, \quad t_2 = t_1 + \tau_2 = \frac{4}{g} + \frac{3.2}{g} = \frac{7.2}{g}$$

가 되고 구하는 높이 h는 [그림(4)]와 식 ④, ⑤에 의해 다음과 같다.

$$h = x_2 \frac{1}{\sqrt{2}} = \frac{1}{\sqrt{2}\,g}\left(8\sqrt{2} + 3\sqrt{2} \times 3.2 + \frac{\sqrt{2}\,(3.2)^2}{4}\right)$$
$$= \frac{20.16}{g} = \frac{20.16}{9.807} = 2.056\ [\text{m}]$$

[문제 3.3] **질량이 m이고 길이가 L인 가느다란 막대가 그림과 같이 점 A에서 핀으로 지지되며, 점 B에서 줄에 의하여 매달려 있다. 점 B의 줄이 갑자기 끊어질 때 막대는 점 A를 중심으로 회전하게 된다. 막대가 각도 θ만큼 회전하였을 때 점 A에서의 반력을 구하시오. (25점)**

[국가공무원 5급(기술) 공개경쟁채용 제2차시험(2004)]

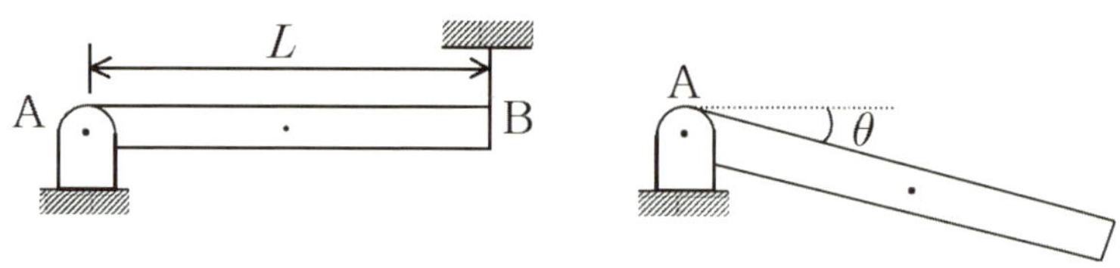

풀이 핀에 마찰이 없다고 가정하고 막대에 작용하는 힘을 표시하면 [그림]과 같다. 여기에서 A_t와 A_n은 각각 A점에 작용하는 반력의 접선방향과 수직방향 성분을 나타낸다.

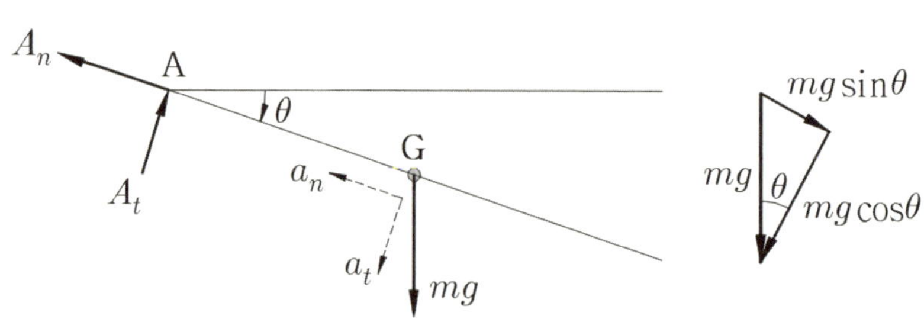

[그림] 자유물체도

[그림]을 참고하여 막대의 선형운동방정식을 적용하면

$$\sum F_n = ma_n \ :\ A_n - mg\sin\theta = ma_n \cdots\cdots ①$$

$$\sum F_t = ma_t \ : \ -A_t + mg\cos\theta = ma_t \ \cdots\cdots ②$$

이고, 각가속도를 α라 하고 점 A에 대해 각운동방정식을 적용하면

$$\sum M_A = I_A\alpha \ : \ mg \times \frac{L}{2}\cos\theta = \frac{1}{3}mL^2 \times \alpha$$

$$\therefore \ \alpha = \frac{3g}{2L}\cos\theta \ \cdots\cdots ③$$

이다. 또 막대의 각속도를 ω라 하면 운동학관계식에 의해

$$a_n = \frac{L}{2}\omega^2 \ \cdots\cdots ④$$

$$a_t = \frac{L}{2}\alpha \ \cdots\cdots ⑤$$

가 된다. 연립방정식 ①~⑤에 포함된 미지수가 여섯 개이므로 하나의 추가 정보가 필요하다. 추가정보는, 마찰이 없기 때문에 (기계적)에너지보존을 사용하여 각속도를 구함으로써 얻을 수 있다. A가 고정점이므로 강체의 운동에너지는 다음과 같이 A 점에 대한 회전운동에너지만으로 구할 수 있다.

$$T = \frac{1}{2}I_G\omega^2 + \frac{1}{2}mv_G^2 = \frac{1}{2}I_G\omega^2 + \frac{1}{2}m\left(\frac{L}{2}\omega\right)^2$$

$$= \frac{1}{2}\left[I_G + m\left(\frac{L}{2}\right)^2\right]\omega^2 = \frac{1}{2}I_A\omega^2$$

(기계적)에너지 보존법칙을 적용하면

$$\Delta T = -\Delta V \ : \ \frac{1}{2}I_A\omega^2 - 0 = mg \times \frac{L}{2}\sin\theta$$

$$\frac{1}{2} \times \frac{1}{3}mL^2 \times \omega^2 = mg \times \frac{L}{2}\sin\theta$$

$$\therefore \ \omega^2 = \frac{3g}{L}\sin\theta \ \cdots\cdots ⑥$$

이다. 식 ③~⑥으로부터 막대의 수직방향 가속도와 접선방향 가속도는 다음과 같다.

$$a_n = \frac{3}{2} g \sin\theta \quad \cdots\cdots \text{⑦}$$

$$a_t = \frac{3}{4} g \cos\theta \quad \cdots\cdots \text{⑧}$$

식 ⑦, ⑧을 식 ①, ②에 대입하면 다음과 같이 반력의 성분이 얻어진다.

$$A_n = mg\sin\theta + m \times \frac{3g}{2}\sin\theta = \frac{5}{2} mg\sin\theta \quad \cdots\cdots \text{⑨}$$

$$A_t = mg\cos\theta - m \times \frac{3g}{4}\cos\theta = \frac{1}{4} mg\cos\theta \quad \cdots\cdots \text{⑩}$$

따라서 점 A에 작용하는 반력의 크기는 다음과 같다.

$$A = \sqrt{A_n^2 + A_t^2} = \sqrt{\left(\frac{5}{2} mg\sin\theta\right)^2 + \left(\frac{1}{4} mg\cos\theta\right)^2}$$

$$= \frac{mg}{4}\sqrt{100\sin^2\theta + \cos^2\theta}$$

$$= \frac{mg}{4}\sqrt{99\sin^2\theta + 1} \quad \cdots\cdots \text{⑪}$$

[참고] 식 ③에 의해 각가속도를 각도의 함수로 알기 때문에 막대의 각속도를 다음과 같이 각가속도의 적분으로 구할 수도 있다.

$$\alpha = \frac{d\omega}{dt} = \frac{d\omega}{d\theta} \times \frac{d\theta}{dt} = \omega \frac{d\omega}{d\theta} \ \rightarrow \ \omega d\omega = \alpha d\theta$$

로부터

$$\int_0^\omega \omega d\omega = \int_0^\theta \alpha d\theta$$

$$\frac{1}{2}\omega^2 = \int_0^\theta \left(\frac{3g}{2L}\cos\theta\right) d\theta = \frac{3g}{2L}\sin\theta$$

이므로

$$\omega^2 = \frac{3g}{L}\sin\theta$$

이다.

[문제 3.4] **모터 M으로 구동되는 엘리베이터 E는 승객이 만원일 때의 질량이 2,000kg이고, 1,000kg의 평형추 W에 연결되어 있다. 만원인 상태에서 엘리베이터가 5m/s 속도에 $1\mathrm{m/s^2}$의 가속도를 갖고 상승할 때 모터에 의해 엘리베이터에 전달되어야 할 일률을 구하시오. (20점)**

[국가공무원 5급(기술) 공개경쟁채용 제2차시험(2004)]

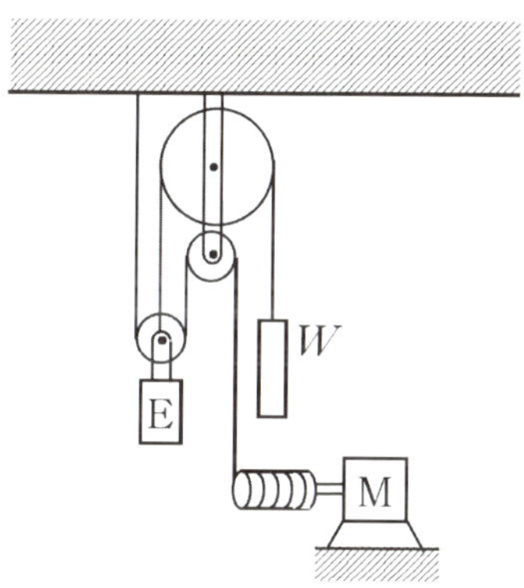

풀이 [그림(1)]과 같이 고정된 점들로부터 엘리베이터, 평형추, 모터 줄의 표지까지 거리를 각각 x_E, x_W, x_M이라 한다. 줄이 모터에 감기기 시작하면 감긴 부분의 길이까지 포함한 거리가 x_M이다. 평형추와 엘리베이터를 연결한 줄의 길이가 일정하고, 모터와 엘리베이터를 연결한 줄의 길이가 일정하므로

$$x_E + x_W = C_1 \quad \cdots\cdots ①$$

$$x_M + 2x_E = C_2 \quad \cdots\cdots ②$$

이다(C_1, C_2는 상수). 식 ①, ②를 시간에 대해 미분하면 각 요소의 속도는

$$v_E + v_W = 0 \quad \cdots\cdots ③$$

$$v_M + 2v_E = 0 \quad \cdots\cdots ④$$

의 관계식을 만족하고, 식 ③, ④를 시간에 대해 미분하면 각 요소의 가속도는

$$a_E + a_W = 0 \quad \cdots\cdots ⑤$$

$$a_M + 2a_E = 0 \quad \cdots\cdots ⑥$$

의 관계식을 만족한다. 주어진 조건에서 $v_E = -5$ m/s, $a_E = -1$ m/s^{2}이므로 식 ③, ④로부터

$$v_W = -v_E = 5\ [\text{m/s}]$$

$$v_M = -2v_E = -2 \times (-5) = 10\ [\text{m/s}]$$

이고, 식 ⑤로부터 평형추의 가속도는 다음과 같다.

$$a_W = -a_E = 1\ [\text{m/s}^2]$$

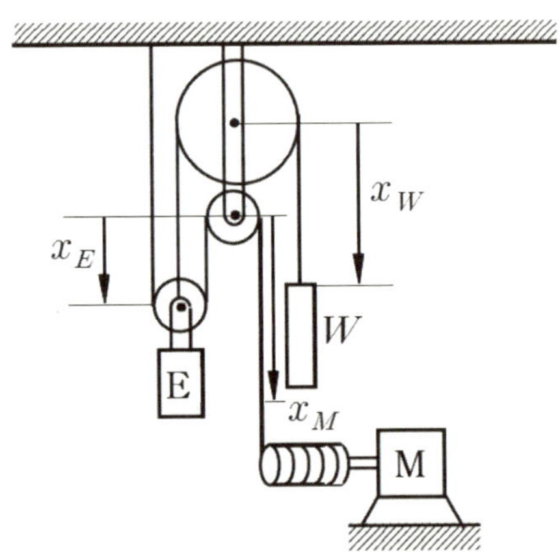

[그림(1)] 각 요소까지 거리

줄에 걸리는 장력을 해석할 때 마찰과 도르래의 질량을 무시하면 각운동방정식에 의해 도르래 양쪽의 장력이 같게 된다. 평형추에 작용하는 힘을 도시하면 [그림(2)]의 (a)와 같고, 질점의 운동방정식을 적용하면

$$m_W g - T = m_W a_W$$

$$\therefore\ T = m_W g - m_W a_W = 1000 \times (9.8 - 1) = 8800\,[\mathrm{N}]$$

이다. 그리고 엘리베이터에 작용하는 힘을 도시한 [그림(2)]의 (b)에서 질점의 운동방정식을 적용하면

$$m_E g - T - 2F = m_E a_E$$

$$\therefore\ F = \frac{1}{2}(m_E g - m_E a_E - T)$$

$$= \frac{1}{2}[2000 \times 9.8 - 2000 \times (-1) - 8800] = 6400\,[\mathrm{N}]$$

이다. 따라서 모터에 의해 엘리베이터에 전달되어야 할 일률은 다음과 같이 모터 줄에 걸리는 장력과 줄을 잡아당기는 속도를 곱하여

$$P_M = F v_M = 6400 \times 10\,[\mathrm{W}] = 64.0 \times 10^3\,[\mathrm{W}] = 64.0\,[\mathrm{kW}]$$

가 된다.

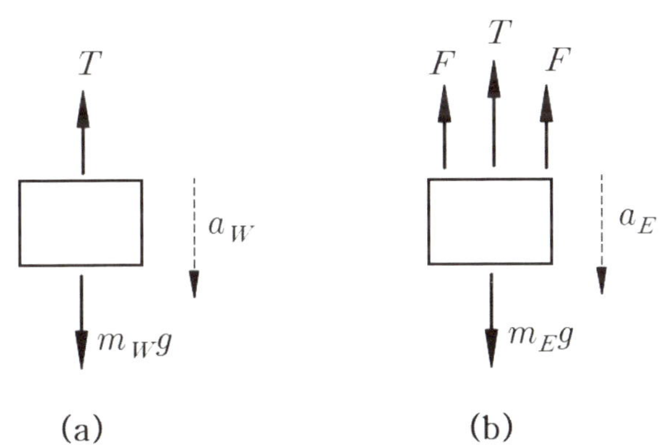

[그림(2)] (a) 평형추에 작용하는 힘 (b) 엘리베이터에 작용하는 힘

제4장 2005년 시행 제49회 행정고등고시(기술직) 제2차시험

[문제 4.1] 반경이 r이고 질량이 m인 구가 선형속도 없이 시계방향 각속도 ω_0로 수평면 위에 놓여진다. 구와 바닥면 사이의 동마찰계수를 μ_k라 할 때, 구가 미끄러짐 없이 구르기 시작하는 순간의 각속도를 구하시오. 단, 구의 질량 중심에 대한 질량 관성모멘트는 $\frac{2}{5}mr^2$이다. (15점)

[국가공무원 5급(기술) 공개경쟁채용 제2차시험(2005)]

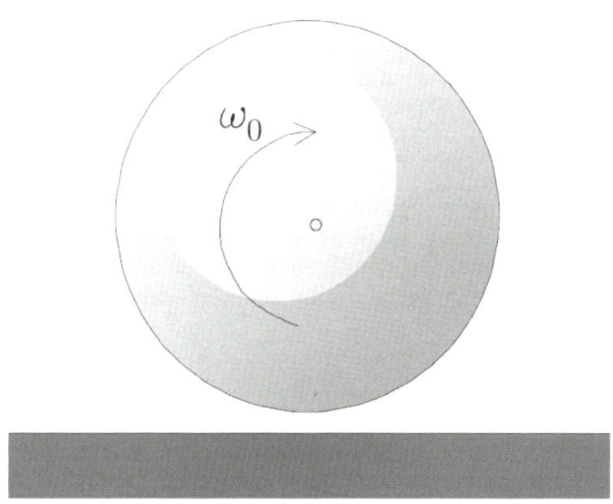

풀이 최종 상태, 즉 구가 미끄러짐 없이 구르기 시작하는 상태를 첨자 f로 나타낸다. 이 상태에서 구는 수평면과 접촉하는 점을 순간중심으로 하여 회전하므로 그 각속도(ω_f)와 이동속도(v_f)는 다음 관계식을 따른다.

$$v_f = r\omega_f \quad \cdots\cdots ①$$

구에 작용하는 힘은 [그림]에 도시한 것과 같고, 구가 미끄러지면서 구르고 있을 때 마찰력 $F = \mu_k N = \mu_k mg$는 일정하다. 여기에서 수평 방향으로

선형충격량-선형운동량 원리를 적용하면 초기속도 $v_0 = 0$이므로

$$\sum\int_{t_0}^{t_f} Fdt = m(v_{G,2} - v_{G,1}) \;:\; F\Delta t = mv_f \;\cdots\cdots\cdots\cdots\cdots\cdots\cdots ②$$

이고, 질량중심(G)에 대해 각충격량-각운동량 원리를 적용하면

$$\sum\int_{t_0}^{t_f} M_G dt = I_G(\omega_2 - \omega_1) \;:\; -rF\Delta t = I_G(\omega_f - \omega_0) \;\cdots\cdots ③$$

이다. 여기서 $\Delta t = t_f - t_0$를 나타낸다.

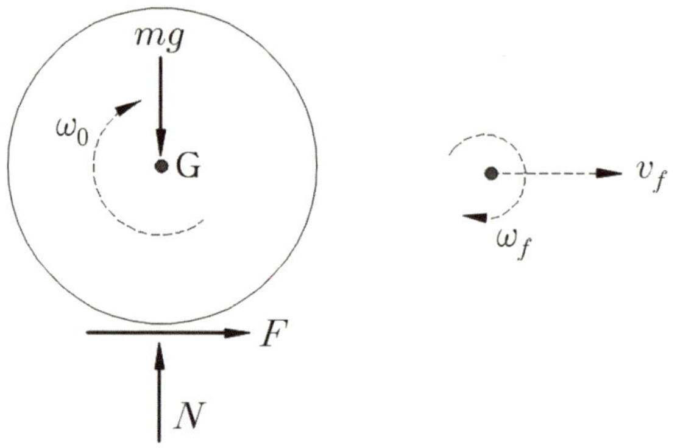

[그림] 구에 작용하는 힘과 속도 및 각속도

식 ①을 식 ②에 대입하면 $F\Delta t = mr\omega_f$이고 이 식을 식 ③에 대입하면 다음과 같이 구가 미끄러짐 없이 구르기 시작하는 순간의 각속도(ω_f)가 구해진다.

$$-r(mr\omega_f) = I_G(\omega_f - \omega_0)$$

$$\therefore\;\; \omega_f = \frac{I_G\omega_0}{I_G + mr^2} = \frac{\omega_0}{1 + mr^2/I_G} = \frac{\omega_0}{1 + (5/2)} = \frac{2}{7}\omega_0$$

[참고] 이 문제는 2012년도 제3문 1)항과 같은 문제이며, 운동방정식을 이용한 풀이와 비교해 볼 수 있을 것이다.

[문제 4.2] **땅속으로 파고 들어가는 탄환의 경우 저항력은 $F_d = -c_1 - c_2v^2$과 같이 탄환 속도 v의 함수로 주어진다(단, c_1과 c_2는 상수). 질량이 m인 탄환이 초기속도 v_0로 땅속으로 발사된 후 땅속에서 이동하는 전체 거리를 구하시오. (10점)**

[국가공무원 5급(기술) 공개경쟁채용 제2차시험(2005)]

풀이 탄환은 질량이 크지 않고 속도는 매우 빠르기 때문에 속도의 제곱의 1차함수로 커지는 저항력에 비해 중력힘(무게)은 무시할 수 있다. 따라서 탄환의 이동 방향은 고려할 필요가 없으며, 탄환이 정지할 때까지 이동하므로 최종속도 $v_f = 0$이다. 이동거리를 s, 가속도를 a라 할 때

$$a = \frac{dv}{dt} = \frac{dv}{ds}\frac{ds}{dt} = v\frac{dv}{ds}$$

이므로 운동방정식은 다음과 같다.

$$\sum F = ma \ : \ F_d = ma$$

$$-c_1 - c_2v^2 = mv\frac{dv}{ds}$$

$$\therefore \ ds = -\frac{mv}{c_1 + c_2v^2}dv$$

이다. 이 식을 적분하면 이동거리 Δs는 다음과 같다.

$$\int_{s_0}^{s_f} ds = -\int_{v_0}^{v_f} \frac{mv}{c_1 + c_2v^2}dv = -\frac{m}{2c_2}\left[\ln(c_1 + c_2v^2)\right]_{v_0}^{0}$$

$$= \frac{m}{2c_2}\ln\left(\frac{c_1 + c_2v_0^2}{c_1}\right) = \frac{m}{2c_2}\ln\left(1 + \frac{c_2}{c_1}v_0^2\right)$$

$$\therefore \ \Delta s = s_f - s_0 = \frac{m}{2c_2}\ln\left(1 + \frac{c_2}{c_1}v_0^2\right)$$

[문제 4.3] **마찰이 없는 수평면에 질량 $2m$, 길이 L인 균일한 막대가 놓여있다. 질량 m인 공이 수평면상에서 막대와 수직한 방향으로 속력 v로 막대의 끝부분에 부딪쳤다. 반발계수가 0.5라고 할 때, 충돌 후 공의 속도를 구하시오. (15점)**

[국가공무원 5급(기술) 공개경쟁채용 제2차시험(2005)]

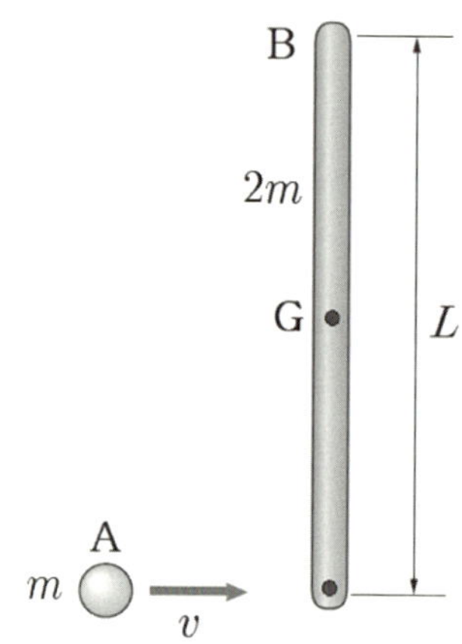

풀이 충돌 전과 후를 각각 첨자 1, 2, 공과 막대를 각각 A, B, 봉의 질량 중심과 충돌 위치를 각각 G, P로 나타낸다. 주어진 조건에서

$$m_A = m, \ m_B = 2m, \ e = 0.5$$

이고, 봉의 질량 중심(G)에 대한 봉의 질량관성모멘트는

$$I_{BG} = \frac{1}{12} m_B L^2$$

이며, 충돌 전 값은 다음과 같다.

$$v_{A1} = v, \ v_{BG1} = 0, \ v_{BP1} = 0, \ \omega_{B1} = 0$$

[그림]은 충돌 전후 계의 상태를 나타낸다. 계에 작용하는 수평방향 외력이 없고 봉은 충돌 전에 정지 상태였으므로 수평방향 선형운동량 보존법칙을 적용하면

$$m_A v_{A1} = m_A v_{A2} + m_B v_{BG2}$$
$$mv = mv_{A2} + 2m\, v_{BG2}$$
$$\therefore \ v = v_{A2} + 2\, v_{BG2} \ \cdots\cdots\cdots \ ①$$

이고, 각운동량 보존법칙을 적용하면

$$m_A v_{A1} \times \frac{L}{2} = m_A v_{A2} \times \frac{L}{2} + \frac{1}{12} m_B L^2 \omega_{B2}$$
$$mv \times \frac{L}{2} = mv_{A2} \times \frac{L}{2} + \frac{1}{12} \times 2m\, L^2 \omega_{B2}$$
$$\therefore \ 3v = 3v_{A2} + L\omega_{B2} \ \cdots\cdots\cdots \ ②$$

이다. 그리고 충돌계수의 정의로부터

$$e = \frac{v_{BP2} - v_{A2}}{v_{A1} - v_{BP1}} = \frac{v_{BP2} - v_{A2}}{v - 0}$$
$$\therefore \ ev = v_{BP2} - v_{A2} \ \cdots\cdots\cdots \ ③$$

이고, 봉의 기하학적 구조로부터(운동학으로부터)

$$v_{BP2} = v_{BG2} + \frac{L}{2}\omega_{B2} \ \cdots\cdots\cdots \ ④$$

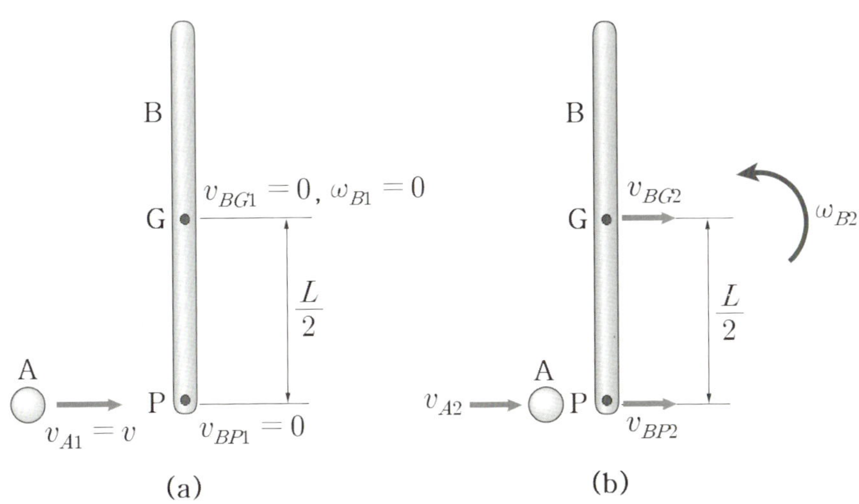

[그림] (a) 충돌 전 (b) 충돌 후

이다. 식 ①~④는 4개의 미지수 v_{A2}, v_{BP2}, v_{BG2}, ω_{B2}에 대한 연립방정식을 구성한다. 식 ③에서

$$v_{BP2} = v_{A2} + ev \quad \cdots\cdots ⑤$$

이고, 식 ②에서

$$L\omega_{B2} = 3v - 3v_{A2} \quad \cdots\cdots ⑥$$

이다. 식 ⑤, ⑥을 식 ④에 대입하면

$$v_{BG2} = v_{BP2} - \frac{L}{2}\omega_{B2} = v_{A2} + ev - \frac{3}{2}(v - v_{A2})$$
$$= \frac{5}{2}v_{A2} + \left(e - \frac{3}{2}\right)v \quad \cdots\cdots ⑦$$

이고, 식 ⑦을 식 ①에 대입하면 다음과 같이 충돌 후 공의 속도(v_{A2})가 구해진다.

$$v = v_{A2} + [5v_{A2} + (2e - 3)v]$$
$$\therefore \ v_{A2} = \frac{(4 - 2e)v}{6} = \frac{3v}{6} = \frac{1}{2}v \quad \cdots\cdots ⑧$$

한편 충돌 후 봉의 각속도(w_{B2})는 식 ⑥과 ⑧로부터 다음과 같다.

$$L\omega_{B2} = 3v - 3 \times \frac{(2 - e)v}{3} = 3v - (2 - e)v = (1 + e)v$$
$$\therefore \ \omega_{B2} = (1 + e)\frac{v}{L} = (1 + 0.5)\frac{v}{L} = 1.5\frac{v}{L}$$

† 문제의 물리적 구조를 알기 쉽게 첨자를 붙였는데, 기호들이 조금 복잡해 보이는 면이 있다. 4개의 조건을 적용한 후 연립 방정식을 풀 때는 미지수를 A, B, C, D로 바꾸면 보기가 쉽다.

[문제 4.4] 그림과 같이 $30°$ 경사면의 지점 A에서 10kg의 물체를 10m/s의 속도로 밀어 올렸다. 경사면을 따라 위로 이동하던 물체는 B에 도달한 후 다시 아래로 내려오게 된다. 물체가 내려오면서 원래 위치 A를 통과할 때의 속도를 구하시오. 단, 물체와 경사면 사이의 운동 마찰계수 μ_k는 0.1이고, 중력가속도는 10m/s^2이다. (10점)

[국가공무원 5급(기술) 공개경쟁채용 제2차시험(2005)]

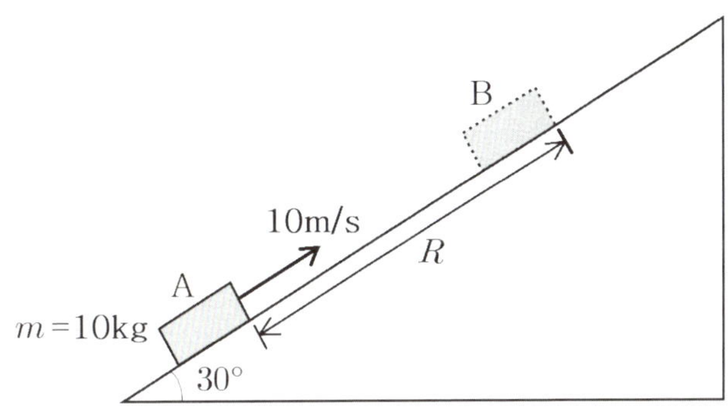

풀이 마찰력($f = \mu_k N = \mu_k mg\cos\theta$)은 언제나 물체의 운동을 방해하는 방향으로 작용하므로 물체가 올라갈 때와 내려올 때 물체에 작용하는 힘을 나타내면 [그림]과 같다.

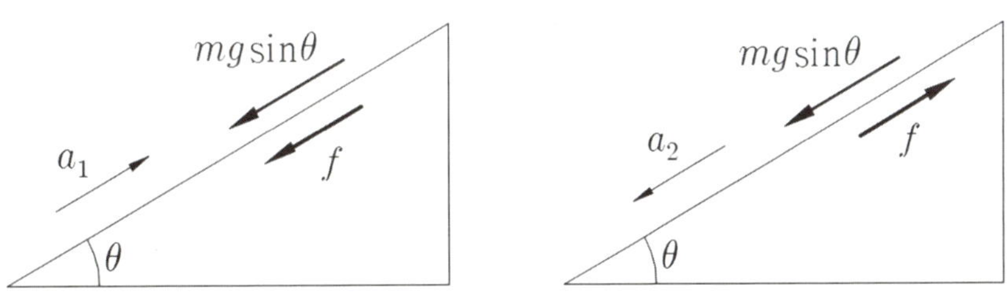

[그림] 물체에 작용하는 경사면 방향 힘

올라갈 때 물체의 가속도를 a_1으로 하고 경사면 방향(↗)으로 질점의 운동 방정식($\sum F = ma$)을 적용하면

$$-mg\sin\theta - \mu_k mg\cos\theta = ma_1$$
$$\therefore\ a_1 = -g(\sin\theta + \mu_k\cos\theta)$$

으로 가속도가 일정하므로 속도 $v_B = 0$이 되는 B점까지 거리 R은 다음과 같다.

$$v_B^2 - v_0^2 = 2a_1R \ \rightarrow\ 0 - v_0^2 = 2a_1R$$
$$\therefore\ R = -\frac{v_0^2}{2a_1} = \frac{v_0^2}{2g(\sin\theta + \mu_k\cos\theta)}$$

B점에서 내려갈 때 물체의 가속도를 a_2로 하고 경사면 방향(↙)으로 질점의 운동방정식($\sum F = ma$)을 적용하면

$$mg\sin\theta - \mu_k mg\cos\theta = ma_2$$
$$\therefore\ a_2 = g(\sin\theta - \mu_k\cos\theta)$$

이다. 올라갈 때와 마찬가지로 가속도가 일정하므로 B점으로부터 거리 R에 있는 원래 위치 A를 통과할 때의 속도를 v_A라 하면 다음과 같다.

$$v_A^2 - v_B^2 = 2a_2R \ \rightarrow\ v_A^2 - 0 = 2a_2R$$
$$\therefore\ v_A = \sqrt{2a_2R} = \sqrt{2g(\sin\theta - \mu_k\cos\theta) \times \frac{v_0^2}{2g(\sin\theta + \mu_k\cos\theta)}}$$
$$= v_0\sqrt{\frac{\sin\theta - \mu_k\cos\theta}{\sin\theta + \mu_k\cos\theta}}$$
$$= 10\sqrt{\frac{\sin 30° - 0.1\cos 30°}{\sin 30° + 0.1\cos 30°}}$$
$$= 8.39\ [\mathrm{m/s}]$$

제5장 2006년 시행 행정고등고시(기술직) 제2차시험

[문제 5.1] 수평면에서 위성기어가 막대 OA에 주어진 토크에 의해 고정기어 주위를 회전한다. 위성기어의 질량은 4kg이고 원판으로 취급한다. 막대 OA의 질량은 2kg이고, 회전 중심 O에서의 질량회전반경(radius of gyration)은 150mm이다. 정지 상태로부터 일정한 토크 T를 가하여 3초 후에 막대 OA의 각속도가 20rad/s가 되었다. (총 20점)

[국가공무원 5급(기술) 공개경쟁채용 제2차시험(2006)]

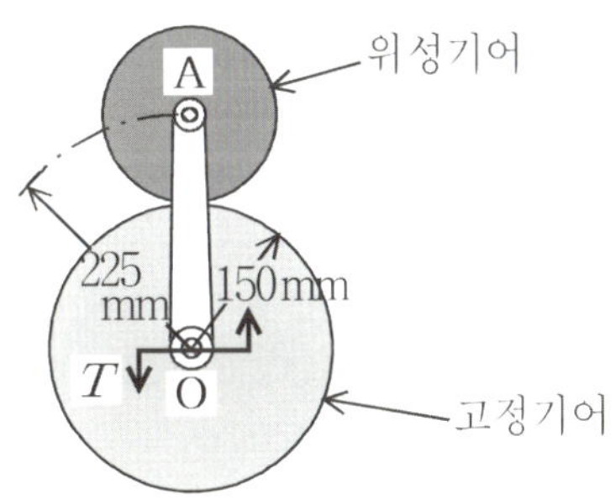

1) 이 때 위성기어의 각속도와 각가속도를 구하시오. (6점)
2) 두 기어 사이의 접촉력을 구하시오. (6점)
3) 일정 토크 T의 값을 구하시오. (8점)

풀이 위성기어와 고정기어를 각각 첨자 1, 2로 나타낸다. 위성기어와 고정기어의 반지름은 각각

$$R_1 = 225 - 150 = 75\,[\text{mm}]$$
$$R_2 = 150\,[\text{mm}]$$

이고, 고정기어 중심축(O)으로부터 위성기어 중심축(A)까지 거리는

$$L = 225\,[\text{mm}]$$

이다. 정지 상태로부터 일정한 토크를 받고 3초 후에 막대 OA의 각속도가 20[rad/s]가 되었으므로 막대 OA의 각가속도(α_{OA})는 다음과 같다.

$$\alpha_{OA} = \frac{\omega_{OA}}{t} = \frac{20}{3}[\mathrm{rad/s^2}](\curvearrowleft)$$

1) 막대 OA의 회전에 의한 점 A의 속도(와 가속도)와 위성기어의 회전에 의한 속도(와 가속도)가 같다는 조건을 적용하면 다음과 같이 위성기어의 각속도(ω_1)와 각가속도(α_1)가 구해진다.

$$w_1 \times R_1 = \omega_{OA} \times L$$

$$\therefore\ \omega_1 = \frac{L}{R_1} \times \omega_{OA} = \frac{225}{75} \times 20 = 60\,[\mathrm{rad/s}](\curvearrowleft)$$

$$\alpha_1 \times R_1 = \alpha_{OA} \times L$$

$$\therefore\ \alpha_1 = \frac{L}{R_1} \times \alpha_{OA} = \frac{225}{75} \times \frac{20}{3} = 20\,[\mathrm{rad/s^2}](\curvearrowleft)$$

2) 두 기어 사이의 접촉력을 F라 하고 위성기어의 중심축(A)에 대해 각운동방정식($\sum M_A = I_A \alpha$)을 적용하여 F를 구한다.

$$F \times R_1 = I_1 \alpha_1 = \frac{1}{2} m_1 R_1^2 \alpha_1$$

$$\therefore\ F = \frac{1}{2} m_1 R_1 \alpha_1 = \frac{1}{2} \times 4 \times 0.075 \times 20 = 3\,[\mathrm{N}]$$

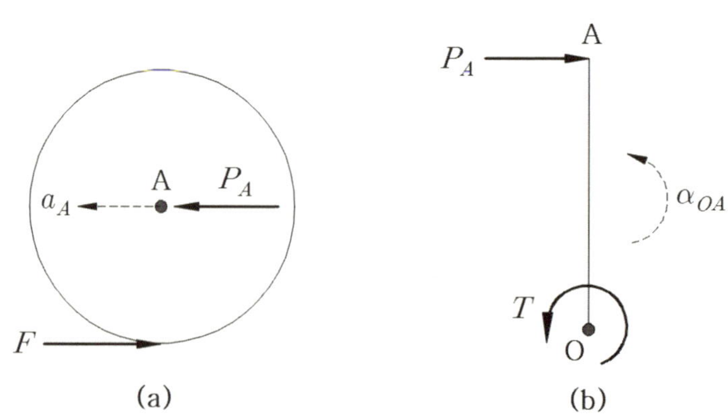

[그림(1)] (a) 위성기어 (b) 막대

3) 위성기어와 막대의 연결점에 작용하는 수평방향 반력을 [그림(1)]에 나타내었다. [그림(1)]의 (a)에서 선형운동방정식($\sum F = ma$)을 적용하면 연결점(A)에 작용하는 반력은

$$P_A - F = m_1 a_A$$

$$\therefore\ P_A = F + m_1 a_A = F + m_1 \times (L \times a_{OA})$$

$$= 3 + 4 \times \left(0.225 \times \frac{20}{3}\right) = 9\ [\mathrm{N}]$$

이고, (b)에서 각운동방정식($\sum M_O = I_O \alpha$)을 적용하면 다음과 같이 토크(T)가 구해진다.

$$T - P_A L = I_{OA} \alpha_{OA}$$

$$\therefore\ T = P_A L + I_{OA} \alpha_{OA} = P_A L + (m_{OA} k_{OA}^2) \alpha_{OA}$$

$$= 9 \times 0.225 + (2 \times 0.15^2) \times \frac{20}{3} = 2.325\ [\mathrm{N \cdot m}]$$

[참고] 막대와 위성기어에 일정한 토크가 가해져 고정기어 주위를 수평면 상에서 회전하면 수직면 상에서 회전할 때 각도에 따라 중력 힘의 모멘트가 변하는 것과 다르게 점 A에 가해지는 힘의 모멘트가 변하지 않기 때문에 막대의 각가속도가 일정하다. 막대 OA의 각가속도(α_{OA})가 일정하다는 가정을 미리 사용하지 않고 해석하여도 다음과 같이 동일한 결과를 얻는다.

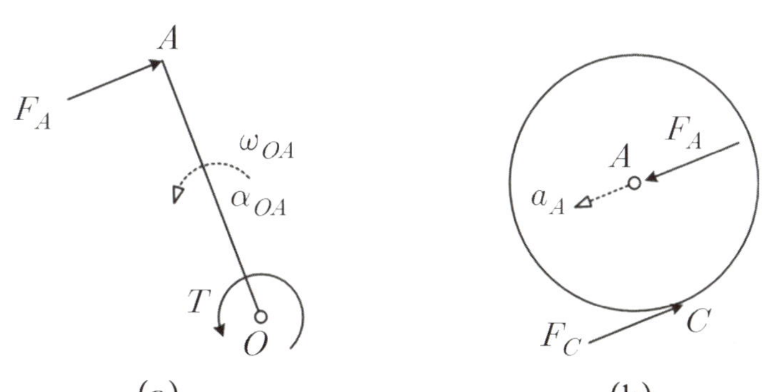

[그림(2)] 자유물체도 (a) 막대 (b) 위성기어

1) [그림(2)]는 정지 상태에서 출발하여 회전하고 있는 막대와 위성기어의 자유물체도를 나타낸다. 여기서 F_A는 막대와 위성기어의 연결점에 작용하는 반력이고, F_C는 두 기어가 접촉하는 점 C에 작용하는 힘이다. 먼저, 고정된 축 O에 대한 막대의 각운동방정식은 다음과 같다.

$$\sum M_O = I_O \alpha \ : \ T - LF_A = I_{OA}\alpha_{OA}$$

$$\therefore \ T = LF_A + (m_{OA}k_{OA}^2)\alpha_{OA}$$

$$= 0.225F_A + (2\times 0.15^2)\alpha_{OA}$$

$$= 0.225F_A + 0.045\alpha_{OA} \cdots\cdots ①$$

다음으로 막대 OA의 회전에 의한 점 A의 속도 및 가속도가 위성기어의 회전에 의한 속도 및 가속도와 각각 같다는 조건을 적용하면 위성기어의 반시계방향 각속도(ω_1)와 각가속도(α_1)는 다음과 같다.

$$R_1 w_1 = L\omega_{OA}$$

$$\therefore \ \omega_1 = \frac{L}{R_1}\omega_{OA} = \frac{225}{75}\times\omega_{OA} = 3\omega_{OA} \cdots\cdots ②$$

$$a_A = R_1\alpha_1 = L\alpha_{OA}$$

$$\therefore \ \alpha_1 = \frac{L}{R_1}\alpha_{OA} = \frac{225}{75}\times\alpha_{OA} = 3\alpha_{OA} \cdots\cdots ③$$

또 위성기어의 무게중심 축(A)에 대한 각운동방정식을 적용한 후, 식 ③을 대입하면 다음과 같다.

$$\sum M_A = I_A \alpha \ : \ R_1 F_C = I_{G1}\alpha_1 = \frac{1}{2}m_1 R_1^2 \alpha_1$$

$$\therefore \ F_C = \frac{1}{2}m_1 R_1 \alpha_1$$

$$= \frac{1}{2}\times 4\times 0.075\times 3\alpha_{OA} = 0.45\alpha_{OA} \cdots\cdots ④$$

끝으로 막대와 수직한 방향에 대한 위성기어의 선형운동방정식을 적용하고, 식 ③, ④를 대입하면

$$\sum F_t = ma_{G,t} \ : \ F_A - F_C = m_1 a_A$$

$$\therefore \ F_A = F_C + m_1(L\alpha_{OA})$$

$$= 0.45\alpha_{OA} + 4(0.225\alpha_{OA}) = 1.35\alpha_{OA} \ \cdots\cdots\cdots\cdots ⑤$$

이다. 식 ⑤를 식 ①에 대입하면 축 O에 가하는 토크(T)는

$$T = 0.225F_A + 0.045\alpha_{OA} = 0.34875\alpha_{OA} \ \cdots\cdots\cdots\cdots ⑥$$

가 된다. T가 일정하다고 했으므로 식 ⑥에 의해 막대의 각가속도 α_{OA}도 일정하다. 막대의 각속도가 정지 상태로부터 3초 후에 20 [rad/s]가 되었으므로

$$\alpha_{OA} = \frac{20}{3} = 6.667\,[\text{rad/s}^2]$$

임을 알 수 있다. 막대의 각속도가 20 [rad/s]가 된 시간에 위성기어의 각속도와 각가속도는 식 ②, ③에 의해 다음과 같다.

$$\omega_1 = 3\omega_{OA} = 3\times 20 = 60\,[\text{rad/s}],$$

$$\alpha_1 = 3\alpha_{OA} = 3\times\frac{20}{3} = 20\,[\text{rad/s}^2]$$

2) 같은 시간에 두 기어 사이의 접촉력 F_C는 식 ④에 의해

$$F_C = 0.45\alpha_{OA} = 0.45\times\frac{20}{3} = 3\,[\text{N}]$$

이다.

3) 일정 토크 T의 값은 식 ⑥에 의해 다음과 같다.

$$T = 0.34875\alpha_{OA} = 0.34875\times\frac{20}{3} = 2.325\,[\text{N}\cdot\text{m}]$$

[문제 5.2] **내면이 매우 매끄러운 직파이프가 수평면에서 일정한 각속도 ω로 회전하고 있다. 파이프 내면의 회전중심에 질량 m인 작은 구슬이 반경방향 초기속도 v_0를 갖고 놓여 질 때, 다음 물음에 답하시오. (단, 구슬과 파이프 내면 사이의 마찰은 무시한다) (총 15점)**

[국가공무원 5급(기술) 공개경쟁채용 제2차시험(2006)]

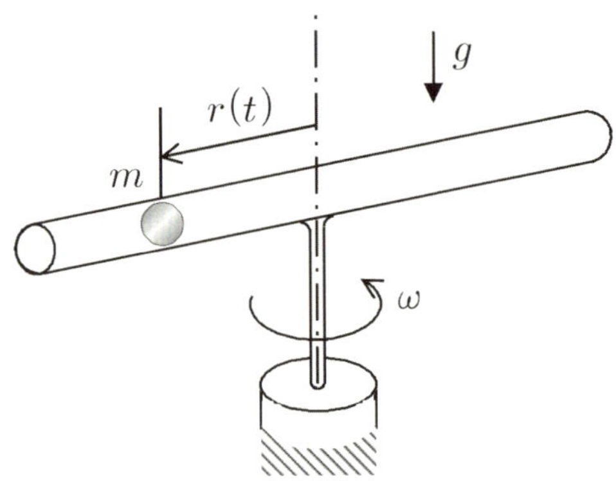

1) 구슬의 반경방향 위치 $r(t)$를 구하시오. (10점)

2) 구슬과 파이프 내면 사이에 작용하는 반력을 구하시오. (5점)

풀이 원통좌표계에서 질점의 운동방정식을 사용하여 풀면 다음과 같다.

1) [그림]은 마찰이 없고 일정한 각속도 ω로 회전하는 파이프 내의 구슬의 운동을 나타낸다. 파이프가 $z=0$인 평면(xy 평면)에서 회전하므로 구슬의 위치벡터와 속도와 가속도는

$$\vec{R}=r\vec{e}_r$$

$$\vec{v}=\dot{\vec{R}}=\dot{r}\vec{e}_r+\omega r\vec{e}_\theta$$

$$\vec{a}=\dot{\vec{v}}=(\ddot{r}-\omega^2 r)\vec{e}_r+2\omega\dot{r}\vec{e}_\theta$$

가 된다. 여기에서

$$\vec{e}_r=\cos\theta\vec{i}+\sin\theta\vec{j},\ \vec{e}_\theta=-\sin\theta\vec{i}+\cos\theta\vec{j},\ \dot{\theta}=\omega$$

이므로

$$\dot{\vec{e}}_r = \omega \vec{e}_\theta, \quad \dot{\vec{e}}_\theta = -\omega \vec{e}_r$$

을 사용하였다.

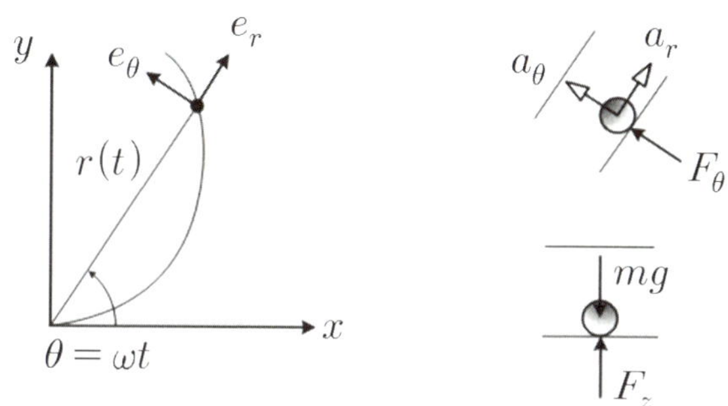

[그림] 구의 운동과 자유물체도

마찰이 없기 때문에 [그림]을 참조하면 구슬의 운동방정식($\vec{F} = m\vec{a}$)은

$$(F_z - mg)\vec{e}_z + F_\theta \vec{e}_\theta = m\left[(\ddot{r} - \omega^2 r)\vec{e}_r + 2\omega \dot{r} \vec{e}_\theta\right] \quad \cdots\cdots\cdots\cdots\cdots ①$$

이다. 여기서 r 방향 성분을 보면

$$\ddot{r} - \omega^2 r = 0$$

인데 이 식은 상수 계수의 2계 미분방정식이다. 잘 알려진 것처럼 그 일반해는

$$r = C_1 e^{-\omega t} + C_2 e^{\omega t} \text{ 또는 } r = C_3 \cosh\omega t + C_4 \sinh\omega t$$

로 쓸 수 있는데, 초기조건을 적용하기 편한 둘째 식을 사용하기로 한다. 구슬이 중심에서 v_0의 속도로 움직이기 시작했으므로 초기조건을 적용하면 다음과 같다.

$$r(0) = C_3 \times 1 + C_4 \times 0 = C_3 = 0$$
$$\dot{r}(0) = \omega C_3 \times 0 + \omega C_4 \times 1 = \omega C_4 = v_0$$

따라서 구슬의 반경방향 위치는 다음과 같다.

$$r = \frac{v_0}{\omega}\sinh\omega t \quad \cdots\cdots ②$$

2) 구슬과 파이프 내면 사이에 작용하는 반력은 [그림]의 자유물체도와 식 ①의 z와 θ 방향 성분을 적용하고 식 ②를 대입하여 도함수를 계산하면 다음과 같다.

$$F_z = mg$$

$$F_\theta = 2m\omega\dot{r} = 2m\,\omega v_0\cosh\omega t$$

[참고] $t=0$일 때 회전 중심 $r=0$에서 $v_r = v_0$이다.

1) 일정한 각속도 ω로 회전하고 마찰력이 없으므로 구슬의 반경방향 가속도가 0이고 다음과 같이 쓸 수 있다.

$$a_r = \frac{d^2r}{dt^2} - r\omega^2 = 0\,,\ \ \frac{d^2r}{dt^2} = r\omega^2 \quad \cdots\cdots ①$$

반경방향 속도를 $v(r)$로 하면

$$v = \frac{dr}{dt} \quad \cdots\cdots ②$$

이고

$$\frac{d^2r}{dt^2} = \frac{dv}{dt} = \frac{dv}{dr}\times\frac{dr}{dt} = v\frac{dv}{dr} \quad \cdots\cdots ③$$

이므로

$$v\frac{dv}{dr} = r\omega^2$$

$$\therefore\ \ vdv = r\omega^2 dr \quad \cdots\cdots ④$$

이 된다. ω가 일정하므로 식 ④를 적분하여 v를 구하면

$$\int_{v_0}^{v} vdv = \int_0^r r\omega^2 dr$$

$$\frac{1}{2}(v^2 - v_0^2) = \frac{1}{2}(r^2\omega^2)$$

$$\therefore \quad v = \sqrt{v_0^2 + (r\omega)^2} \quad \cdots\cdots ⑤$$

이다. 여기에서 $v = \dfrac{dr}{dt}$ 이므로 식 ⑤는

$$\frac{dr}{dt} = \sqrt{v_0^2 + (r\omega)^2}$$

$$\therefore \quad \frac{dr}{\sqrt{v_0^2 + (r\omega)^2}} = dt \quad \cdots\cdots ⑥$$

이고, 식 ⑥을 적분하면

$$\begin{aligned} \int_0^t dt = \int_0^r \frac{dr}{\sqrt{v_0^2 + (r\omega)^2}} &= \frac{1}{\omega}\ln\left[r + \sqrt{r^2 + \frac{v_0^2}{\omega^2}}\right]_0^r \\ &= \frac{1}{\omega}\ln\left[\frac{r + \sqrt{r^2 + \frac{v_0^2}{\omega^2}}}{v_0/\omega}\right] \\ &= \frac{1}{\omega}\ln\left[\frac{\omega}{v_0}r + \sqrt{\left(\frac{\omega}{v_0}r\right)^2 + 1}\right] \end{aligned}$$

이므로

$$t = \frac{1}{\omega}\ln\left[\frac{\omega}{v_0}r + \sqrt{\left(\frac{\omega}{v_0}r\right)^2 + 1}\right] \quad \cdots\cdots ⑦$$

이다. 식 ⑦에서

$$e^{\omega t} = \frac{\omega}{v_0}r + \sqrt{\left(\frac{\omega}{v_0}r\right)^2 + 1}$$

이고,

$$e^{-\omega t} = \frac{1}{\frac{\omega}{v_0}r + \sqrt{\left(\frac{\omega}{v_0}r\right)^2 + 1}} = \sqrt{\left(\frac{\omega}{v_0}r\right)^2 + 1} - \frac{\omega}{v_0}r$$

이므로, 두 식을 변끼리 뺀 후 정리하면 다음과 같이 구슬의 반경방향 위치 $r(t)$가 구해진다.

$$\frac{2\omega r}{v_0} = e^{\omega t} - e^{-\omega t} = 2\sinh\omega t$$

$$\therefore \; r(t) = \frac{v_0}{\omega}\sinh\omega t \quad \cdots\cdots ⑧$$

2) 마찰력이 없으므로 구슬에 작용하는 반경방향 힘 $F_r = 0$이고, 구슬과 파이프 내면 사이에 작용하는 반력은 접선방향 힘

$$F_t = m(r\ddot{\theta} + 2\dot{r}\dot{\theta}) = 2m\dot{r}\omega \quad \cdots\cdots ⑨$$

와 같다. 식 ⑧로부터

$$\dot{r} = \frac{d}{dt}\left(\frac{v_0}{\omega}\sinh\omega t\right) = v_0\cosh\omega t \quad \cdots\cdots ⑩$$

이므로 이 식을 식 ⑨에 대입하면 구슬과 파이프 내면 사이에 작용하는 반력(R)은 다음과 같다.

$$R = F_t = 2mv_0\omega\cosh\omega t \quad \cdots\cdots ⑪$$

만일 구슬의 무게가 고려된다면 반력의 크기는 $\sqrt{(mg)^2 + F_t^2}$ 이 된다.

[문제 5.3] 줄 BC에 의해 지지되는 질량 2kg의 가는 균일봉을 수평으로 유지하도록 A점에서 잡고 있다가 놓는 순간, 봉의 각가속도와 줄 BC에 걸리는 장력을 구하시오. (단, 중력가속도는 g이다) (15점)

[국가공무원 5급(기술) 공개경쟁채용 제2차시험(2006)]

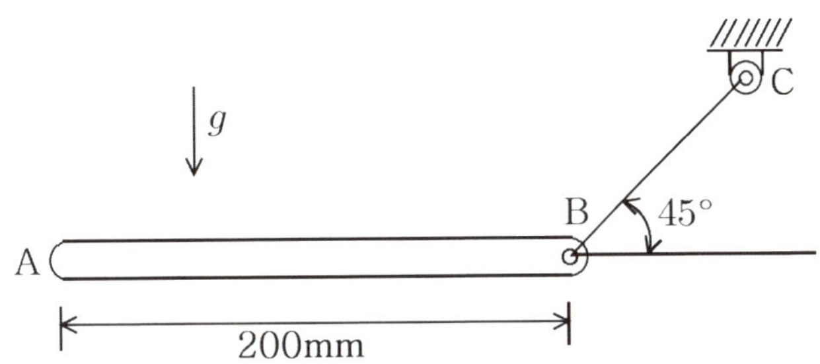

풀이 정지 상태에서 봉을 놓으므로 봉을 놓는 순간의 봉의 각속도 $\omega = 0$이다. 줄 CB가 원운동을 하고 현재 각속도가 0이므로 B점의 가속도 방향은 [그림]과 같이 BC에 수직한 방향이다.

$$\overrightarrow{a_B} = \frac{a_B}{\sqrt{2}}(\vec{i} - \vec{j}) \quad \cdots\cdots ①$$

이때 봉의 질량중심 G의 가속도는 다음과 같다.

$$\begin{aligned}\overrightarrow{a_G} &= \overrightarrow{a_B} + \vec{\alpha} \times \overrightarrow{r_{G/B}} - \omega^2 \overrightarrow{r_{G/B}} \\ &= \frac{a_B}{\sqrt{2}}(\vec{i} - \vec{j}) + (\alpha \vec{k}) \times (-0.1\vec{i}) - \vec{0} \\ &= \frac{a_B}{\sqrt{2}}\vec{i} + \left(-\frac{a_B}{\sqrt{2}} - 0.1\alpha\right)\vec{j} \quad \cdots\cdots ②\end{aligned}$$

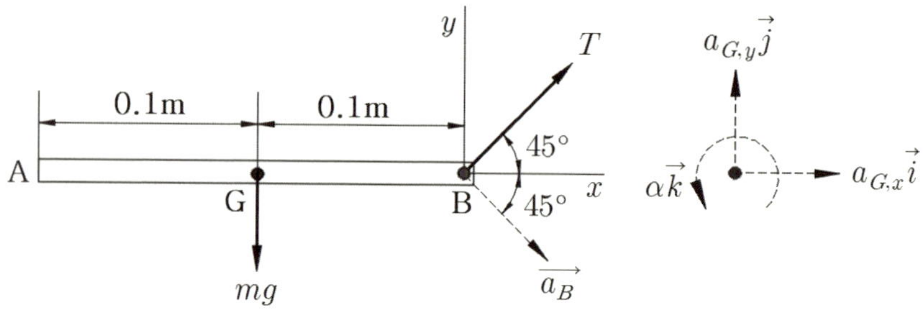

[그림] 자유물체도

[그림]의 자유물체도를 참고하여 강체의 선형운동방정식을 적용하면

$$\sum F_x = ma_{G,x} \ : \ T\frac{1}{\sqrt{2}} = m \times \frac{a_B}{\sqrt{2}} \ \rightarrow \ T\frac{1}{\sqrt{2}} = 2 \times \frac{a_B}{\sqrt{2}}$$

$$\therefore \ T = 2a_B \ \cdots\cdots \ ③$$

$$\sum F_y = ma_{G,y} \ : \ T\frac{1}{\sqrt{2}} - mg = m \times \left(-\frac{a_B}{\sqrt{2}} - 0.1\alpha\right)$$

$$\therefore \ T\frac{1}{\sqrt{2}} - 2g = 2 \times \left(-\frac{a_B}{\sqrt{2}} - 0.1\alpha\right) \ \cdots\cdots \ ④$$

이고, 질량중심 G에 대해 각운동방정식을 적용하면

$$\sum M_G = I_G\alpha \ : \ T\frac{1}{\sqrt{2}} \times \frac{l}{2} = \frac{1}{12}ml^2 \times \alpha$$

$$\therefore \ \alpha = \frac{6}{ml} \times \frac{T}{\sqrt{2}} = \frac{6T}{2 \times 0.2 \times \sqrt{2}} = \frac{15}{\sqrt{2}}T \ \cdots\cdots \ ⑤$$

이다. 식 ③, ⑤를 식 ④에 대입하여 정리하면 줄 BC에 걸리는 장력은

$$T\frac{1}{\sqrt{2}} - 2g = 2 \times \left(-\frac{a_B}{\sqrt{2}} - 0.1\alpha\right)$$

$$= 2 \times \left(-\frac{T}{2\sqrt{2}} - 0.1 \times \frac{15}{\sqrt{2}}T\right) = -2\sqrt{2}\,T$$

$$\left(\frac{1}{\sqrt{2}} + 2\sqrt{2}\right)T = 2g$$

$$\therefore \ T = \frac{2g}{(5/\sqrt{2})} = \frac{2\sqrt{2}\,g}{5}$$
$$= \frac{2\sqrt{2}\times 9.81}{5} = 5.55\,[\mathrm{N}]$$

이고, 봉의 각가속도는 다음과 같다.

$$\alpha = \frac{15}{\sqrt{2}}T = \frac{15}{\sqrt{2}} \times \frac{2\sqrt{2}\,g}{5} = 6g$$
$$= 6 \times 9.81 = 58.9\,[\mathrm{rad/s^2}]$$

이상에서 단위를 모두 SI 단위 kg, m, s, N으로 통일하여 계산하였고, 문제에서 (단, 중력가속도는 g이다)라는 조건을 제시하였으므로

$$T = \frac{2\sqrt{2}\,g}{5},\ \ \alpha = 6g$$

라는 결과를 보였다. 어쩌면 출제자는 이것을 정답으로 했을지도 모를 일이다.
이처럼 일부만 기호로 남길 경우의 엄밀한 답은 다음과 같이 단위를 포함하여 적는 것이다.

$$T = \frac{2\sqrt{2}\,g}{5}\left(\frac{\mathrm{N}}{\mathrm{m/s^2}}\right)$$
$$\alpha = 6g\left(\frac{\mathrm{rad/s^2}}{\mathrm{m/s^2}}\right) = 6g\left(\frac{\mathrm{rad}}{\mathrm{m}}\right)$$

만약 $g = 9.81[\mathrm{m/s^2}]$을 적용하면

$$T = \frac{2\sqrt{2}\,g}{5}\left(\frac{\mathrm{N}}{\mathrm{m/s^2}}\right) = \frac{2\sqrt{2}\,(9.81\mathrm{m/s^2})}{5}\left(\frac{\mathrm{N}}{\mathrm{m/s^2}}\right) = 5.55[\mathrm{N}]$$
$$\alpha = 6g\left(\frac{\mathrm{rad}}{\mathrm{m}}\right) = 6(9.81\mathrm{m/s^2})\left(\frac{\mathrm{rad}}{\mathrm{m}}\right) = 58.9\,[\mathrm{rad/s^2}]$$

이 되고, $g = 32.2[\mathrm{ft/s^2}]$을 적용하면

$$T = \frac{2\sqrt{2}\,g}{5}\left(\frac{\text{N}}{\text{m/s}^2}\right) = \frac{2\sqrt{2}\,(32.2\,\text{ft/s}^2)}{5}\left(\frac{\text{N}}{\text{m/s}^2}\right)$$

$$= \frac{2\sqrt{2}\,(32.2\,\text{ft/s}^2)}{5}\left(\frac{\text{N}}{3.28\,\text{ft/s}^2}\right) = 5.55\,[\text{N}]$$

$$\alpha = 6g\left(\frac{\text{rad}}{\text{m}}\right) = 6\,(32.2\,\text{ft/s}^2)\left(\frac{\text{rad}}{3.28\,\text{ft}}\right) = 58.9\,[\text{rad/s}^2]$$

이 되어, 어떤 단위를 쓰더라도 단위환산을 통하여 (지구상에서는) 같은 답을 얻을 수 있다.

제6장 2007년 시행 행정고등고시(기술직) 제2차시험

[문제 6.1] 질량이 20kg이고 길이가 3m인 균일한 막대 AB가 힌지 점 A를 중심으로 수직위치에서 정지했다가 회전하여 범퍼 C에 충돌한 후 다시 튀어 오른다. 충돌의 반발계수가 0.5일 때, 다음 물음에 답하시오. (총 25점) (단, 운동 시 발생하는 마찰은 무시한다)

[국가공무원 5급(기술) 공개경쟁채용 제2차시험(2007)]

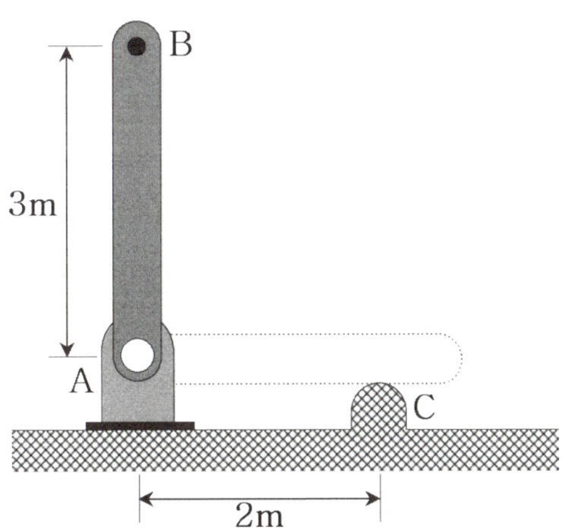

1) 질량 m, 길이 L인 막대 AB에 대하여 점 A를 회전중심으로 한 질량관성 모멘트를 유도하시오. (8점)
2) 충돌직후 막대의 각속도를 구하시오. (7점)
3) 충돌 후 막대가 반발 상승하여 수평면과 이루는 최대 각을 구하시오. (5점)
4) 충돌과정에서 소멸되는 역학적 에너지를 구하시오. (5점)

풀이 1) 균일한 막대의 단위 길이당 질량은 m/L이다. [그림]과 같이 길이 dx의 미소질량 요소 dm을 선정하면

$$dm = \frac{m}{L}dx$$

$$\therefore\ I_A = \int x^2 dm = \int_0^L x^2 \cdot \frac{m}{L}dx = \frac{m}{L}\int_0^L x^2 dx$$

$$= \frac{m}{L}\left[\frac{1}{3}x^3\right]_0^L = \frac{1}{3}mL^2$$

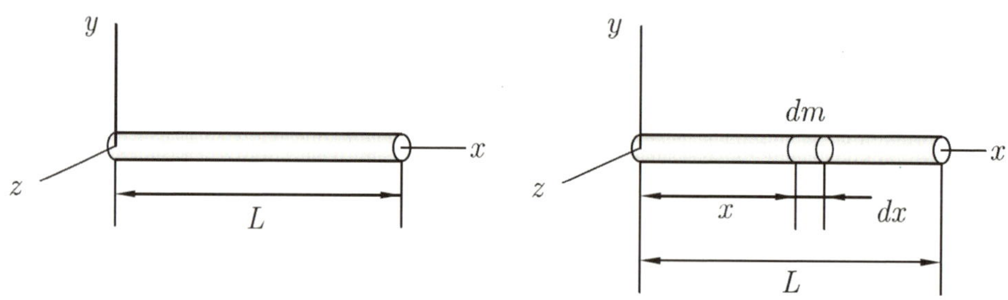

[그림] 균일한 막대의 미소질량 요소

2) 고정점 A를 중심으로 회전할 때 막대의 운동에너지는 운동학관계식에 의해

$$E_k = \frac{1}{2}I_G\omega^2 + \frac{1}{2}mv_G^2$$

$$= \frac{1}{2}I_G\omega^2 + \frac{1}{2}m\left(\frac{L}{2}\omega\right)^2$$

$$= \frac{1}{2}I_A\omega^2$$

이 된다. 위치에너지 기준선을 A점을 지나는 수평선으로 하면 처음 상태 막대의 위치에너지가 전부 운동에너지로 변환되므로 충돌 직전 막대의 시계방향 각속도(ω_1)는

$$\frac{1}{2}I_A\omega_1^2 = mgh_G \ \rightarrow\ \frac{1}{2}\times\frac{1}{3}mL^2\times\omega_1^2 = mg\times\frac{1}{2}L$$

$$\therefore \ \omega_1 = \sqrt{\frac{3g}{L}}$$

이고, 반발계수 $e = 0.5$일 때 충돌 직후 막대의 반시계방향 각속도 (ω_2)는

$$v_{C,n,2} = -2\omega_2 = -ev_{C,n,1} = -e(2\omega_1)$$

에 의해 다음과 같다.

$$\omega_2 = e \times \omega_1 = e\sqrt{\frac{3g}{L}} = 0.5\sqrt{\frac{3 \times 9.8}{3}} = 1.57\,[\mathrm{rad/s}]$$

3) 충돌 후 막대 무게 중심이 최대 높이에 도달할 때 충돌 직후 막대의 운동에너지가 전부 위치에너지로 변환되므로 막대가 수평면과 이루는 최대 각은 다음과 같다.

$$\frac{1}{2}I_A\omega_2^2 = mgh_{2,G} \ \rightarrow \ \frac{1}{2} \times \frac{1}{3}mL^2 \times \left(e^2 \times \frac{3g}{L}\right) = mg \times \frac{1}{2}L\sin\theta$$

$$\therefore \ \theta = \sin^{-1}(e^2) = \sin^{-1}(0.5^2) = 14.5°$$

4) 충돌 과정에서 막대의 각속도가 ω_1에서 ω_2로 바뀌고 높이 변화는 없으므로 이 과정에서 소멸된 역학적 에너지는 다음과 같다.

$$\begin{aligned}\Delta E_k = \frac{1}{2}I_A\omega_1^2 - \frac{1}{2}I_A\omega_2^2 &= \frac{1}{2} \times \frac{1}{3}mL^2\left(\frac{3g}{L} - e^2 \times \frac{3g}{L}\right) \\ &= \frac{1}{2}mgL(1-e^2) \\ &= \frac{1}{2} \times 20 \times 9.8 \times 3 \times (1-0.5^2) \\ &= 221\,[\mathrm{J}]\end{aligned}$$

이 값은 감소된 최대 위치에너지 $20 \times 9.8 \times 1.5 \times (\sin 90° - \sin 14.5°)$와 같다.

[문제 6.2] **막대 AB는 z축에 대하여 일정한 각속도 $\omega_1=2$rad/s로 회전한다. 길이 2m인 막대 BC는 yz평면에 위치하고 있으며 x축에 대하여 일정한 각속도 $\omega_2=3$rad/s로 회전하며 y축과의 각도는 60°이다. 다음 물음에 답하시오. (총 10점) (단, $\vec{i}$, $\vec{j}$, $\vec{k}$는 직교좌표 x, y, z 방향의 단위 벡터이다)**

[국가공무원 5급(기술) 공개경쟁채용 제2차시험(2007)]

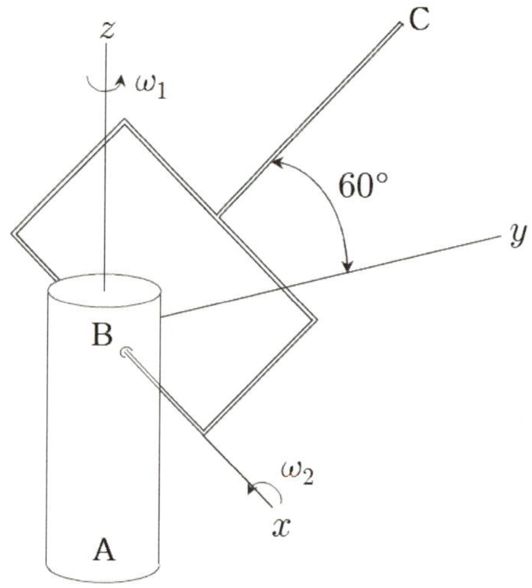

1) 점 C의 속도를 구하시오. (4점)
2) 막대 BC의 각가속도를 구하시오. (3점)
3) 점 C의 가속도를 구하시오. (3점)

풀이 점 B를 고정좌표계와 회전좌표계의 원점으로 잡는다. 고정좌표계에 대한 회전좌표계의 각속도($\vec{\Omega}$)와 회전좌표계에 대한 막대의 각속도는($\vec{\omega}$)는 다음과 같다.

$$\vec{\Omega}=\omega_1\vec{k}=2\vec{k}\ [\text{rad/s}]$$

$$\vec{\omega}=\omega_2\vec{i}=3\vec{i}\ [\text{rad/s}]$$

1) 고정좌표계 원점으로부터 회전좌표계 원점까지 거리($\vec{R}$)와 회전좌표계 원점으로부터 점 C까지 거리($\overrightarrow{r_{C/B}}$)는

$$\vec{R} = \vec{0}$$
$$\overrightarrow{r_{C/B}} = 2(\cos 60° \vec{j} + \sin 60° \vec{k}) = \vec{j} + \sqrt{3}\vec{k}$$

이므로 점 C의 속도($\overrightarrow{v_C}$)는 다음과 같다.

$$\begin{aligned}\overrightarrow{v_C} &= \overrightarrow{v_B} + \overrightarrow{v_{C/xyz}} + \vec{\Omega} \times \overrightarrow{r_{C/B}} \\ &= \vec{\Omega} \times \vec{R} + \vec{\omega} \times \overrightarrow{r_{C/B}} + \vec{\Omega} \times \overrightarrow{r_{C/B}} \\ &= \omega_1 \vec{k} \times \vec{0} + \omega_2 \vec{i} \times \overrightarrow{r_{C/B}} + \omega_1 \vec{k} \times \overrightarrow{r_{C/B}} \\ &= (\omega_2 \vec{i} + \omega_1 \vec{k}) \times \overrightarrow{r_{C/B}} \\ &= (3\vec{i} + 2\vec{k}) \times (\vec{j} + \sqrt{3}\vec{k}) \\ &= -2\vec{i} - 3\sqrt{3}\vec{j} + 3\vec{k} \text{ [m/s]}\end{aligned}$$

2) 막대 BC가 각속도 $\vec{\Omega}$로 세차운동을 하고 있으므로 막대 BC의 각가속도는 다음과 같다.

$$\vec{\alpha} = \vec{\Omega} \times \vec{\omega} = 2\vec{k} \times 3\vec{i} = 6\vec{j} \text{ [rad/s}^2\text{]}$$

3) 점 C의 가속도($\overrightarrow{a_C}$)는 다음 식으로 주어진다.

$$\overrightarrow{a_C} = \overrightarrow{a_B} + \overrightarrow{a_{C/xyz}} + \dot{\vec{\Omega}} \times \overrightarrow{r_{C/B}} + \vec{\Omega} \times (\vec{\Omega} \times \overrightarrow{r_{C/B}}) + 2\vec{\Omega} \times \overrightarrow{v_{C/xyz}} \quad \cdots ①$$

여기에서 고정좌표계 원점으로부터 회전좌표계 원점까지 거리 $\vec{R} = \vec{0}$이므로 고정좌표계에서의 회전좌표계 원점의 가속도는

$$\overrightarrow{a_B} = \dot{\vec{\Omega}} \times \vec{R} + \vec{\Omega} \times (\vec{\Omega} \times \vec{R}) = \vec{0}$$

이고, 회전좌표계에서 가속도는

$$\begin{aligned}\overrightarrow{a_{C/xyz}} &= \dot{\vec{\omega}} \times \overrightarrow{r_{C/B}} + \vec{\omega} \times (\vec{\omega} \times \overrightarrow{r_{C/B}}) \\ &= \vec{0} + 3\vec{i} \times [3\vec{i} \times (\vec{j} + \sqrt{3}\vec{k})] = -9(\vec{j} + \sqrt{3}\vec{k}) \text{ [m/s}^2\text{]}\end{aligned}$$

이다. 그리고

$$\dot{\vec{\Omega}} \times \overrightarrow{r_{C/B}} = \vec{0} \times \overrightarrow{r_{C/B}} = \vec{0}$$

$$\vec{\Omega} \times (\vec{\Omega} \times \overrightarrow{r_{C/B}}) = 2\vec{k} \times [2\vec{k} \times (\vec{j} + \sqrt{3}\,\vec{k})] = -4\vec{j}\ [\text{m/s}^2]$$

$$2\vec{\Omega} \times \overrightarrow{v_{C/xyz}} = 4\vec{k} \times (-2\vec{i} - 3\sqrt{3}\,\vec{j} + 3\vec{k}) = 12\sqrt{3}\,\vec{i} - 8\vec{j}\ [\text{m/s}^2]$$

이다. 이상의 값을 식 ①에 대입하면 다음과 같이 점 C의 가속도가 구해진다.

$$\begin{aligned}\overrightarrow{a_C} &= -9(\vec{j} + \sqrt{3}\,\vec{k}) - 4\vec{j} + 12\sqrt{3}\,\vec{i} - 8\vec{j} \\ &= 12\sqrt{3}\,\vec{i} - 21\vec{j} - 9\sqrt{3}\,\vec{k}\ [\text{m/s}^2]\end{aligned}$$

[문제 6.3] **질량 30kg인 수레 A에 질량 20kg인 물체 B가 길이 2m인 줄에 의해 매달려 있다. 물체 B가 수직으로 매달려 정지 상태로부터 움직이기 시작할 때, 수레 A의 가속도와 줄의 장력을 구하시오. (15점) (단, 운동 중 발생하는 마찰은 무시한다)**

[국가공무원 5급(기술) 공개경쟁채용 제2차시험(2007)]

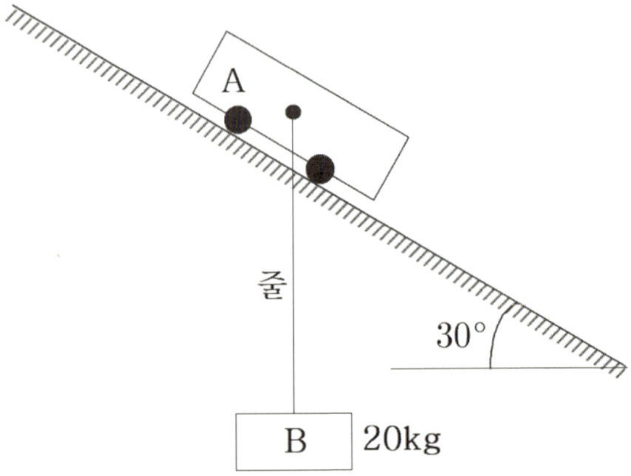

풀이 줄의 장력을 T로 하고 A와 B 각각에 대해 질점의 운동방정식 $\sum F = ma$를 적용한다([그림] 참조). 기하학적 구조로부터 $a_B = a_A \sin\theta$이다.

$$\text{A : } (T+m_A g)\sin\theta = m_A a_A \quad \cdots\cdots ①$$

$$\text{B : } m_B g - T = m_B a_B = m_B a_A \sin\theta \quad \cdots\cdots ②$$

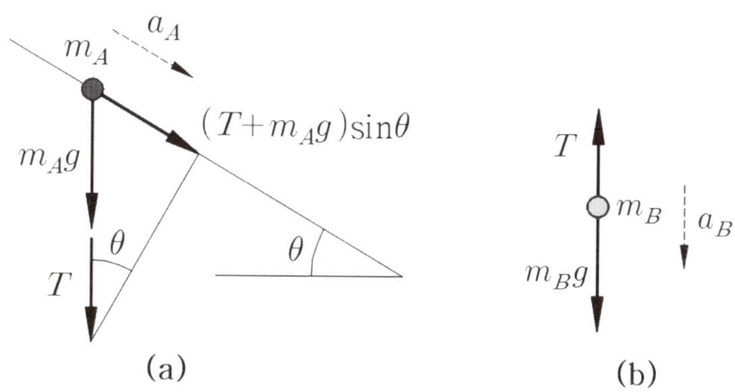

[그림] 운동방향으로 작용하는 힘 : (a) 물체 A (b) 물체 B

①+ ② × $\sin\theta$를 하면 수레 A의 가속도는

$$(m_A + m_B) g \sin\theta = (m_A + m_B \sin^2\theta) a_A$$

$$\therefore \ a_A = \frac{(m_A + m_B) g \sin\theta}{m_A + m_B \sin^2\theta}$$

$$= \frac{(30+20) \times 9.8 \times \sin 30°}{30 + 20 \times \sin^2 30°} = 7.00 \ [\text{m/s}^2]$$

이고, 이 값을 식 ②에 대입하면 줄의 장력은 다음과 같다.

$$T = m_B (g - a_A \sin\theta)$$

$$= 20 \times (9.8 - 7.00 \times \sin 30°) = 126 \ [\text{N}]$$

제7장 2008년 시행 행정고등고시(기술직) 제2차시험

[문제 7.1] 아래 그림과 같이 질량이 m이고 반경이 r인 공이 수평면 위를 v의 속력으로 구르다가 경사면을 따라 올라간다. 이때 공과 바닥면 사이의 미끄럼은 없으며 경사면으로 올라갈 때 충격은 없다. 공이 도달할 최대 높이 h를 구하시오. (단, 공의 질량 중심에 대한 질량관성모멘트는 $\dfrac{mr^2}{3}$이고, 중력가속도는 g이다) (10점)

[국가공무원 5급(기술) 공개경쟁채용 제2차시험(2008)]

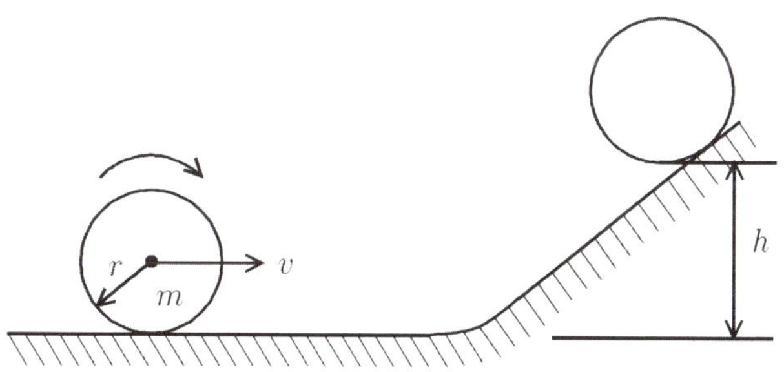

풀이 지면과 접촉하는 점(축)에 대한 공의 질량관성모멘트는

$$I = I_G + mr^2 = \frac{1}{3}mr^2 + mr^2 = \frac{4}{3}mr^2$$

이고, 공이 미끄러지지 않고 굴러가므로 각속도는

$$\omega = \frac{v}{r}$$

이며, 이때 접촉점이 순간중심이 되므로 공의 운동에너지는

$$E_k = \frac{1}{2}I_G\,\omega^2 + \frac{1}{2}mv_G^2 = \frac{1}{2}I_G\,\omega^2 + \frac{1}{2}m(r\omega)^2 = \frac{1}{2}I\,\omega^2$$

이 된다. 마찰과 충격에 의한 손실이 없기 때문에 공의 초기 운동에너지와 최대 높이에서 공의 위치에너지가 같고, 공이 도달할 최대 높이 h는 다음과 같다.

$$\frac{1}{2}I\omega^2 = \frac{1}{2}\times\frac{4}{3}mr^2\times\left(\frac{v}{r}\right)^2 = mgh, \quad \therefore \quad h = \frac{2v^2}{3g}$$

[문제 7.2] **아래 그림과 같이 물체 A와 B가 질량이 없고 길이가 변하지 않는 실로 도르래를 통해 연결되어 있다. 두 물체의 질량을 각각 m_A와 m_B라 하고 물체 A와 바닥면과의 정지 마찰계수를 μ_s, 운동마찰계수를 μ_k라 하자. 다음 물음에 답하시오. (단, 도르래의 질량과 마찰을 무시하고, 중력가속도는 g이다) (총 20점)**

[국가공무원 5급(기술) 공개경쟁채용 제2차시험(2008)]

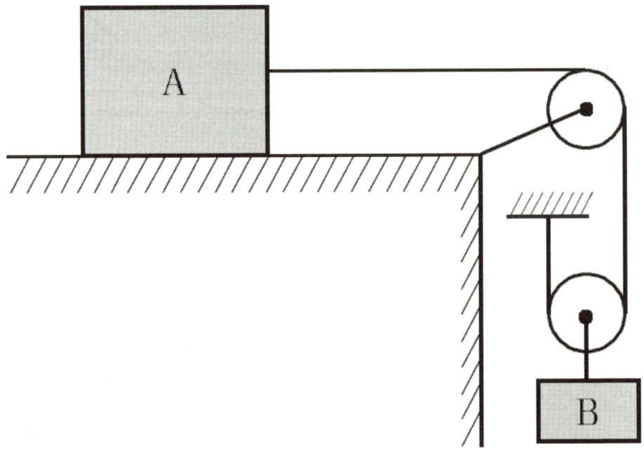

1) 두 물체가 정지 상태에서 운동을 시작하기 위한 조건을 구하시오. (5점)

2) 운동을 시작하는 순간의 물체 A와 B에 대한 자유물체도를 그리시오. (5점)
3) 운동을 시작하는 순간의 물체 B의 가속도를 구하시오. (5점)
4) 물체 B가 정지 상태로부터 거리 h만큼 아래로 이동하는 데 소요되는 시간을 구하시오. (5점)

풀이 1) 정지 상태에서 두 물체에 작용하는 힘을 [그림(1)]에 도시하였다. 물체 A에서 f는 물체의 운동을 방해하는 마찰력이다. 연직방향 힘의 평형조건($\sum F_y = 0$)에 의해 물체 A에 작용하는 반력은 $N = m_A g$이므로 최대 정지마찰력은

$$f_{\max} = \mu_s N = \mu_s m_A g \quad \cdots\cdots ①$$

가 된다. 물체 B에서 힘의 평형조건에 의해 실에 작용하는 인장력은

$$T = \frac{1}{2} m_B g \quad \cdots\cdots ②$$

이고, 정지 상태에서 물체 A가 운동을 시작하기 위해서는 다음과 같이 인장력 T가 최대 정지마찰력 $f_{\max}$보다 커야 한다.

$$\frac{1}{2} m_B g > \mu_s m_A g$$

$$\therefore \ m_B > 2\mu_s m_A \quad \cdots\cdots ③$$

즉, 두 물체가 정지 상태에서 운동을 시작하기 위한 조건은 $m_B > 2\mu_s m_A$이다.

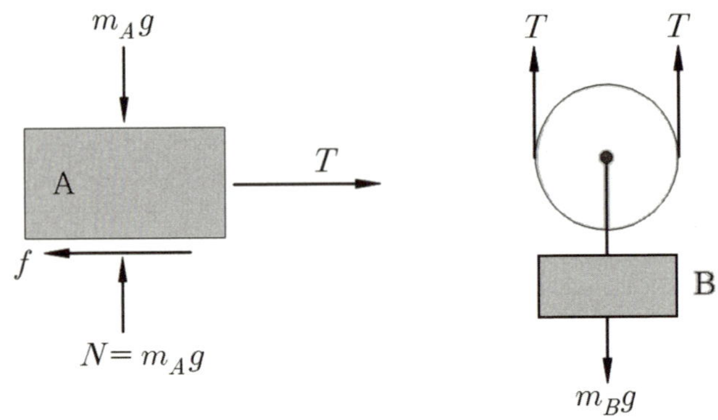

[그림(1)] 정지 상태 자유물체도

2) 운동을 시작하는 순간의 물체 A와 B에 대한 자유물체도는 [그림(2)]와 같다.

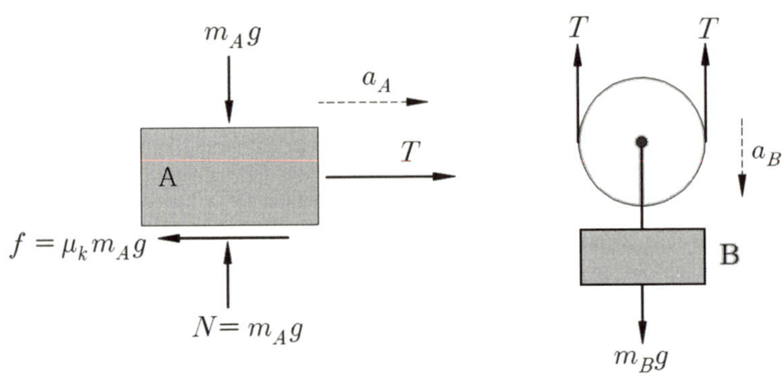

[그림(2)] 운동할 때 자유물체도

3) 줄의 총 길이가 일정하기 때문에 물체 A가 x_A 만큼 이동하면 물체 B가 이동하는 거리는

$$x_B = \frac{1}{2} x_A$$

이다. 따라서 이 식을 시간에 대해 두 번 미분하면 [그림(2)]처럼 물체가 운동할 때 두 물체의 가속도 관계는 다음과 같다.

$$a_B = \frac{1}{2}a_A \cdots\cdots ④$$

[그림(2)]를 참고하여 두 물체에 운동방정식($\sum F = ma$)을 적용한다.

A : $T - \mu_k m_A g = m_A a_A$ ⋯⋯ ⑤

B : $m_B g - 2T = m_B a_B$ ⋯⋯ ⑥

식 ④에서 $a_A = 2a_B$를 식 ⑤에 대입하면

$$T - \mu_k m_A g = 2m_A a_B \cdots\cdots ⑦$$

이고, ⑦×2+⑥을 하면 다음과 같이 물체 B의 가속도가 구해진다.

$$m_B g - 2\mu_k m_A g = (m_B + 4m_A)a_B$$

$$\therefore \ a_B = \frac{(m_B - 2\mu_k m_A)g}{m_B + 4m_A}$$

4) 물체 B의 처음 속도가 0이고 가속도가 일정하므로 물체 B가 h만큼 아래로 내려가는 데 걸리는 시간(t)은 다음과 같다.

$$h = \frac{1}{2}a_B t^2$$

$$\therefore \ t = \sqrt{\frac{2h}{a_B}} = \sqrt{\frac{2(m_B + 4m_A)h}{(m_B - 2\mu_k m_A)g}}$$

[문제 7.3] **아래 그림과 같이 반경 R_1과 R_2를 갖는 두 개의 풀리(pulley)가 일체로 되어 있는 회전체(회전 중심에 대한 질량관성모멘트는 J)가 있다. 큰 풀리에는 스프링(스프링 상수, k)이 연결되어 있고, 작은 풀리에는 집중질량이(질량, m)이 늘어나지 않는 와이어로 연결되어 있다. 또한 집중질량에는 감쇠기(점성감쇠계수, c)가 연결되어 있다. 이 시스템에 대한 다음 물음에 답하시오. (단, 마찰과 중력은 무시한다) (총 20점)**

[국가공무원 5급(기술) 공개경쟁채용 제2차시험(2008)]

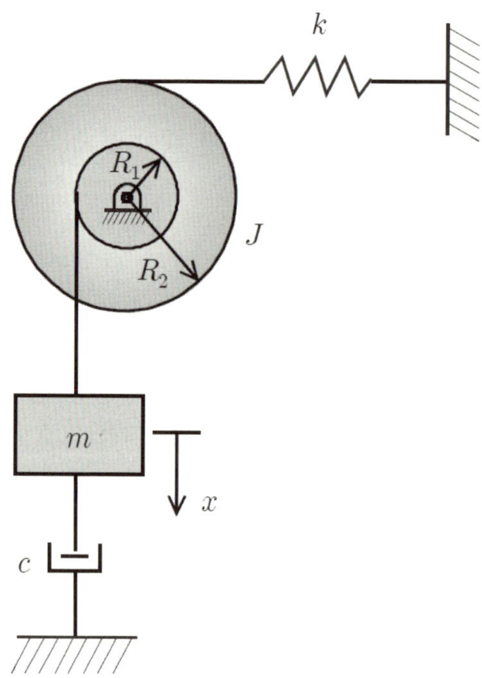

1) 변위 x에 대한 운동방정식을 주어진 물성치를 사용하여 표현하시오. (10점)
2) 고유진동수 ω_n[rad/s]에 대한 표현식을 유도하시오. (5점)
3) 감쇠비(ζ)를 주어진 물성치로 표현하시오. (5점)

풀이 물체 m이 x만큼 이동할 때 풀리의 회전각은

$$\theta = \frac{x}{R_1}[\text{rad}] \cdots\cdots ①$$

이고, 스프링의 변위

$$x_s = R_2\theta = \frac{R_2}{R_1}x$$

이므로 스프링의 복원력은 $k \times \frac{R_2}{R_1}x$가 된다. 이에 따라 풀리와 물체에 대한 자유물체도는 [그림]과 같다.

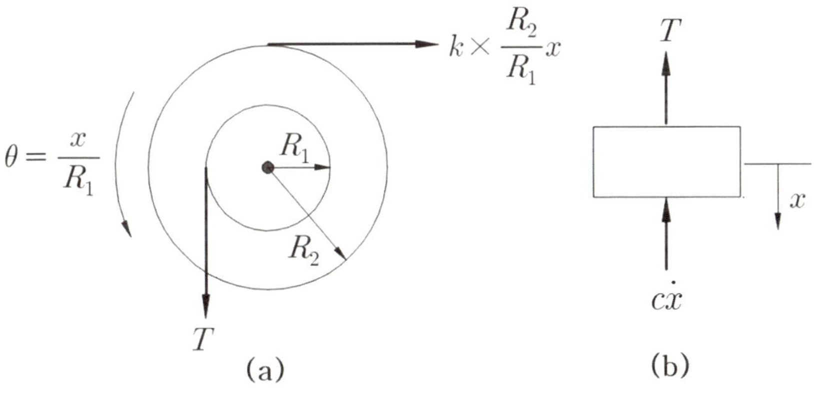

[그림] 자유물체도 (a) 풀리 (b) 물체

1) [그림]의 (a)에서 풀리의 각가속도

$$\alpha = \ddot{\theta} = \frac{d^2}{dt^2}\left(\frac{x}{R_1}\right) = \frac{\ddot{x}}{R_1}$$

이므로 질량중심에 대한 풀리의 각운동방정식($\sum M_G = I_G\alpha$)을 적용하면

$$J\frac{\ddot{x}}{R_1} = TR_1 - \frac{kR_2^2}{R_1}x \cdots\cdots ②$$

이고, (b)에서 질점의 운동방정식($\sum F = ma$)을 적용하면

$$m\ddot{x} = -T - c\dot{x} \cdots\cdots ③$$

이다. 식 ②, ③을 연립하여 T를 소거한 후 정리하면 다음과 같은 변위 x에 대한 운동방정식이 얻어진다.

$$(J + mR_1^2)\ddot{x} + cR_1^2\dot{x} + kR_2^2 x = 0 \cdots\cdots ④$$

2) 식 ④에서 관성항의 계수가 1이 되도록 나누어 주면

$$\ddot{x} + \frac{cR_1^2}{J + mR_1^2}\dot{x} + \frac{kR_2^2}{J + mR_1^2}x = 0 \cdots\cdots ⑤$$

로 쓸 수 있다. 여기서 $\dot{x}$에 비례하는 감쇠 항을 없앤 식을 비감쇠 진동방정식 $\ddot{x} + \omega_n^2 x = 0$과 비교하면 비감쇠 고유진동수 ω_n은 다음과 같다.

$$\omega_n = \sqrt{\frac{kR_2^2}{J + mR_1^2}} \cdots\cdots ⑥$$

3) 감쇠비(ζ)와 고유진동수(ω_n)로써 감쇠진동방정식을 나타내면

$$\ddot{x} + 2\zeta\omega_n\dot{x} + \omega_n^2 x = 0 \cdots\cdots ⑦$$

이다. 운동방정식 ⑤를 식 ⑦과 비교하면 감쇠비(ζ)는 다음과 같다.

$$\zeta = \frac{1}{2\omega_n}\left(\frac{cR_1^2}{J + mR_1^2}\right) = \frac{1}{2}\sqrt{\frac{J + mR_1^2}{kR_2^2}}\left(\frac{cR_1^2}{J + mR_1^2}\right)$$
$$= \frac{cR_1^2}{2R_2}\sqrt{\frac{1}{k(J + mR_1^2)}}$$

참고로 감쇠 고유진동수 ω_d는

$$\omega_d = \omega_n \sqrt{1-\zeta^2}$$

을 가리킨다. 즉, 식 ⑦의 특성방정식

$$\lambda^2 + 2\zeta\omega_n\lambda + \omega_n^2 = (\lambda + \zeta\omega_n)^2 + (1-\zeta^2)\omega_n^2 = 0$$

의 근이

$$\lambda = -\zeta\omega_n \pm i\,\omega_n \sqrt{1-\zeta^2}$$

이므로 λ의 허수부 $\omega_d = \omega_n\sqrt{1-\zeta^2}$ 가 감쇠비 ζ로 감쇠되는 경우의 고유진동수가 된다. 점검을 위한 특별한 경우로 $R_1 = R_2$이고 $J=0$인 경우를 살펴보면 $\zeta = \dfrac{c}{2\sqrt{mk}}$ 가 된다. 이 경우에는 질량이 없는 풀리를 통하여 스프링이 바로 연결되었기 때문에

$$m\ddot{x} + c\dot{x} + kx = 0$$

에 해당되고 감쇠비도 이때의 값과 일치함을 알 수 있다. 식 ⑥에 따르면 이때 고유진동수가 $\sqrt{k/m}$ 이므로 이 또한 합당한 결과임을 알 수 있다.

제8장 2009년 시행 행정고등고시(기술직) 제2차시험

[문제 8.1] 링크 AB, CD, DE의 길이가 모두 100mm이고, B점과 C점을 연결하는 블록은 수평으로 움직이도록 구속되어 있다. 그림과 같은 위치에서 링크 CD와 DE가 직각을 이루고 있으며, 수직방향으로 움직이는 블록 A는 1m/s의 속도로 위로 움직이고 있다. 다음 물음에 답하시오. (총 20점) [국가공무원 5급(기술) 공개경쟁채용 제2차시험(2009)]

1) 그림과 같은 위치에서 B점의 속도를 구하시오. (6점)

2) 위 1)의 경우, 링크 DE의 각속도를 구하시오. (14점)

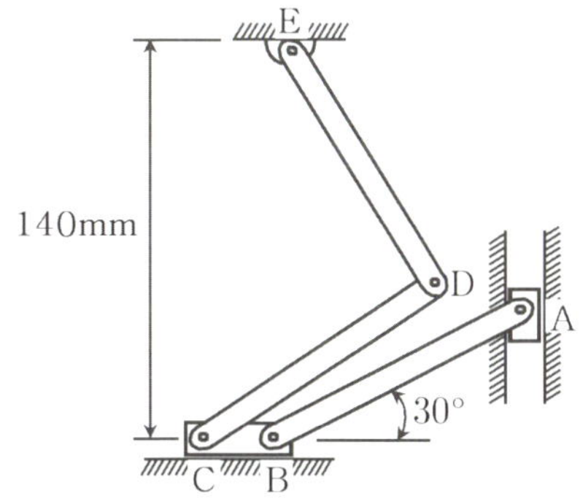

풀이 링크 AB, CD, DE의 길이 $L=100\text{mm}$, 높이 $H=140\text{mm}$이다.

1) [그림(1)]과 같이 점 A, B까지 거리를 잡으면

$$x_A^2 + x_B^2 = L^2 \quad \cdots\cdots ①$$

이다.

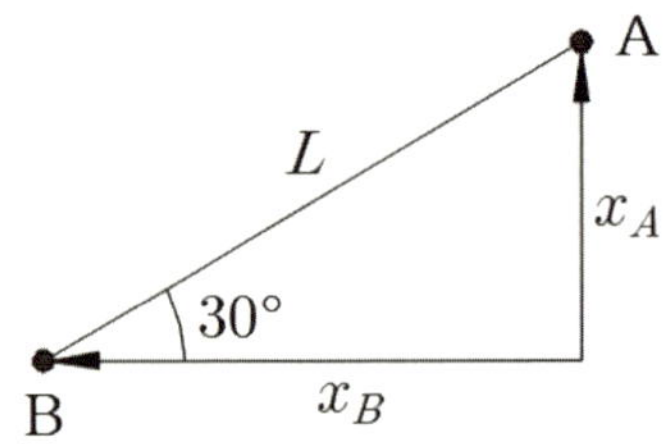

[그림(1)]

식 ①을 시간에 대해 미분하면 B점의 속도($\dot{x}_B$)는

$$2x_A\dot{x}_A + 2x_B\dot{x}_B = 0$$

$$\therefore\ \dot{x}_B = -\frac{x_A}{x_B}\times\dot{x}_A = -\tan30^\circ\dot{x}_A = -\frac{1}{\sqrt{3}}\times 1 = -\frac{1}{\sqrt{3}}\,[\text{m/s}]$$

이다. 즉 B점의 속도는 $v_B = \dfrac{1}{\sqrt{3}}\,[\text{m/s}]$ (→)이다.

2) [그림(2)와 같이 좌표계를 잡으면

$$\overrightarrow{v_C} = \overrightarrow{v_B} = \frac{1}{\sqrt{3}}\vec{i}$$

이고, D점의 속도는

$$\begin{aligned}\overrightarrow{v_D} &= \overrightarrow{v_E} + \omega_{DE}\vec{k}\times\overrightarrow{r_{D/E}}\\ &= \vec{0} + \omega_{DE}\vec{k}\times L(\sin\theta\vec{i} - \cos\theta\vec{j})\\ &= \omega_{DE}L(\cos\theta\vec{i} + \sin\theta\vec{j}) \quad\cdots\cdots ②\\ \overrightarrow{v_D} &= \overrightarrow{v_C} + \omega_{CD}\vec{k}\times\overrightarrow{r_{D/C}}\\ &= \frac{1}{\sqrt{3}}\vec{i} + \omega_{CD}\vec{k}\times L(\cos\theta\vec{i} + \sin\theta\vec{j})\\ &= \left(\frac{1}{\sqrt{3}} - \omega_{CD}L\sin\theta\right)\vec{i} + \omega_{CD}L\cos\theta\vec{j} \quad\cdots\cdots ③\end{aligned}$$

이므로 식 ②, ③의 우변을 비교하면 다음 관계식이 얻어진다.

$$\omega_{DE} L\cos\theta = \frac{1}{\sqrt{3}} - \omega_{CD} L\sin\theta \quad \cdots\cdots ④$$

$$\omega_{DE} L\sin\theta = \omega_{CD} L\cos\theta \quad \cdots\cdots ⑤$$

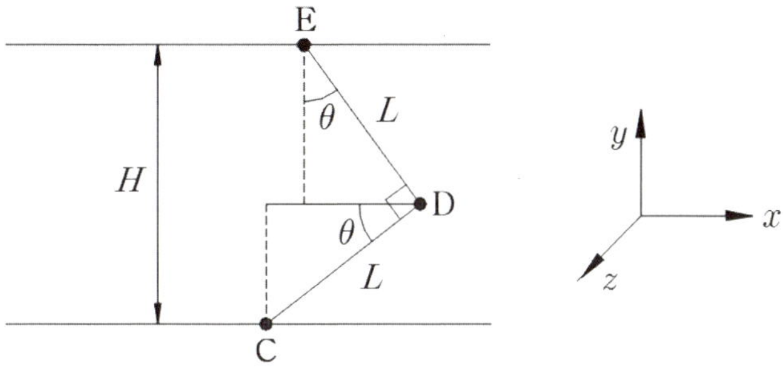

[그림(2)]

식 ④에 $\cos\theta$를 곱하고 식 ⑤에 $\sin\theta$를 곱하여 변끼리 더해주면

$$\omega_{DE} L(\cos^2\theta + \sin^2\theta) = \frac{\cos\theta}{\sqrt{3}}$$

$$\therefore \ \omega_{DE} = \frac{\cos\theta}{\sqrt{3}\,L} \quad \cdots\cdots ⑥$$

이다. [그림(2)]에서 각 θ와 길이 H, L의 관계식은 다음과 같다.

$$L\cos\theta + L\sin\theta = H \quad \cdots\cdots ⑦$$

식 ⑦로부터 θ를 구하면

$$\sqrt{2}\,L\sin(\theta + 45°) = H$$

$$\therefore \ \theta = \sin^{-1}\left(\frac{H}{\sqrt{2}\,L}\right) - 45° = \sin^{-1}\left(\frac{140}{\sqrt{2}\times 100}\right) - 45° = 36.9°$$

이고, 이 값을 식 ⑥에 대입하면 다음과 같이 링크 DE의 각속도가 구해진다.

$$\omega_{DE} = \frac{\cos 36.9°}{\sqrt{3}\times 0.1} = 4.62\ [\text{rad/s}](\curvearrowleft)$$

[문제 8.2] **질점에 대하여 Newton의 제2법칙으로부터 다음 법칙이 유도됨을 보이시오. (총 10점)** [국가공무원 5급(기술) 공개경쟁채용 제2차시험(2009)]

1) 일과 에너지의 법칙(Principle of work and energy) (5점)
2) 선형충격량과 선형운동량의 법칙(Principle of linear impulse and linear momentum) (5점)

풀이 질량이 m으로 일정한 질점에 대한 뉴턴의 운동 제2법칙은 다음과 같이 쓸 수 있다.

$$\sum \vec{F} = \frac{d}{dt}(m\vec{v}) = m\frac{d\vec{v}}{dt} \quad \cdots\cdots \text{①}$$

1) 식 ①의 양변에 속도 $\vec{v}$의 내적(스칼라적)을 취하면

$$\sum \vec{F} \cdot \vec{v} = m\frac{d\vec{v}}{dt} \cdot \vec{v} \quad \cdots\cdots \text{②}$$

이다. 여기에서 속도 $\vec{v}$는 위치벡터 $\vec{r}$의 도함수, 즉

$$\vec{v} = \frac{d\vec{r}}{dt} \quad \cdots\cdots \text{③}$$

이므로 식 ②의 좌변은

$$\sum \vec{F} \cdot \frac{d\vec{r}}{dt}$$

이고, 우변을

$$\frac{1}{2}m\frac{d}{dt}(\vec{v} \cdot \vec{v}) = \frac{1}{2}m\frac{d}{dt}(v^2)$$

로 쓰면 식 ②는 다음과 같이 된다.

$$\sum \vec{F} \cdot \frac{d\vec{r}}{dt} = \frac{1}{2}m\frac{d}{dt}(v^2)$$

$$\sum \vec{F} \cdot d\vec{r} = \frac{1}{2} m\, d(v^2) \quad \cdots\cdots ④$$

여기에서 $v^2 = \vec{v} \cdot \vec{v}$는 속도의 크기인 속력을 제곱한 값이다. 식 ④의 좌변은 질점에 작용하는 총 외력과 질점의 미소변위 $d\vec{r}$로 표현된 일이다. 식 ④를 적분하면 다음 식이 얻어진다.

$$\int_{\vec{r_1}}^{\vec{r_2}} \sum \vec{F} \cdot d\vec{r} = \frac{1}{2} m v_2^2 - \frac{1}{2} m v_1^2 \quad \cdots\cdots ⑤$$

여기에서 v_1과 v_2는 각각 위치 $\vec{r_1}$과 $\vec{r_2}$에서 질점의 속력이다. 식 ⑤에서 $\frac{1}{2} m v^2$을 운동에너지라 한다. 따라서 질점이 $\vec{r_1}$에서 $\vec{r_2}$로까지 이동하는 동안 힘이 질점에 한 일을

$$_1W_2 = \int_{\vec{r_1}}^{\vec{r_2}} \sum \vec{F} \cdot d\vec{r} \quad \cdots\cdots ⑥$$

로 나타내면 다음과 같이 질점에 대한 일과 에너지의 법칙을 얻을 수 있다.

$$_1W_2 = \frac{1}{2} m v_2^2 - \frac{1}{2} m v_1^2 \quad \cdots\cdots ⑦$$

즉, 질점이 두 위치 사이에서 움직이는 동안 질점에 행해진 일은 질점의 운동 에너지 변화와 같다.

2) 질점의 선형운동량을 다음과 같이 도입하면

$$\vec{G} = m\vec{v} \quad \cdots\cdots ⑧$$

식 ①은

$$\sum \vec{F} = \frac{d\vec{G}}{dt} \quad \cdots\cdots ⑨$$

이고, 이 식에 dt를 곱하고 적분하면 다음과 같이 질점에 대한 선형충

격량과 선형운동량의 법칙이 얻어진다.

$$\int_{t_1}^{t_2}\sum\overrightarrow{F}dt = \int_{\overrightarrow{G_1}}^{\overrightarrow{G_2}} d\overrightarrow{G} = \overrightarrow{G_2} - \overrightarrow{G_1}$$

$$\therefore \int_{t_1}^{t_2}\sum\overrightarrow{F}dt = \overrightarrow{G_2} - \overrightarrow{G_1} \quad \cdots\cdots ⑩$$

여기에서 $\overrightarrow{G_1}$과 $\overrightarrow{G_2}$는 시간 t_1과 t_2에서의 선형운동량이다. 식 ⑩에서 힘과 시간의 곱은 선형충격량이므로, 식 ⑩은 질점에 가해진 총 선형충격량이 질점의 선형운동량의 변화량과 같다는 것을 나타낸다.

[문제 8.3] **그림과 같이 질량중심이 G에 있는 7.5kg의 물체가 지지점 O에 놓여 있고, 물체와 지지점 사이의 정지마찰계수는 μ_s 이다. 지지점 O에 대한 이 물체의 회전 반경(radius of gyration) k는 300mm이다. 이 물체를 수평상태($\theta = 0$)에서 잡고 있다가 놓았을 때 다음 물음에 답하시오. (총 20점)** [국가공무원 5급(기술) 공개경쟁채용 제2차시험(2009)]

1) 물체가 지지점에서 미끄러지기 전 임의 각도 θ에서 물체의 각속도를 구하시오. (6점)
2) μ_s가 0.60일 때, O점에서 미끄러짐이 일어나기 시작하는 각도를 구하시오. (14점)

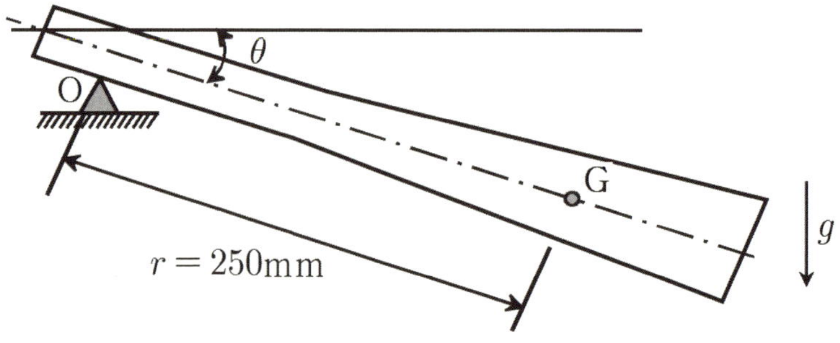

풀이 에너지 보존법칙을 적용하여 각속도를 구하고 정지마찰계수의 정의에 따라 미끄러지기 시작할 때의 마찰력을 계산한다.

1) 초기 수평위치를 위치에너지 기준선으로 하고 강체에 에너지 보존법칙을 적용하면, 물체가 미끄러지기 전까지는 O를 중심으로 회전하기 때문에 물체의 총 운동에너지는 $T=\frac{1}{2}I_O\omega^2$로 계산되고 임의 각도 θ에서 물체의 각속도는 다음과 같다.

$$T_1 = T_0 + (V_0 - V_1)$$

$$\frac{1}{2}I_O\omega^2 = 0 + mg \times r\sin\theta$$

$$\therefore \ \omega = \sqrt{\frac{2mgr\sin\theta}{I_O}} = \sqrt{\frac{2mgr\sin\theta}{mk^2}} = \sqrt{\frac{2gr\sin\theta}{k^2}}$$

$$= \sqrt{\frac{2 \times 9.8 \times 0.25\sin\theta}{0.3^2}} = 7.379\sqrt{\sin\theta}\ [\text{rad/s}] \cdots\cdots ①$$

2) 각 θ에서 물체의 각가속도는 식 ①의 제곱

$$\omega^2 = 54.45\sin\theta$$

를 미분하여 다음과 같다.

$$2\omega\alpha = 54.45\cos\theta \times \omega$$

$$\therefore \ \alpha = 27.23\cos\theta$$

여기에서 $\frac{d\omega}{dt}=\alpha$, $\frac{d\theta}{dt}=\omega$이다.

물체에 작용하는 힘을 표시하면 [그림]과 같고, O가 순간중심이기 때문에 물체 무게중심의 접선방향과 법선방향 가속도는 다음과 같다.

$$a_n = r\omega^2 = 0.25 \times 54.45\sin\theta = 13.61\sin\theta\ [\text{m/s}^2]$$

$$a_t = r\alpha = 0.25 \times 27.23\cos\theta = 6.808\cos\theta\ [\text{m/s}^2]$$

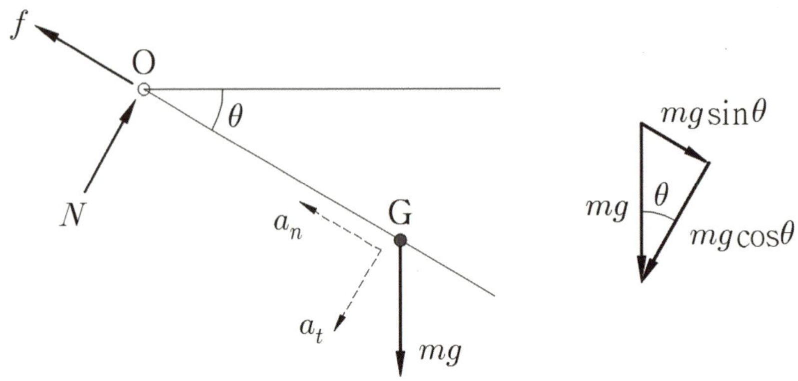

[그림] 자유물체도

[그림]을 참고하여 강체의 선형운동방정식을 적용하면

$$\sum F_n = ma_{G,n} \ : \ f - mg\sin\theta = ma_n$$

$$\therefore \ f = m(g\sin\theta + a_n)$$

$$= 7.5(9.8 + 13.61)\sin\theta = 175.6\sin\theta \ [\text{N}]$$

$$\sum F_t = ma_{G,t} \ : \ -N + mg\cos\theta = ma_t$$

$$\therefore \ N = m(g\cos\theta - a_t)$$

$$= 7.5(9.8 - 6.808)\cos\theta = 22.44\cos\theta \ [\text{N}]$$

이다. O점에서 미끄러짐이 일어나기 시작할 때 마찰력은

$$f = \mu_s N$$

이므로 미끄러짐이 일어나기 시작하는 각도는 다음과 같다.

$$175.6\sin\theta = 0.6 \times 22.44\cos\theta$$

$$\frac{\sin\theta}{\cos\theta} = \frac{0.6 \times 22.44}{175.6} = 0.07667$$

$$\therefore \ \theta = \tan^{-1}(0.07667) = 4.384°$$

제9장 2010년 시행 행정고등고시(기술직) 제2차시험

[문제 9.1] 다음 그림과 같이 케이블 C는 각각의 질량 20kg, 반경 100mm인 균일한 원판 A, B에 감겨져 있다. 케이블 D는 한쪽 끝이 위 원판 A의 중심에 연결되어 있고 다른 쪽 끝은 천정에 부착되어 있다. 만약 아래쪽 원판 B를 잡고 있다 놓을 때, 다음 물음에 답하시오. (단 케이블의 질량은 무시하고 케이블 C는 원판둘레에서 미끄러지지 않으며, 중력가속도는 9.8m/s^2 이다) (총 15점)

[국가공무원 5급(기술) 공개경쟁채용 제2차시험(2010)]

1) 원판 B의 중심의 가속도 a_B를 원판 A와 B의 각가속도 α_A와 α_B로 표현하시오. (5점)

2) 위 원판을 지지하는 케이블 D에 작용하는 힘 T_D를 구하시오. (10점)

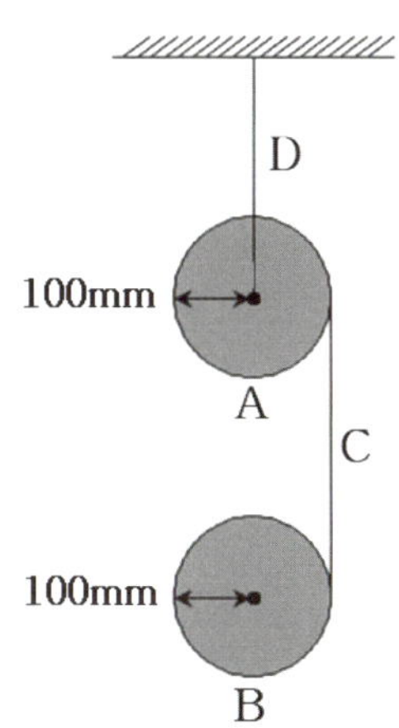

풀이 원판에 작용하는 힘과 가속도와 각가속도를 [그림]에 도시하였다.

1) [그림]의 (a)에서 원판에 있는 점 E의 가속도는 줄의 가속도와 같고 그 크기는

$$a_{cable} = r\alpha_A(\downarrow) \quad \cdots\cdots ①$$

이고, [그림]의 (b)에서 원판에 있는 점 F의 가속도는 줄의 가속도와 같고 그 크기는

$$a_{cable} = a_B - r\alpha_B(\downarrow) \quad \cdots\cdots ②$$

이다. 식 ①와 ②를 같게 놓아 a_{cable}을 소거하면 원판 B의 중심의 가속도 a_B를 다음과 같이 두 원판의 각가속도로 표현할 수 있다.

$$a_B = r(\alpha_A + \alpha_B) \quad \cdots\cdots ③$$

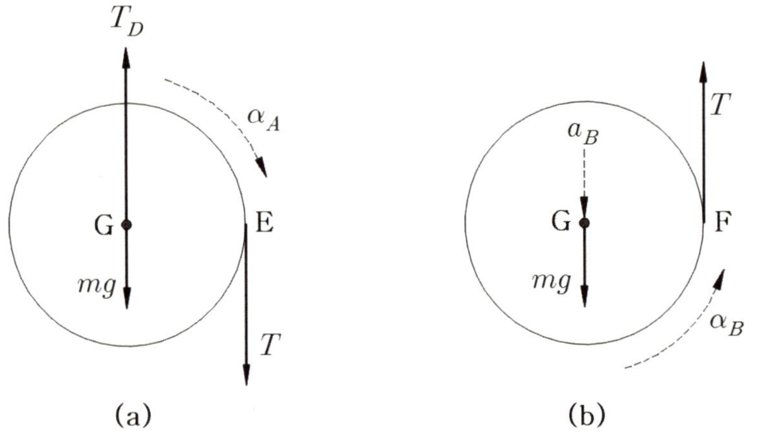

[그림] (a) 원판 A (b) 원판 B

2) [그림] (a)와 (b)를 참고하여 원판 A, B의 질량중심에 대한 각운동방정식($\sum M_G = I\alpha$)을 적용하면

$$Tr = I\alpha_A \quad \cdots\cdots ④$$

$$Tr = I\alpha_B \quad \cdots\cdots ⑤$$

이고, 여기서 I는 질량중심에 대한 질량관성모멘트를 나타낸다. 원판 B ([그림](b))에 강체의 선형운동방정식을 적용하면

$$mg - T = ma_B \quad \cdots\cdots ⑥$$

가 된다. 식 ④와 ⑤로부터

$$I(\alpha_A + \alpha_B) = 2Tr$$

이고 이것을 식 ③에 대입하면

$$a_B = \frac{2Tr^2}{I}$$

이 구해진다. 따라서 식 ⑥으로부터

$$mg - T = ma_B = m \times \frac{2Tr^2}{I} = m \times \frac{2Tr^2}{mr^2/2} = 4T$$

$$\therefore \ T = \frac{1}{5}mg \quad \cdots\cdots ⑧$$

이다. 끝으로 원판 A ([그림](a))에 강체의 선형운동방정식을 적용하면 케이블 D에 작용하는 힘 T_D는 다음과 같다.

$$T_D - mg - T = ma_A = 0$$

$$\therefore \ T_D = mg + T = mg + \frac{1}{5}mg = \frac{6}{5}mg$$

[문제 9.2] **다음 그림과 같이 비행기가 고도 $h=10$km인 상공에서 일정한 속도 v로 직선 비행을 하고 있을 때, 비행기의 아래 O점에서 레이더가 비행기의 위치를 추적하고 있다. 레이더의 추적 빔과 지면이 이루는 각 $\theta=60°$일 때, 각 θ는 0.01rad/s 비율로 증가하는 것으로 관측되었다. 다음 물음에 답하시오. (단, 비행경로는 레이더와 같은 수직면 상에 위치한다) (총 13점)**

[국가공무원 5급(기술) 공개경쟁채용 제2차시험(2010)]

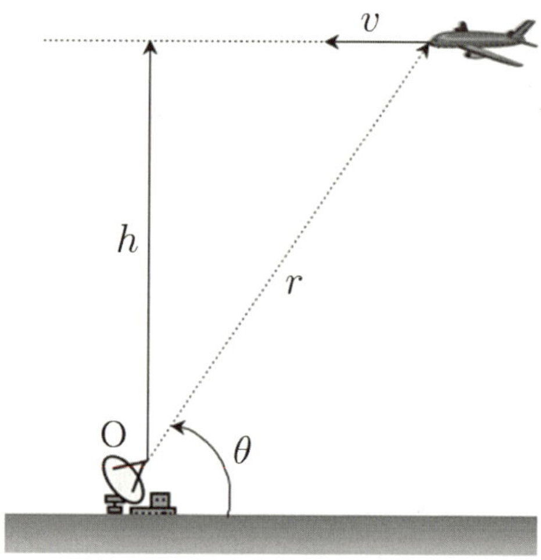

1) 이 순간에서 비행기의 속도 v의 크기를 구하시오. (3점)

2) 레이더에서 관측한 비행기의 가속도 $\dfrac{d^2r}{dt^2}$의 값을 구하시오. (5점)

3) 레이더의 각가속도 $\dfrac{d^2\theta}{dt^2}$를 구하시오. (5점)

풀이 1) [그림]과 같이 O점을 지나는 연직선으로부터 비행기까지 거리를 x라 하면 $x=h\cot\theta$이고 비행기의 속도 $v=-\dfrac{dx}{dt}$가 된다. $x=h\cot\theta$의 양변을 시간(t)에 대해 미분하면

$$\frac{dx}{dt} = h\left(-\csc^2\theta\right)\frac{d\theta}{dt} = -\frac{h}{\sin^2\theta}\frac{d\theta}{dt} \quad \cdots\cdots ①$$

$$\therefore\ v = -\frac{dx}{dt} = \frac{h}{\sin^2\theta}\frac{d\theta}{dt}$$

$$= \frac{10 \times 1000}{\sin^2 60°} \times 0.01 = 133.3\ [\mathrm{m/s}]$$

이므로 속도 v의 크기는 133.3 [m/s]이고, 방향은 왼쪽이다.

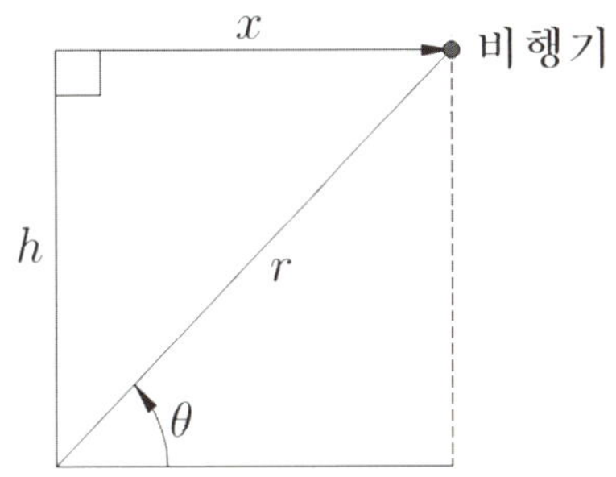

[그림] 비행기 위치

2) 비행기가 일정한 속도로 비행하고 있으므로 $\frac{dv}{dt} = -\frac{d^2x}{dt^2} = 0$이다. [그림]에서

$$x^2 + h^2 = r^2 \quad \cdots\cdots ②$$

이고, 이 식을 시간(t)에 대해 미분하면 h가 일정하므로

$$2x\frac{dx}{dt} = 2r\frac{dr}{dt}$$

$$\therefore\ \frac{dr}{dt} = \frac{dx}{dt} \times \frac{x}{r} = -v \times \frac{x}{r} = -v\cos\theta \quad \cdots\cdots ③$$

이고, 이 식을 시간에 대해 한 번 더 미분하면 레이더에서 관측한 비행기의 가속도 $\frac{d^2r}{dt^2}$의 값은 다음과 같다.

$$\frac{d^2r}{dt^2} = v\sin\theta\frac{d\theta}{dt}$$
$$= 133.3 \times \sin 60° \times 0.01 = 1.154\,[\mathrm{m/s^2}]$$

3) $v = -\dfrac{dx}{dt}$가 일정하기 때문에 식 ①을 시간에 대해 미분하면

$$0 = \frac{d^2x}{dt^2} = -\frac{h}{\sin^2\theta}\frac{d^2\theta}{dt^2} + \frac{2h\cos\theta}{\sin^3\theta}\left(\frac{d\theta}{dt}\right)^2$$

이 되고, 이 식을 정리하면 레이더의 각가속도 $\dfrac{d^2\theta}{dt^2}$는 다음과 같다.

$$\frac{d^2\theta}{dt^2} = \frac{2\cos\theta}{\sin\theta}\left(\frac{d\theta}{dt}\right)^2 = 2\cot\theta\left(\frac{d\theta}{dt}\right)^2$$
$$= 2\cot(60^o)(0.01^2) = 1.155 \times 10^{-4}\,[\mathrm{rad/s^2}]$$

† 이 문제에서는 비행기의 속도(절대속도)와 레이더에서 관측한 비행기의 속도가 다르다.

[참고] 극좌표를 이용하여 다음과 같이 계산할 수도 있다.

레이더가 원점인 극좌표에서 비행기의 위치벡터, 속도, 가속도는

$$\vec{r} = r\vec{e}_r$$
$$\vec{v} = \frac{dr}{dt}\vec{e}_r + r\frac{d\theta}{dt}\vec{e}_\theta \quad \cdots\cdots ④$$
$$\vec{a} = \left[\frac{d^2r}{dt^2} - r\left(\frac{d\theta}{dt}\right)^2\right]\vec{e}_r + \left(r\frac{d^2\theta}{dt^2} + 2\frac{dr}{dt}\frac{d\theta}{dt}\right)\vec{e}_\theta \quad \cdots\cdots ⑤$$

이고, 또 일정 높이에서 일정 속력 v로 왼쪽으로 비행하므로

$$\vec{v} = -v\vec{i} = v(-\cos\theta\vec{e}_r + \sin\theta\vec{e}_\theta) \quad \cdots\cdots ⑥$$
$$\vec{a} = \vec{0} \quad \cdots\cdots ⑦$$

이 된다. 식 ④, ⑥의 속도와 식 ⑤, ⑦의 가속도를 성분끼리 비교하고 거리 관계식

$$r = \frac{h}{\sin\theta}$$

를 사용하면 위의 1)~3)에서 구한 값들을 다음과 같이 구할 수 있다.

$$r\frac{d\theta}{dt} = v\sin\theta$$

$$\therefore\ \ v = \frac{r}{\sin\theta}\frac{d\theta}{dt} = \frac{h}{\sin^2\theta}\frac{d\theta}{dt} = \frac{10000}{\sin^2 60^\circ}(0.01) = 133.3\,[\text{m/s}]$$

$$\frac{dr}{dt} = -v\cos\theta$$

$$= -133.3\times\cos 60^\circ = -66.67\,[\text{m/s}]$$

$$\frac{d^2r}{dt^2} = r\left(\frac{d\theta}{dt}\right)^2$$

$$= \frac{h}{\sin\theta}\left(\frac{d\theta}{dt}\right)^2 = \frac{10000}{\sin 60^\circ}(0.01^2) = 1.155\,[\text{m/s}^2]$$

$$r\frac{d^2\theta}{dt^2} + 2\frac{dr}{dt}\frac{d\theta}{dt} = 0$$

$$\therefore\ \ \frac{d^2\theta}{dt^2} = -\frac{2}{r}\frac{dr}{dt}\frac{d\theta}{dt} = -\frac{2\sin\theta}{h}\frac{dr}{dt}\frac{d\theta}{dt}$$

$$= -\frac{2\sin 60^\circ}{10000}(-66.67)(0.01)$$

$$= 1.155\times 10^{-4}\,[\text{rad/s}^2]$$

[문제 9.3] **그림과 같이 점 C에 핀이 양쪽으로 나와 있는 봉이 낙하하여 핀이 고정구 O에서 완전소성충돌을 한다. 핀을 제외하면 봉은 10kg의 질량이 균일하게 분포하며, 핀의 전체 질량은 1kg이다. 충돌 전 봉은 회전 없이 5m/s의 속도로 낙하하며, 충돌 후 봉이 고정구를 중심으로 회전하기 시작하여 $180°$ 회전한 후 정지한다. 다음 물음에 답하시오. (총 12점)** [국가공무원 5급(기술) 공개경쟁채용 제2차시험(2010)]

1) 충돌 직후 봉의 각속도를 구하시오. (7점)
2) 봉이 회전하는 동안 고정구 O와 핀 사이에 작용하는 회전저항모멘트의 크기가 일정하다고 가정할 때 그 크기를 구하시오. (5점)

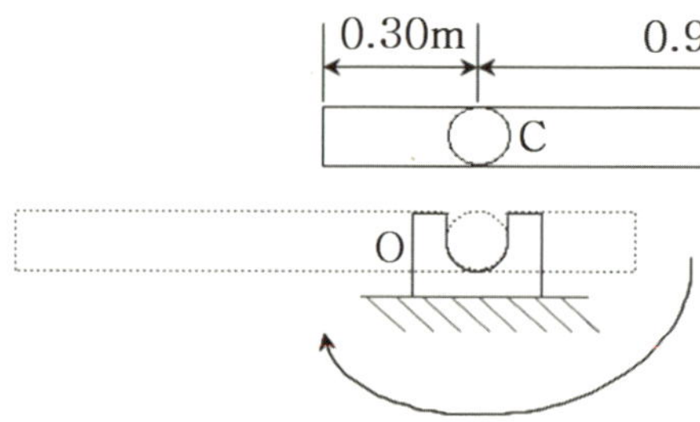

풀이 핀과 고정구를 점으로, 봉을 선으로 보고 해석한다. 봉의 질량이 봉 길이

$$L = 0.3 + 0.96 = 1.26\ [\mathrm{m}]$$

에 균일하게 분포하므로 점 C로부터 봉의 무게중심(G)까지 거리는 다음과 같다.

$$L_G = \frac{L}{2} - 0.3 = \frac{1.26}{2} - 0.3 = 0.33\ [\mathrm{m}]$$

1) 강체는 봉(r)과 핀(p)의 결합체이므로 둘의 효과를 합쳐서 해석한다. [그림]에서 점 C에 대한 강체(복과 핀)의 각운동량 보존 식을 적용하면

$$\sum I_G\omega + \sum(mv_G)d = \sum I_G\omega' + \sum(mv_G{}')d\ :$$

$$(0+0)+(m_r v_G L_G + m_p v_G \times 0)$$

$$= (I_{Gr}\,\omega' + 0\times\omega') + (m_r v_G{}' L_G + m_p v_C{}' \times 0)$$

$$m_r v_G L_G = I_{Gr}\,\omega' + m_r v_G{}' L_G \ \cdots\cdots ①$$

이다. 여기에서 $I_{Gp}=0$을 사용하였다. 핀이 고정구 O에서 완전소성충돌(반발계수 e가 0)을 하므로 충돌 직후 C점에서 강체의 속도 $v_C{}'=0$이다. 따라서 운동학으로부터 충돌 직후 봉의 질량중심(G)의 속도 $v_G{}'$과 각속도 ω'의 관계식은 다음과 같다.

$$v_G{}' = L_G\omega' \ \cdots\cdots ②$$

식 ②를 식 ①에 대입하면 다음과 같이 충돌 직후 봉의 각속도가 구해진다.

$$m_r v_G L_G = I_{Gr}\,\omega' + m_r(L_G\omega')L_G = (I_{Gr} + m_r L_G^2)\omega'$$

$$\therefore\ \ \omega' = \frac{m_r v_G L_G}{I_{Gr} + m_r L_G^2} = \frac{m_r v_G L_G}{\frac{1}{12}m_r L^2 + m_r L_G^2} = \frac{12 v_G L_G}{L^2 + 12L_G^2}$$

$$= \frac{12\times5\times0.33}{1.26^2 + 12\times0.33^2} = 6.84\ [\text{rad/s}]$$

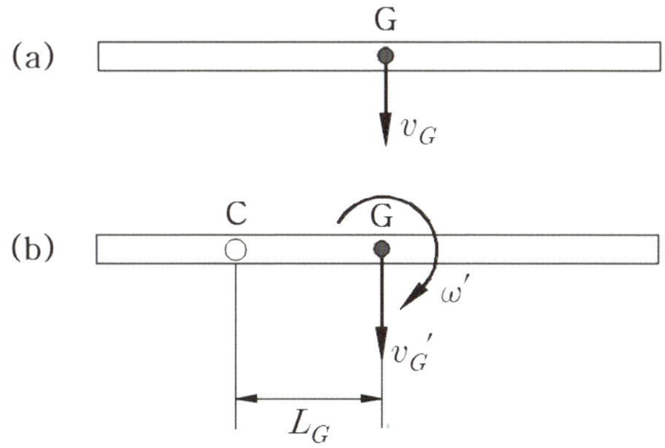

[그림] (a) 충돌 전 (b) 충돌 후

2) 모멘트(M)에 의해 각 위치가 θ_1에서 θ_2로 바뀌었을 때 한 일은

$$W = \int_{\theta_1}^{\theta_2} M d\theta \quad \cdots\cdots ③$$

이다. 여기에서 회전저항모멘트 M의 크기가 일정하다고 가정하면 충돌 직후 $\theta_1 = 0$으로부터 정지 상태 $\theta_2 = \pi$까지 때 한 일은

$$_1W_2 = \int_0^{\pi} M d\theta = \pi M \quad \cdots\cdots ④$$

이고, 이 과정 동안 강체의 위치에너지 변화가 없고 봉의 운동에너지가 모두 소진되었으므로

$$_1W_2 = \sum \frac{1}{2} I_C (\omega')^2 = \frac{1}{2} I_{Cr} (\omega')^2 + 0 \times (\omega')^2 \quad \cdots\cdots ⑤$$

이 된다. 여기서 고정점 C를 중심으로 회전할 때 강체의 총 운동에너지는 C에 대한 관성질량모멘트를 사용하여 $\frac{1}{2} I_C \omega^2$로 계산된다. 식 ④와 ⑤로부터 봉이 회전하는 동안 고정구 O와 핀 사이에 작용하는 회전저항모멘트(M)의 크기는 다음과 같다.

$$\pi M = \frac{1}{2} I_{Cr} (\omega')^2 = \frac{1}{2} \times m_r \left(\frac{L^2}{12} + L_G^2 \right) (\omega')^2$$

$$\therefore \quad M = \frac{m_r}{2\pi} \left(\frac{L^2}{12} + L_G^2 \right) (\omega')^2$$

$$= \frac{10}{2\pi} \left(\frac{1.26^2}{12} + 0.33^2 \right) (6.84)^2 = 18.0 \, [\text{N} \cdot \text{m}]$$

[참고] 봉과 핀으로 구성된 강체를 하나로 보고 해석하면 다음과 같다. 봉의 왼쪽 끝을 기준으로 한 강체의 무게중심 G의 위치는

$$(10+1)\bar{x} = 10 \times 0.63 + 1 \times 0.3$$

$$\therefore \quad \bar{x} = 0.6 \, [\text{m}]$$

이고, 강체의 관성질량모멘트는

$$I_G = 10\left[\frac{1.26^2}{12} + (0.63 - 0.6)^2\right] + 1\left[0 + (0.3 - 0.6)^2\right]$$
$$= 1.422\ [\text{kg} \cdot \text{m}^2]$$

이다. 충돌 직후 각속도는 C에 대한 각운동량 보존 식에 의해

$$I_G\omega + (mv_G)d = I_G\omega' + (mv_G')d$$
$$0 + 11 \times 5 \times 0.3 = 1.422\,\omega' + 11 \times 0.3\omega' \times 0.3$$
$$\therefore\ \omega' = \frac{11 \times 5 \times 0.3}{I_C} = \frac{16.5}{2.412} = 6.841\ [\text{rad/s}]$$

이다. 여기서 완전소성충돌($e = 0$) 정보와 운동학관계식을 조합하여

$$v_G' = v_C' + 0.3\omega' = 0 + 0.3\omega' = 0.3\omega'$$

이 사용되었고

$$I_C = I_G + 11 \times 0.3^2 = 1.422 + 11 \times 0.3^2 = 2.412\ [\text{kg} \cdot \text{m}^2]$$

이다.

강체가 반대쪽 수평 위치까지 회전한 후 정지하기 때문에 위치에너지 변화가 없고 마찰에 의해 소멸된 에너지(마찰토크가 한 일)가 운동에너지 감소량과 같다. 따라서 고정구에 가해지는 일정한 회전저항 모멘트(실제로는 평균값)는

$$\pi M = \frac{1}{2}I_G(\omega')^2 + \frac{1}{2}m\,(v_G')^2$$
$$= \frac{1}{2}I_G(\omega')^2 + \frac{1}{2}m\,(0.3\omega')^2 = \frac{1}{2}I_C(\omega')^2$$
$$\therefore\ M = \frac{1}{2\pi}I_C(\omega')^2 = \frac{1}{2\pi}(2.412)(6.841)^2 = 17.97\ [\text{N} \cdot \text{m}]$$

이 된다.

[문제 9.4] **그림에서 오른쪽 추의 질량은 M, 균일한 막대의 질량은 m이다. 이 시스템의 고유진동수 ω_n[rad/s]를 구하시오. (단, 마찰은 무시한다) (10점)** [국가공무원 5급(기술) 공개경쟁채용 제2차시험(2010)]

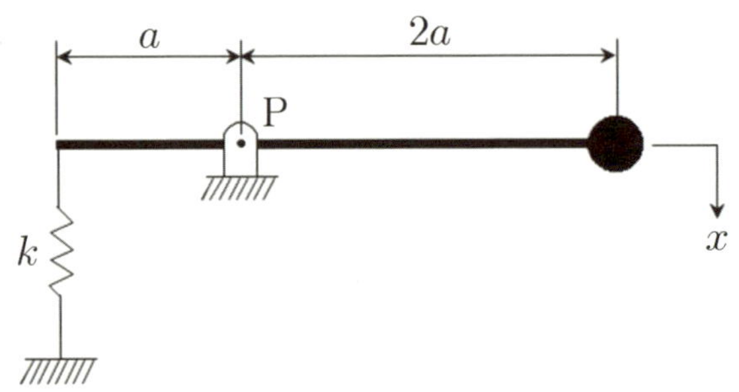

풀이 평형을 이루고 있는 처음 상태에서 스프링의 초기 장력을 T_0라 하면 P점에 대한 모멘트 평형조건($\sum M_P = 0$)으로부터 다음 관계식이 얻어진다.

$$T_0 a - mg \times \frac{1}{2}a - Mg \times 2a = 0 \quad \cdots\cdots \text{①}$$

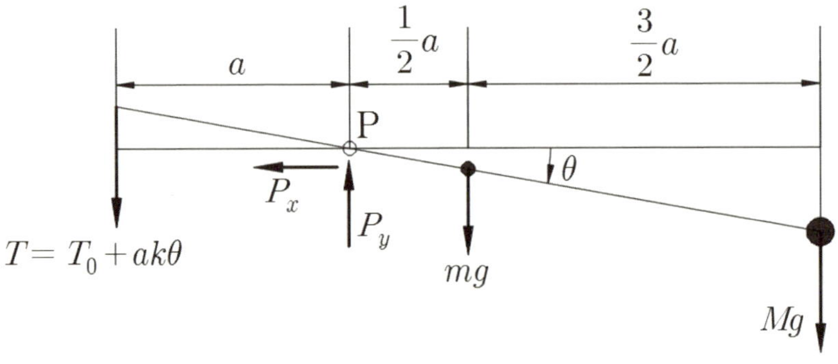

[그림] 자유물체도

P점에 대한 추(M)와 막대(m)의 질량관성모멘트는 각각

$$I_{P,M} = M(2a)^2 = 4a^2 M$$

$$I_{P,m} = \frac{1}{12}(3a)^2 + m\left(\frac{1}{2}a\right)^2 = a^2 m$$

이므로 주어진 시스템의 질량관성모멘트는 다음과 같다.

$$I_P = I_{P,M} + I_{P,m} = 4a^2M + a^2m = (4M+m)a^2 \cdots\cdots ②$$

[그림]에서 막대의 회전각 $\theta \ll 1$일 때 스프링 변위 $\delta = a\theta$이므로 스프링에 작용하는 장력은

$$T = T_0 + k\delta = T_0 + k(a\theta)$$

가 된다. 여기에서 P점에 대한 시스템의 각운동방정식 $\sum M_P = I_P\ddot{\theta}$를 적용하면

$$mg \times \frac{1}{2}a + Mg \times 2a - (T_0 + ak\theta) \times a = (4M+m)a^2\ddot{\theta} \cdots\cdots ③$$

이다. 식 ①을 식 ③에 대입하고 정리하면 중력항은 스프링의 초기 장력과 상쇄되어 없어지고 시스템의 운동방정식은 다음과 같다.

$$(4M+m)a^2\ddot{\theta} + (ak\theta) \times a = 0$$

$$\therefore\ \ddot{\theta} + \left(\frac{k}{4M+m}\right)\theta = 0 \cdots\cdots ④$$

식 ④를 진동방정식 $\ddot{x} + \omega_n^2 x = 0$과 비교하면 시스템의 고유진동수 ω_n은 다음과 같다.

$$\omega_n = \sqrt{\frac{k}{4M+m}}\ [\text{rad/s}] \cdots\cdots ⑤$$

여기에서 M, m의 단위는 kg이고, k의 단위는 N/m로 가정하였다.

[참고] 에너지 방법

오른쪽 추(M)의 변위가 x이고 속도가 $\dot{x}$라고 하자. 이때 추(M)의 운동에너지는

$$E_M = \frac{1}{2}M \times (\dot{x})^2 \cdots\cdots ①$$

이고, 왼쪽 스프링의 변형량이

$$\delta = \frac{a}{2a}x = \frac{1}{2}x$$

이므로 탄성계수가 k인 스프링의 탄성에너지는 다음과 같다.

$$E_k = \frac{1}{2}k\delta^2 = \frac{1}{2}k\left(\frac{1}{2}x\right)^2 = \frac{1}{8}kx^2 \quad \cdots\cdots ②$$

막대의 단위길이당 질량은 $\frac{m}{3a}$이므로 P점으로부터 거리 x에서 미소질량 요소 $dm = \frac{m}{3a}dx$를 잡으면 미소요소의 속도 $v = \left(\frac{x}{2a}\right)\dot{x}$이고 막대의 운동에너지는

$$\begin{aligned} E_m &= \int \frac{1}{2}v^2 dm = \frac{1}{2}\int_{-a}^{2a}\left[\left(\frac{x}{2a}\right)\dot{x}\right]^2 \frac{m}{3a}dx \\ &= \frac{1}{2} \times \frac{1}{4a^2} \times \frac{1}{3}\left[(2a)^3 - (-a)^3\right](\dot{x})^2 \times \frac{m}{3a} \\ &= \frac{1}{8}m(\dot{x})^2 \quad \cdots\cdots ③ \end{aligned}$$

이다. 이 값은 일반적인 강체의 운동에너지 식

$$\begin{aligned} \frac{1}{2}I_G\omega^2 + \frac{1}{2}mv_G^2 &= \frac{1}{2}\frac{m}{12}(3a)^2\left(\frac{\dot{x}}{2a}\right)^2 + \frac{1}{2}m\left(\frac{a/2}{2a}\dot{x}\right)^2 \\ &= \frac{m}{8}(\dot{x})^2 \end{aligned}$$

로 계산한 것과 같다. 따라서 시스템의 총에너지는

$$\begin{aligned} E_M + E_k + E_m &= \frac{1}{2}M(\dot{x})^2 + \frac{1}{8}kx^2 + \frac{1}{8}m(\dot{x})^2 \\ &= \frac{1}{8}(4M + m)(\dot{x})^2 + \frac{1}{8}kx^2 = \text{일정} \quad \cdots\cdots ④ \end{aligned}$$

이 된다. 이 식을 시간에 대해 미분하고 정리하면

$$\frac{1}{4}(4M+m)\dot{x}\ddot{x}+\frac{1}{4}kx\dot{x}=0$$

$$\dot{x}\left[(4M+m)\ddot{x}+kx\right]=0 \cdots\cdots ④$$

이다. 식 ④에서 진동계의 속도 $\dot{x}\neq 0$ 이므로

$$(4M+m)\ddot{x}+kx=0$$

$$\therefore\ \ddot{x}+\left(\frac{k}{4M+m}\right)x=0 \cdots\cdots ⑤$$

의 운동방정식이 얻어진다. 이 식으로부터 시스템의 고유진동수(ω_n)는 다음과 같다.

$$\omega_n=\sqrt{\frac{k}{4M+m}}\ [\text{rad/s}]$$

† 에너지방법을 사용할 때 막대 질량중심(P점으로부터 $\frac{1}{2}a$ 위치)의 속도가 $\frac{1}{4}\dot{x}$ 이므로 막대의 운동에너지는 $E_m=\frac{1}{2}mv^2=\frac{1}{2}m\left(\frac{1}{4}\dot{x}\right)^2$ 으로 하지 않도록 주의해야 한다. 이 값에 회전운동에너지를 더해야 한다.

제10장 2011년도 5급(기술) 공무원 공채 제2차시험

[문제 10.1] 다음 그림에서 가늘고 균일한 봉의 질량은 3kg이고, 길이는 $l = 2\text{m}$이다. $\theta = 0°$일 때 각속도는 2rad/s이다. $\theta = 45°$에 도달할 때 다음 물음에 답하시오. (단, 중력가속도는 $g = 9.81\text{m/s}^2$이다) (총 15점)

[국가공무원 5급(기술) 공개경쟁채용 제2차시험(2011)]

1) 봉의 각가속도를 구하시오. (5점)
2) 봉의 각속도를 구하시오. (5점)
3) 핀 A에서의 반력을 한 개의 벡터로 표현할 때 크기와 방향을 구하시오. (단, 방향은 수평면을 기준으로 각도로 표시한다) (5점)

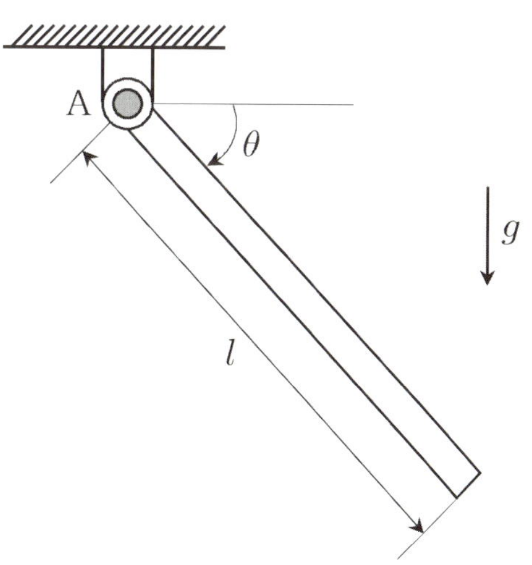

풀이 점 A에 대한 봉의 질량관성모멘트는 다음과 같다.

$$I_A = \frac{1}{3}ml^2 = \frac{1}{3}\times 3\times 2^2 = 4\,[\mathrm{kg\cdot m^2}]$$

1) [그림(1)]의 자유물체도에서 점 A에 대해 각운동방정식($\sum M_A = I_A\alpha$)을 적용하면 다음과 같이 봉의 각가속도(α)가 구해진다.

$$mg\times\frac{l}{2}\cos\theta = I_A\,\alpha$$

$$\therefore\ \alpha = \frac{mgl\cos\theta}{2I_A} = \frac{3\times 9.81\times 2\cos 45^\circ}{2\times 4} = 5.20\,[\mathrm{rad/s^2}]$$

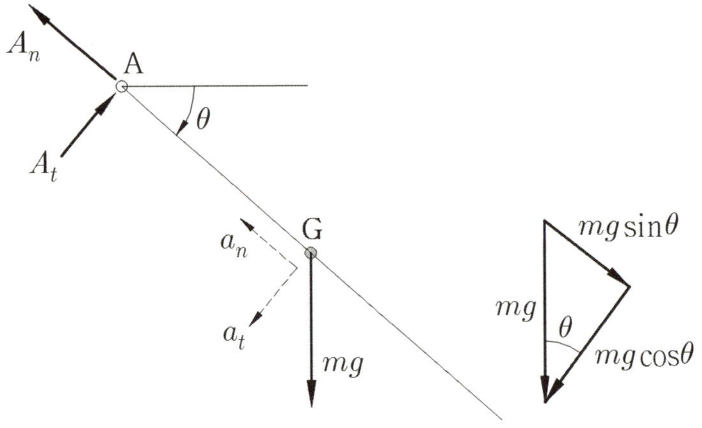

[그림(1)] 자유물체도

2) 각가속도 $\alpha = \frac{d\omega}{dt} = \omega\frac{d\omega}{d\theta}$로부터 $\omega d\omega = \alpha d\theta$이고 이 식을 적분하면

$$\int_{\omega_0}^{\omega_1}\omega d\omega = \int_0^{\pi/4}\alpha d\theta$$

이다. 여기에서 ω_0와 ω_1은 각각 $\theta = 0^\circ$와 $\theta = 45^\circ = \pi/4$에서 봉의 각속도이다. 위 식에서

$$\int_{\omega_0}^{\omega_1} \omega d\omega = \frac{1}{2}\left[\omega^2\right]_{\omega_0}^{\omega_1} = \frac{1}{2}(\omega_1^2 - \omega_0^2)$$

$$\int_0^{\pi/4} \alpha d\theta = \int_0^{\pi/4} \frac{mgl}{2I_A}\cos\theta d\theta = \frac{mgl}{2I_A}\sin\frac{\pi}{4}$$

이므로 $\theta = 45°$에서 봉의 각속도(ω_1)는 다음과 같다.

$$\frac{1}{2}(\omega_1^2 - \omega_0^2) = \frac{mgl}{2I_A}\sin 45°$$

$$\therefore \ \omega_1 = \sqrt{\frac{mgl\sin 45°}{I_A} + \omega_0^2}$$

$$= \sqrt{\frac{3\times 9.81\times 2\times \sin 45°}{4} + 2^2} = 3.80\,[\text{rad/s}]$$

3) 봉에 작용하는 힘을 표시하면 [그림(1)]의 자유물체도와 같다. 여기에서 A_t와 A_n은 각각 핀 A점에서 반력의 접선방향과 수직방향 성분을 나타내고, 봉의 무게중심의 수직방향 가속도와 접선방향 가속도는 다음과 같다.

$$a_n = \frac{l}{2}\omega_1^2 = \frac{2}{2}\times(3.80)^2 = 14.4\,[\text{m/s}^2]$$

$$a_t = \frac{l}{2}\alpha = \frac{2}{2}\times 5.20 = 5.20\,[\text{m/s}^2]$$

[그림(1)]에서 봉의 선형운동방정식을 적용하면

$$\sum F_n = ma_{G,n} \ : \ A_n - mg\sin\theta = ma_n$$

$$\therefore \ A_n = m(g\sin\theta + a_n) = 3(9.81\sin 45° + 14.4) = 64.0\,[\text{N}]$$

$$\sum F_t = ma_{G,t} \ : \ -A_t + mg\cos\theta = ma_t$$

$$\therefore \ A_t = m(g\cos\theta - a_t) = 3(9.81\cos 45° - 5.20) = 5.21\,[\text{N}]$$

이므로 반력의 크기(A)는

$$A = \sqrt{A_n^2 + A_t^2} = \sqrt{64.0^2 + 5.21^2} = 64.2\,[\text{N}]$$

이다. 여기에서

$$\beta = \tan^{-1}\left(\frac{A_n}{A_t}\right) = \tan^{-1}\left(\frac{64.0}{5.21}\right) = 85.3°$$

이므로 수평면을 기준으로 한 반력의 방향각(ϕ)은 다음과 같다([그림(2)] 참조).

$$\phi = 45° + \beta = 45° + 85.3° = 130.3°$$

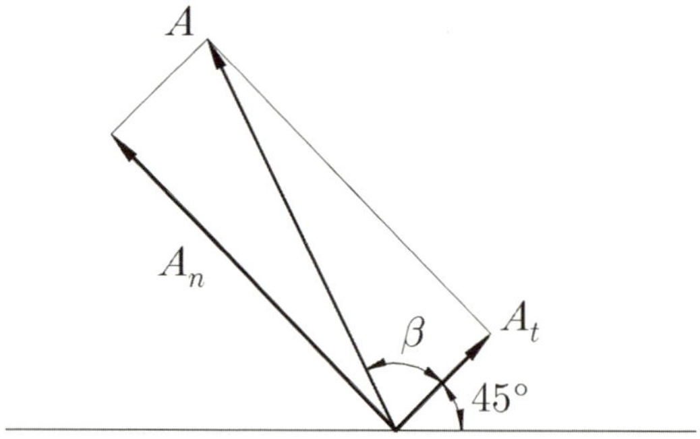

[그림(2)] 반력의 방향각

[참고] 에너지 보존법칙을 적용하여 해석하면 다음과 같다.

(1) 각속도

$\theta = 45°$에서 무게 중심의 위치를 위치에너지 기준선으로 하고 에너지 보존법칙을 적용하면

$$mg \times \frac{l}{2}\sin 45° + \frac{1}{2} I_A \omega_0^2 = \frac{1}{2} I_A \omega_1^2$$

이므로

$$\omega_1 = \sqrt{\frac{mgl\sin 45°}{I_A} + \omega_0^2}$$

이다.

(2) 각가속도

임의 각 θ에서 각속도는

$$mg \times \frac{l}{2}\sin\theta + \frac{1}{2}I_A\omega_0^2 = \frac{1}{2}I_A\omega^2$$

$$\therefore \ \omega = \frac{d\theta}{dt} = \sqrt{\frac{mgl\sin\theta}{I_A} + \omega_0^2} = \sqrt{k\sin\theta + \omega_0^2} \ \ ; \ k = \frac{mgl}{I_A}$$

이므로 각가속도는 다음과 같다.

$$\alpha = \frac{d\omega}{dt} = \frac{k\cos\theta}{2\sqrt{k\sin\theta + \omega_0^2}} \times \frac{d\theta}{dt} = \frac{k\cos\theta}{2} = \frac{mgl\cos\theta}{2I_A}$$

다른 방법으로 $\omega^2 = k\sin\theta + \omega_0^2$을 미분하여

$$2\omega \times \alpha = k\cos\theta \times \omega \, , \ \ \alpha = \frac{k}{2}\cos\theta$$

로 계산해도 결과는 같다.

[문제 10.2] **다음 그림은 원판과 스프링으로 구성된 진동계의 평형상태를 보인다. 원판은 균일하며 질량이 m, 반지름이 r이고, 두 스프링의 강성계수는 모두 k이다. 스프링은 원판의 중심으로부터 위로 거리 a만큼 떨어진 위치에 연결되어 있다. 원판은 미끄러짐 없이 구름운동만 하며, 원판의 회전은 미소한 것으로 가정하고 다음 물음에 답하시오. (총 15점)**

[국가공무원 5급(기술) 공개경쟁채용 제2차시험(2011)]

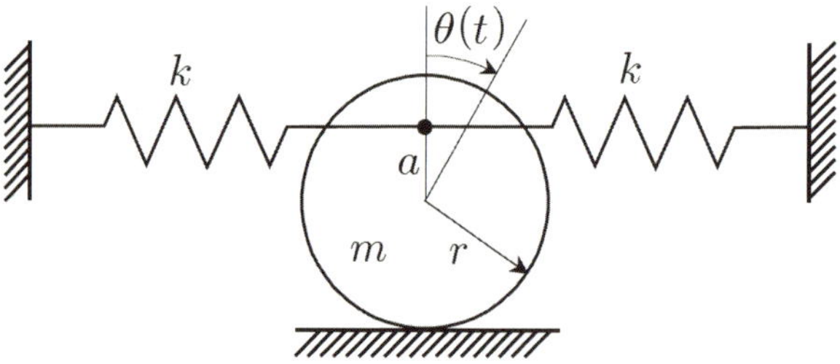

1) 평형상태 기준 원판의 회전각은 $\theta(t)$이다. 계의 운동에너지와 위치에너지를 구하시오. (8점)
2) 계의 운동방정식을 유도하시오. (4점)
3) $m = 1\text{kg}$, $k = 27\text{N/m}$, $r = 0.3\text{m}$, $a = 0.2\text{m}$일 때, 계의 고유진동수를 헤르츠(Hz) 단위로 구하시오. (3점)

풀이 위치에너지 기준선을 원판 중심을 지나는 수평선으로 하면 원판의 위치에너지는 0이고, 스프링의 질량을 무시하면 스프링의 운동에너지와 중력에 의한 위치에너지는 0이다.

1) [그림]에서 ω는 원판의 각속도($\omega = \dot{\theta}$)이고, v는 원판의 질량 중심의 속도($v = r\omega = r\dot{\theta}$)이다. 원판의 운동에너지는 다음과 같이 질량 중심(C)의 속도에 의한 병진 운동에너지와 각속도에 의한 회전운동에너지의 두 항으로 구성된다.

$$T = \frac{1}{2}mv^2 + \frac{1}{2}I_C\omega^2$$

$$= \frac{1}{2}m(r\dot{\theta})^2 + \frac{1}{2}\times\frac{1}{2}mr^2(\dot{\theta})^2 = \frac{3}{4}mr^2(\dot{\theta})^2 \quad \cdots\cdots\cdots ①$$

$\theta \ll 1$일 때 스프링의 변위는 $\delta = a\theta$이므로 두 스프링의 위치에너지(탄성에너지)는

$$V = 2 \times \frac{1}{2}k\delta^2 = 2 \times \frac{1}{2}k(a\theta)^2 = ka^2\theta^2 \cdots\cdots ②$$

이다. 여기에서 원판의 위치에너지와 스프링의 운동에너지를 0으로 가정하면 계의 운동에너지와 위치에너지는 각각 식 ①, ②가 된다.

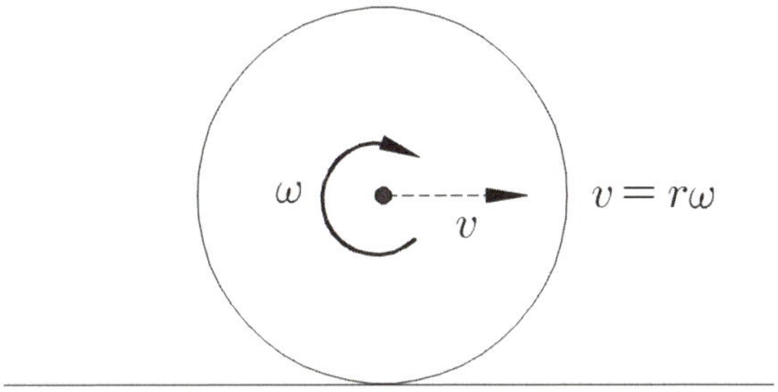

[그림] 원판의 운동

2) 식 ①과 ②로부터 계의 총 에너지는

$$T + V = \frac{3}{4}mr^2(\dot{\theta})^2 + ka^2\theta^2 = \text{일정} \cdots\cdots ③$$

이다. 식 ③을 시간에 대해 미분하면

$$\frac{d}{dt}(T+V) = \frac{3}{2}mr^2(\dot{\theta})\ddot{\theta} + 2ka^2\theta(\dot{\theta}) = 0$$

$$\therefore \ \dot{\theta}\left(\frac{3}{2}mr^2\ddot{\theta} + 2ka^2\theta\right) = 0 \cdots\cdots ④$$

이고, $\dot{\theta}$를 소거하면 다음과 같은 운동방정식이 얻어진다.

$$\frac{3}{2}mr^2\ddot{\theta} + 2ka^2\theta = 0$$

$$\therefore \ \ddot{\theta} + \left(\frac{4ka^2}{3mr^2}\right)\theta = 0 \cdots\cdots ⑤$$

3) 식 ⑤로부터 계의 고유진동수(ω_n)는 다음과 같다.

$$\omega_n = \sqrt{\frac{4ka^2}{3mr^2}}$$
$$= \sqrt{\frac{4\times 27\times (0.2)^2}{3\times 1\times (0.3)^2}} = 4\,[1/\text{s}] = 4\,[\text{Hz}]$$

[Note] 원판과 지면의 접촉점(A)이 회전운동의 순간중심이기 때문에 A에 대한 원판의 질량관성모멘트

$$I_A = I_C + mr^2 = \frac{1}{2}mr^2 + mr^2 = \frac{3}{2}mr^2$$

을 사용하여 원판의 운동에너지를 다음과 같이 구할 수도 있다.

$$T = \frac{1}{2}I_A\omega^2 = \frac{1}{2}\times\frac{3}{2}mr^2(\dot{\theta})^2 = \frac{3}{4}mr^2(\dot{\theta})^2$$

[문제 10.3] **다음 그림과 같이 질량 20kg의 상자 A 위에 질량 10kg의 상자 B가 놓여 있다. 정지 상태에서 힘 F=200N이 상자 A에 가해졌다. 모든 접촉면의 동마찰계수는 $\mu_k = 0.2$, 정마찰계수는 $\mu_s = 0.3$이고, 중력은 그림에서 수직 아래 방향으로 작용한다. 다음 물음에 답하시오. (단, 중력가속도는 $g = 9.81\text{m/s}^2$이다) (총 20점)**

[국가공무원 5급(기술) 공개경쟁채용 제2차시험(2011)]

1) 이때 상자 A가 바닥면에서 미끄러짐을 증명하시오. (6점)
2) 상자 B가 상자 A 위에서 미끄러지는지 여부를 밝히시오. (6점)
3) 상자 A와 상자 B의 가속도를 구하시오. (8점)

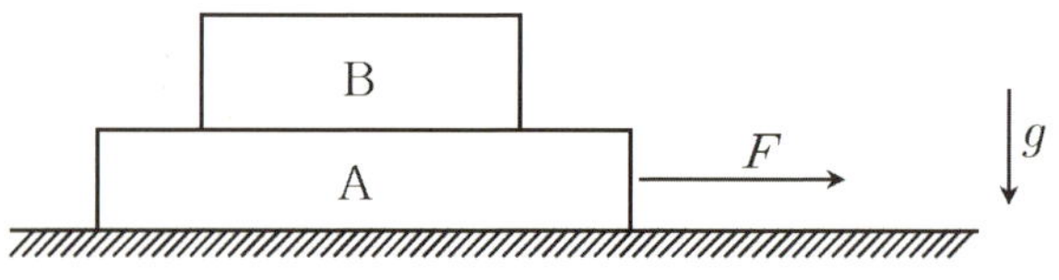

풀이 A, B에 작용하는 힘을 표시하면 [그림]과 같다. 여기에서 지면에 수직한 방향으로 운동이 없으므로 반력 $N_A=(m_A+m_B)g$, $N_B=m_Bg$이다.

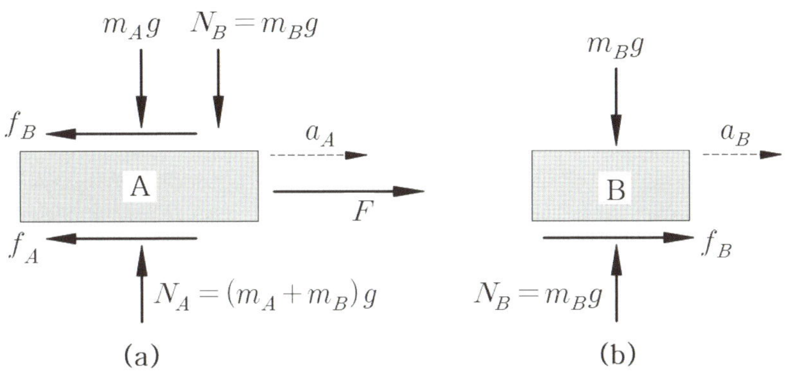

[그림] (a) A에 작용하는 힘 (b) B에 작용하는 힘

1) [그림]을 참고하여 두 상자의 운동방정식을 적용하면 다음과 같다.

$$[A] : F-f_A-f_B=m_Aa_A$$

$$[B] : f_B=m_Ba_B$$

두 식을 더하면

$$F-f_A=m_Aa_A+m_Ba_B$$

이다. 여기에서 만약 상자 A가 미끄러지지 않고 정지해 있다면 B도 정지해야 하므로 $a_A=a_B=0$이고 $F=f_A$가 된다. 그런데 정지마찰력 f_A의 최댓값은

$$f_{A,\max}=\mu_sN_A=0.3N_A=0.3\times(10+20)\times9.81=88.29\,[\mathrm{N}]$$

이다. 따라서 $F=200\,[\mathrm{N}]>f_{A,\max}$이므로 $F=f_A$는 실현될 수 없고 상자 A가 미끄러져야 한다.

2) 상자 B가 미끄러지지 않고 A와 한 몸체가 되어 운동한다고 가정하고 (A+B)에 대해 운동방정식을 적용하면

$$F-\mu_k(m_A+m_B)g=(m_A+m_B)a$$

$$\therefore\ a=\frac{F}{m_A+m_B}-\mu_k g$$

$$=\frac{200}{20+10}-0.2\times 9.81=4.705\ [\mathrm{m/s^2}]$$

이다. 이때 가속도 $a_B=a=4.705\ [\mathrm{m/s^2}]$이므로 [그림]의 (b)에서

$$f_B=m_B a_B=10\times 4.705=47.05\ [\mathrm{N}]$$

이 된다. 그런데 이 힘은 B의 최대 정지마찰력

$$f_{B,\max}=\mu_s m_B g=0.3\times 10\times 9.81=29.43\ [\mathrm{N}]$$

보다 크다. 물체 A와 B 사이에 상대운동이 발생하지 않을 때 마찰력은 최대 정지 마찰력보다 작거나 같다. 즉, $f_B\le f_{B,\max}$을 만족해야 하는데 가정에 따라 계산한 결과는 이 조건을 만족하지 못하므로 가정이 옳지 않다. 따라서 상자 B가 상자 A 위에서 미끄러진다.

3) 이상의 결과로부터 상자 A와 B가 모두 미끄러지므로 마찰력은 동마찰계수에 반력을 곱한 것과 같다. 따라서

$$f_A=\mu_k N_A=\mu_k(m_A+m_B)g$$

$$f_B=\mu_k N_B=\mu_k m_B g$$

이고, A와 B 각각에 대해 운동방정식을 적용하면 다음과 같이 두 물체의 가속도가 구해진다.

$$[\mathrm{B}]\ :\ f_B=m_B a_B$$

$$\mu_k m_B g=m_B a_B$$

$$\therefore\ a_B=\mu_k g=0.2\times 9.81=1.962\ [\mathrm{m/s^2}]$$

[A] : $F - f_A - f_B = m_A a_A$

$$F - \mu_k(m_A + m_B)g - \mu_k m_B g = m_A a_A$$

$$\therefore \ a_A = \frac{1}{m_A}\left[F - \mu_k(m_A + m_B)g - \mu_k m_B g\right]$$

$$= \frac{1}{20}\left[200 - 0.2 \times (20 + 10) \times 9.81 - 0.2 \times 10 \times 9.81\right]$$

$$= 6.076\ [\mathrm{m/s^2}]$$

제11장 2012년 시행 5급(기술) 공채 제2차시험

[문제 11.1] 다음 그림과 같이 질량 20kg의 블록 A와 질량 30kg의 블록 B가 마찰이 없는 평면위에 스프링(스프링상수 $k=90$N/m)에 의하여 연결되어 있다. 외부의 힘에 의해서 스프링이 1m 늘어난 상태에서 외부의 힘을 제거했을 때, 스프링이 원래의 길이로 돌아가는 순간의 블록 A와 블록 B의 속도를 구하시오. (10점)

[국가공무원 5급(기술) 공개경쟁채용 제2차시험(2012)]

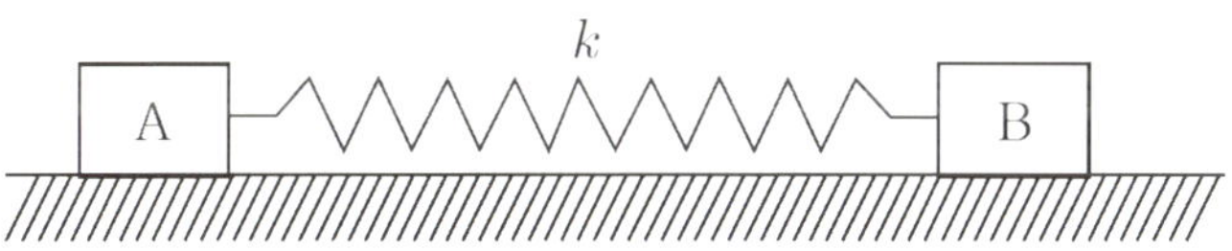

풀이 평면이 마찰이 없으므로 블록 두 개와 스프링으로 구성된 시스템에 대한 수평방향 외력이 없어서 수평방향 운동량이 보존되고, (기계적)에너지가 보존된다. 오른쪽 방향(→)을 속도의 양(+)의 방향으로 잡고, 처음 상태와 나중 상태를 1, 2로 나타낸다.

블록의 질량을 m, 수평방향 속도를 v로 나타낼 때, 운동량보존법칙으로부터

$$m_A v_{A,1} + m_B v_{B,1} = m_A v_{A,2} + m_B v_{B,2}$$

이고, 에너지보존법칙으로부터

$$T_1 + V_1 = T_2 + V_2$$

$$T = \frac{1}{2} m_A v_A^2 + \frac{1}{2} m_B v_B^2, \quad V = \frac{1}{2} k\delta^2$$

이다. 여기서 δ는 스프링이 늘어난 길이다. 처음에 블록이 정지 상태라는 조건 $v_{A,1} = v_{B,1} = 0$과 스프링의 처음과 나중 길이 $\delta_1 = 1[\mathrm{m}]$, $\delta_2 = 0$을 이 두 식에 적용하면 $v_{A,2}$와 $v_{B,2}$에 대한 다음 연립방정식을 얻는다.

$$m_A v_{A,2} + m_B v_{B,2} = 0 \quad \cdots\cdots ①$$

$$\frac{1}{2} m_A v_{A,2}^2 + \frac{1}{2} m_B v_{B,2}^2 = \frac{1}{2} k (1^2) \quad \cdots\cdots ②$$

식 ①로부터

$$v_{A,2} = -\frac{m_B}{m_A} v_{B,2} = -\frac{30}{20} v_{B,2} = -1.5 v_{B,2} \quad \cdots\cdots ③$$

이고, 이 결과와 주어진 정보를 식 ②에 2를 곱한 식에 대입하면

$$[20(1.5)^2 + 30] v_{B,2}^2 = 90(1^2)$$

$$\therefore \; v_{B,2} = \sqrt{\frac{90}{20(1.5)^2 + 30}} = \pm 1.095\,[\mathrm{m/s}]$$

가 된다. 또 식 ③에 의해서

$$v_{A,2} = \mp 1.5(1.095) = \mp 1.643\,[\mathrm{m/s}]$$

이다. 따라서 블록 A가 오른쪽으로 1.643[m/s]로, 블록 B가 왼쪽으로 1.095[m/s]로 움직이거나, 그 반대로 블록 A가 왼쪽으로 1.643[m/s]로, 블록 B가 오른쪽으로 1.095[m/s]로 움직인다.

[문제 11.2] **다음 그림과 같이 초기 수평방향 속도 v_A로 움직이는 질량 m_A의 블록 A와 정지되어 있는 질량 m_B의 블록 B가 초기에 수평면상에서 거리 d만큼 떨어져 있다. 다음 물음에 답하시오. (단, 수평면과 블록 A, B 사이의 동마찰계수는 모두 μ이고, 중력가속도는 g이다) (총 12점)**

[국가공무원 5급(기술) 공개경쟁채용 제2차시험(2012)]

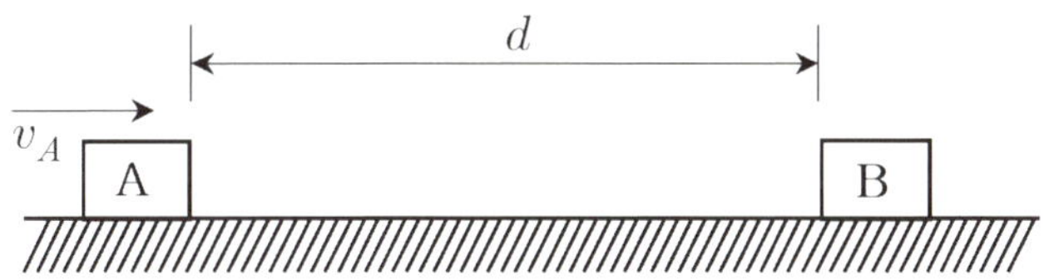

1) 블록 A, B가 충돌을 일으키기 위한 v_A의 조건을 구하고, 충돌까지 걸리는 시간을 구하시오. (4점)
2) 충돌 시의 반발계수(coefficient of restitution)를 e라 할 때, 충돌 후에 블록 A의 속도의 방향이 바뀔 조건을 구하시오. (5점)
3) 2)의 조건 하에서 충돌 후 블록 A, B가 정지했을 때, 블록 A, B 사이의 거리를 블록 A, B의 충돌 직후 속도 v_A''와 v_B''으로 나타내시오. (3점)

풀이 블록을 질점으로 보고 운동과 충돌을 해석한다. 동마찰계수를 사용하여 마찰력을 계산하고, 충돌 해석을 위해 운동량 보존과 반발계수를 사용한다.

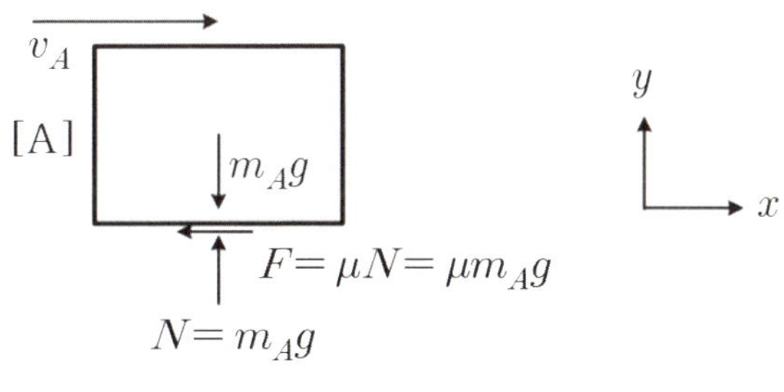

[그림(1)] 블록 A의 자유물체도

1) 블록 B가 정지해 있으므로 블록 A, B가 충돌을 일으키려면 블록 A가 멈추지 않고 d만큼 이동해야 한다. [그림(1)]의 자유물체도를 참고하면 오른쪽을 양의 방향으로 하는, 블록 A의 수평방향 운동방정식은

$$-\mu(m_A g) = m_A \ddot{x}_A$$

$$\therefore \ \ddot{x}_A = -\mu g \quad \cdots\cdots ①$$

이다. 여기서 마찰력은 동마찰계수로부터 계산하였고, x_A의 기준점은 속도 v_A로 출발하는 초기위치로 잡았다. 초기조건

$$\dot{x}_A(0) = v_A, \ x_A(0) = 0$$

을 적용하여 식 ①을 시간 t에 대해 두 번 적분하면

$$\dot{x}_A = -\mu g t + v_A$$

$$x_A = -\frac{1}{2}\mu g t^2 + v_A t$$

이다. 충돌이 일어날 때 $x_A = d$이므로 $-\frac{1}{2}\mu g t^2 + v_A t = d$, 즉

$$\frac{1}{2}\mu g t^2 - v_A t + d = 0 \quad \cdots\cdots ②$$

가 되는 시간 t가 실근을 가져야 한다. 식 ②에 판별식을 적용하면

$$D = (-v_A)^2 - 4\left(\frac{1}{2}\mu g\right)d \geq 0$$

$$\therefore \ v_A^2 \geq 2\mu g d$$

이어야 한다. $v_A > 0$이므로 A가 B와 충돌을 일으키기 위한 조건은

$$v_A \geq \sqrt{2\mu g d}$$

이다. 이 조건을 만족할 때 충돌까지 걸리는 시간은 식 ②의 두 근 중 작은 값인

$$t_1 = \frac{v_A - \sqrt{v_A^2 - 2\mu g d}}{\mu g}$$

이다.

2) 충돌이 짧은 순간에 끝나기 때문에 벽면과 블록 사이 마찰력에 의한 충격량은 무시할 수 있다. 마찰력은 블록의 동마찰계수와 무게의 곱과 같은데 충돌해석에서 무게는 보통 비충격력으로 처리한다. 이제 운동량 보존식과 반발계수(coefficient of restitution) e를 사용하면 충돌 직후 두 블록의 속도 v_A'', v_B''을 구할 수 있다.

충돌 직전, 직후를 1, 2로 나타내면

$$v_{A,1} = \dot{x}_A(t_1) = v_A - \mu g t_1 = \sqrt{v_A^2 - 2\mu g d}\,,\ \ v_{B,1} = 0$$

$$v_{A,2} = v_A'',\ \ v_{B,2} = v_B''$$

이다. 운동량 보존 식을 적용하면

$$m_A v_{A,1} + m_B v_{B,1} = m_A v_{A,2} + m_B v_{B,2}$$

$$m_A \sqrt{v_A^2 - 2\mu g d} = m_A v_A'' + m_B v_B'' \quad \cdots\cdots ③$$

이고, 반발계수를 사용하면

$$e = \frac{v_{B,2} - v_{A,2}}{v_{A,1} - v_{B,1}} = \frac{v_B'' - v_A''}{\sqrt{v_A^2 - 2\mu g d} - 0}$$

$$\therefore\ \ v_B'' = v_A'' + e\sqrt{v_A^2 - 2\mu g d} \quad \cdots\cdots ④$$

이다. 식 ③, ④를 연립하여 풀면 충돌 직후 속도는 다음과 같다.

$$v_A'' = \frac{m_A - e m_B}{m_A + m_B}\sqrt{v_A^2 - 2\mu g d} \quad \cdots\cdots ⑤$$

$$v_B'' = \frac{(1+e)m_A}{m_A + m_B}\sqrt{v_A^2 - 2\mu g d} \quad \cdots\cdots ⑥$$

$v_{A,1} > 0$ 이므로 충돌 후 블록 A의 속도의 방향이 바뀌려면 $v_A'' < 0$ 이어야 하고, 식 ⑤에 의해서

$$m_A < e m_B \text{ 또는 } \frac{m_A}{m_B} < e$$

이어야 한다.

3) [그림(2)]를 참고하여 운동방정식을 조사하면 블록 A와 블록 B는 둘 다 다음과 같이 등가속도 운동을 함을 알 수 있다.

$$\mu(m_A g) = m_A \ddot{x}_A, \ -\mu(m_B g) = m_B \ddot{x}_B$$

$$\therefore \ \ddot{x}_A = \mu g, \ \ddot{x}_B = -\mu g \quad \cdots\cdots ⑦$$

여기에서 블록에 작용하는 마찰력의 방향은 운동방향과 반대이므로 A에는 오른쪽, B에는 왼쪽 방향이다.

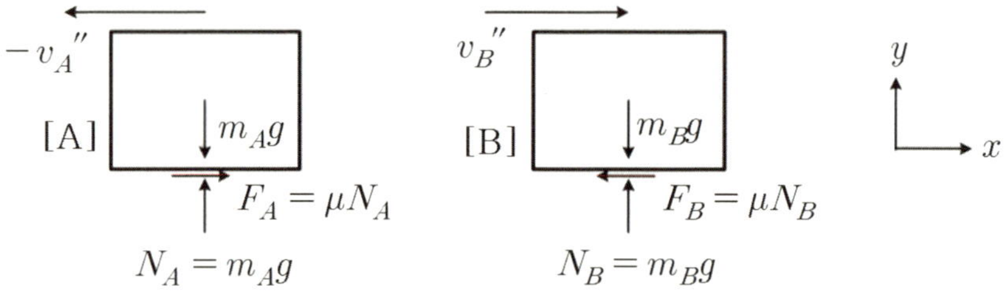

[그림(2)] 충돌 후 반대 방향으로 움직이는 두 블록의 자유물체도

충돌 직후를 초기시간으로, 충돌 지점을 초기 위치로 하여 식 ⑦을 두 번 적분하면

$$\dot{x}_A = \mu g t + v_A'', \ \dot{x}_B = -\mu g t + v_B'' \quad \cdots\cdots ⑧$$

$$x_A = \frac{1}{2}\mu g t^2 + v_A'' t, \ x_B = -\frac{1}{2}\mu g t^2 + v_B'' t \quad \cdots\cdots ⑨$$

이다. 블록들은 이동하다가 속도가 0이 되면 마찰력도 0이 되면서 정지하게 된다. 이렇게 충돌 후 이동하다가 정지하는 시간은 두 블록이 서로 다른데, 식 ⑧에 의해 A는 $t_A = -v_A''/\mu g$ 이고, B는 $t_B = v_B''/\mu g$ 이다. 식 ⑨로부터 블록 A와 B가 정지한 후 둘 사이의 거리를 구하면 다음과 같다.

$$d_{A-B} = x_B(t_B) - x_A(t_A) = \frac{(v_B'')^2 + (v_A'')^2}{2\mu g}$$

[참고] 이 문제에서는 충돌 전과 후에 등가속도 운동을 하므로 등가속도 운동 관계식을 사용하면 편리하다. 속도와 가속도의 정의 식을 변끼리 곱한 식

$$v = ds/dt, \ dv/dt = a \ : \quad \therefore \ vdv = ads$$

에서 가속도 a가 일정한 경우에 양변을 적분하면 다음 식이 성립한다.

$$v_2^2 - v_1^2 = 2a(s_2 - s_1) \ \cdots\cdots \ ⑩$$

1) 블록 A에 대해 $a = -\mu g$이고 정지할 때까지 이동한 거리 Δs_0가 d보다 길어야 한다. 즉

$$0 - v_A^2 = -2\mu g \Delta s_0, \ \Delta s_0 = \frac{v_A^2}{2\mu g} \geq d$$

$$\therefore \ v_A \geq \sqrt{2\mu g d}$$

이어야 충돌이 일어난다. 여기서 v_A가 양수라는 사실을 사용하였다. 이 조건을 만족하는 경우 블록 A가 d만큼 이동한 후 블록 B와 충돌하게 되고, 그때 속도 $v_2 \geq 0$는 식 ⑩에 의해

$$v_2 = \sqrt{v_1^2 + 2a(s_2 - s_1)} = \sqrt{v_A^2 - 2\mu g d}$$

이다. 등가속도 운동이므로 출발하여 충돌까지 걸리는 시간 t_1은 다음과 같다.

$$t_1 = \frac{v_2 - v_1}{a} = \frac{\sqrt{v_A^2 - 2\mu g d} - v_A}{-\mu g} = \frac{v_A - \sqrt{v_A^2 - 2\mu g d}}{\mu g}$$

3) 오른쪽을 양의 운동 방향으로 잡고 [그림(2)]를 참조하면, 충돌 후 블록 A는 왼쪽으로(가속도 μg, 초기속도 v_A''), 블록 B는 오른쪽으로(가속도 $-\mu g$, 초기속도 v_B'') 이동한다. 두 블록이 정지한 후 둘 사이의 거리는 A가 왼쪽으로 이동한 거리와 B가 오른쪽으로 이동한 거리를 합친

것과 같다. 나중속도가 둘 다 0이므로 이 거리를 식 ⑩으로 계산하면 다음과 같다.

$$d_{A-B} = (s_{1A} - s_{2A}) + (s_{2B} - s_{1B})$$
$$= \frac{(v_A'')^2 - 0}{2\mu g} + \frac{0 - (v_B'')^2}{-2\mu g} = \frac{(v_B'')^2 + (v_A'')^2}{2\mu g}$$

[문제 11.3] **다음 그림과 같이 질량이 m이고 반경이 r인 균일한 당구공을 각속도 ω로 회전시킨 상태에서 수평 당구대 평면에 가만히 놓았다. 다음 물음에 답하시오. (단, 당구공의 질량중심에 대한 질량관성모멘트는 $I_G = \frac{2}{5}mr^2$이고, 당구대와 당구공 사이의 동마찰계수는 μ이며 중력가속도는 g이다) (총 18점)**

[국가공무원 5급(기술) 공개경쟁채용 제2차시험(2012)]

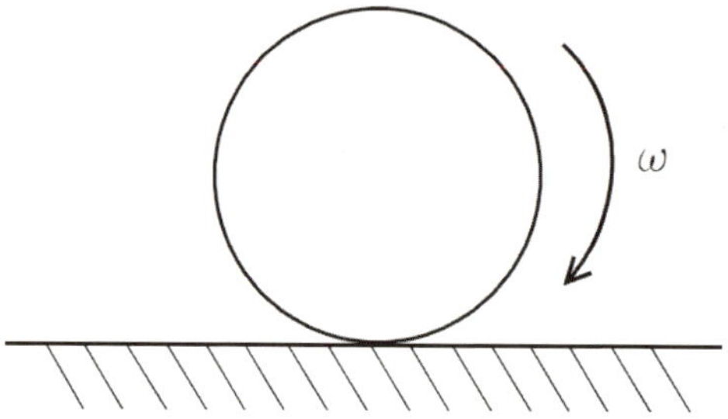

1) 당구공이 미끄러지지 않고 구르기 시작하는 순간의 각속도 ω'를 초기 각속도 ω로 나타내시오. (9점)
2) 당구공을 당구대에 놓은 순간부터 당구공이 미끄러지지 않고 구르기 시작하는 시점까지 걸리는 시간을 r, ω, μ와 g로 나타내시오. (4점)
3) 당구공을 당구대에 놓는 순간부터 당구공이 미끄러지지 않고 구르기 시작하는 시점 사이에 발생하는 당구공의 운동에너지 손실을 m, r과 ω로 나타내시오. (5점)

풀이 선형운동방정식과 각운동방정식을 사용하여 강체의 평면운동을 해석한다. 추가정보로 동마찰계수와 미끄러지지 않으면서 구를 때의 운동학관계식을 사용한다.

1) 당구공을 놓는 순간을 초기시간 $t=t_1=0$으로 잡는다. [그림]의 자유물체도를 참고하면 운동방정식은 다음과 같다.

$$\sum F_x = ma_{G,x} \ :\ F_A = ma_{G,x} \quad \cdots\cdots ①$$

$$\sum F_y = ma_{G,y} \ :\ mg - F_N = 0 \quad \cdots\cdots ②$$

$$\sum M_G = I_G\alpha \ :\ -rF_A = \frac{2}{5}mr^2\alpha \quad \cdots\cdots ③$$

• 마찰력 : $F_A = \mu F_N$ ······ ④

여기에서 공 중심의 높이가 일정하므로 $a_{G,y}=0$이라는 것과 $I_G = (2/5)mr^2$, 그리고 미끄러지지 않고 구르기 시작할 때까지는 마찰력이 동마찰계수와 반력의 곱과 같음을 사용하였다.

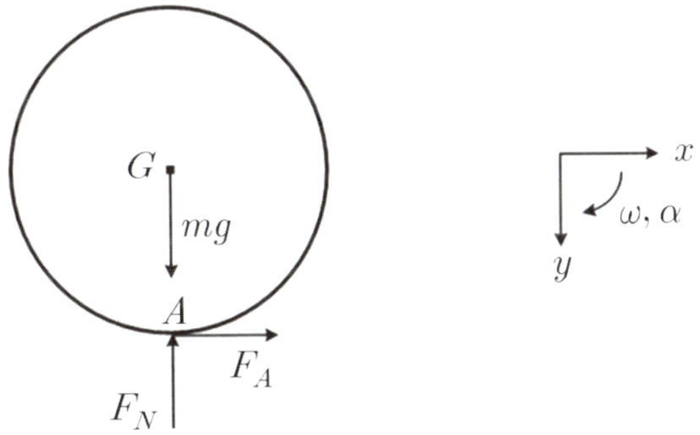

[그림] 자유물체도

이 네 방정식을 연립하여 네 미지수 F_N, F_A, $a_{G,x}$, α에 대하여 풀면 다음과 같다.

$$F_N = mg,\ F_A = \mu mg$$

$$a_{G,x} = \mu g,\ \alpha = -\frac{5\mu g}{2r} \quad \cdots\cdots ⑤$$

처음에 ω로 회전하는 공을 가만히 놓았으므로 초기조건은

$$v_{G,x}(0)=0,\ \ \omega_z(0)=\omega$$

이다. 속도-가속도 및 각속도-각가속도 관계식

$$\frac{dv_{G,x}}{dt}=a_{G,x},\ \ \frac{d\omega_z}{dt}=\alpha_z=\alpha$$

에 식 ⑤를 적용한 후 초기조건을 사용하여 시간 t에 대해 적분하면

$$v_{G,x}=\mu gt,\ \ \omega_z=\omega-\frac{5\mu g t}{2r} \quad \cdots\cdots ⑥$$

이다. 당구공이 미끄러지지 않으면서 구르기 시작하는 순간($t=t_2$)에 공과 평면의 접점이 순간중심이 되므로 다음의 운동학관계식이 성립한다.

$$v_{G,x,2}=r\omega_{z,2} \quad \cdots\cdots ⑦$$

식 ⑥의 속도와 각속도를 식 ⑦에 대입하면

$$\mu g t_2=r\omega-\frac{5\mu g t_2}{2}$$

$$\therefore\ \ t_2=\frac{2r\omega}{7\mu g}$$

가 된다. 따라서 이 순간, 즉 당구공이 미끄러지지 않고 구르기 시작하는 순간의 시계방향 각속도는 다음과 같다.

$$\omega'=\omega_z(t_2)=\omega-\frac{5\mu g}{2r}\left(\frac{2r\omega}{7\mu g}\right)=\frac{2}{7}\omega \quad \cdots\cdots ⑧$$

2) 앞에서 구한 것처럼 당구공을 당구대에 놓은 순간부터 당구공이 미끄러지지 않고 구르기 시작하는 시점까지 걸리는 시간은 t_2이고 다음과 같다.

$$t_2 = \frac{2r\omega}{7\mu g}$$

3) 두 시점 사이의 운동에너지 손실은 운동에너지의 차이를 계산하면 되고, 강체의 운동에너지는

$$T = \frac{1}{2}mv_G^2 + \frac{1}{2}I_G\omega_z^2$$

로 구한다. $v_{G,y} = 0$이고

$$v_{G,x,1} = 0,\ v_{G,x,2} = r\omega_{z,2} = r\omega' = \frac{2r\omega}{7}$$

$$\omega_{z,1} = \omega,\ \omega_{z,2} = \omega' = \frac{2\omega}{7}$$

이므로 운동에너지 손실은 다음과 같다.

$$\begin{aligned} T_{loss} &= T_1 - T_2 \\ &= \frac{1}{2}m\left[0 - \left(\frac{2r\omega}{7}\right)^2\right] + \frac{1}{2}\left(\frac{2}{5}mr^2\right)\left[\omega^2 - \left(\frac{2\omega}{7}\right)^2\right] \\ &= \frac{mr^2\omega^2}{7} \quad \cdots\cdots ⑨ \end{aligned}$$

[참고] 이 문제에서 등가속도 및 등각가속도 관계식을 사용하여 다음과 같이 계산할 수도 있다.

1) 당구공을 놓는 순간을 초기시간 $t = t_1 = 0$으로 잡는다. [그림]의 자유물체도를 참고하면 운동방정식은 다음과 같다.

$$\sum F_x = ma_{G,x} \ :\ F_A = ma_{G,x} \quad \cdots\cdots ①$$

$$\sum F_y = ma_{G,y} \ :\ mg - F_N = 0 \quad \cdots\cdots ②$$

$$\sum M_G = I_G\alpha \ :\ -rF_A = \frac{2}{5}mr^2\alpha \quad \cdots\cdots ③$$

• 마찰력 : $F_A = \mu F_N$ ⋯⋯ ④

여기에서 공 중심의 높이가 일정하므로 $a_{G,y} = 0$ 이라는 것과 $I_G =$

$(2/5)mr^2$, 그리고 미끄러지지 않고 구르기 시작할 때까지는 마찰력이 동마찰계수와 반력의 곱과 같음을 사용하였다.
이 네 방정식을 연립하여 네 미지수 F_N, F_A, $a_{G,x}$, α에 대하여 풀면

$$F_N = mg,\ F_A = \mu mg$$
$$a_{G,x} = \mu g,\ \alpha = -\frac{5\mu g}{2r} \quad \cdots\cdots ⑤$$

이 되어 가속도와 각가속도가 일정하다.
공이 미끄러지지 않으면서 구를 때는 공과 평면과 접촉하는 점이 순간 중심이 된다. $t = t_2$일 때 당구공이 미끄러지지 않으면서 구르기 시작한다면

$$v_{G,x,1} = 0,\ v_{G,x,2} = r\omega_{z,2} = r\omega'$$
$$\omega_{z,1} = \omega,\ \omega_{z,2} = \omega'$$

이다. 식 ⑤에서 $\alpha_z = \alpha$임을 감안하여 등가속도 및 등각가속도 관계식을 적용하면 다음과 같이 당구공이 미끄러지지 않고 구르기 시작하는 순간의 각속도 ω'을 구할 수 있다.

$$\Delta t = t_2 - t_1 = \frac{v_{G,x,2} - v_{G,x,1}}{a_{G,x}} = \frac{\omega_{z,2} - \omega_{z,1}}{\alpha_z} \quad \cdots\cdots ⑩$$
$$\frac{r\omega' - 0}{\mu g} = \frac{\omega' - \omega}{-5\mu g/2r}$$
$$\therefore\ \omega' = \frac{2}{7}\omega \quad \cdots\cdots ⑪$$

2) 당구공을 당구대에 놓은 순간부터 당구공이 미끄러지지 않고 구르기 시작하는 시점까지 걸리는 시간은 식 ⑩, ⑪에 의해 다음과 같다.

$$\Delta t = \frac{v_{G,x,2} - v_{G,x,1}}{\mu g} = \frac{r\omega' - 0}{\mu g} = \frac{r(2\omega/7)}{\mu g} = \frac{2r\omega}{7\mu g}$$

[문제 11.4] 다음 그림과 같이 질량 M의 블록이 ㄱ자 형태의 봉의 끝에 매달려 있고 다른 끝은 스프링(스프링 상수 k)과 연결되어 있다. 모서리 부분의 중앙은 힌지로 연결되어 있어 봉은 자유롭게 단진자 운동을 할 수 있다. 그림에 보이는 위치에서 시스템은 평형을 유지하고 있으며 스프링은 늘어나거나 줄어들지 않은 상태이다. 다음 물음에 답하시오. (단, 봉의 질량은 무시한다) (총 10점)

[국가공무원 5급(기술) 공개경쟁채용 제2차시험(2012)]

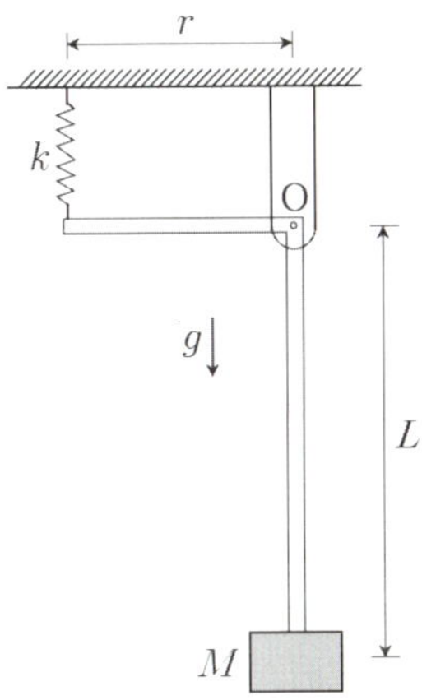

1) 시스템이 미소각도의 각운동을 하는 경우의 자유물체도를 그리시오. (3점)
2) 운동방정식과 시스템의 고유진동수를 구하시오. (7점)

풀이 각변위가 작다는 가정 하에서 각운동방정식을 사용하여 강체의 평면운동을 해석한다.

1) 시스템이 축 O에 대해 미소각도 θ만큼 반시계방향으로 회전한 순간의 자유물체도는 [그림]에 보인 것과 같다. 힌지 O에는 수평력 O_x, 수직력 O_y만 걸리고 마찰모멘트는 없다고 가정한다.

봉이 θ만큼 회전하면 왼쪽 끝이 $r\theta$만큼 내려가므로 스프링의 길이가 늘어나면서 봉을 위로 잡아당기는 힘

$$F_s = kr\theta$$

가 작용한다. 정적 평형상태에서 질량 M은 O를 지나는 연직선 상에 있고, 각도 $\theta_{st}=0$이며, 스프링의 길이는 늘어나지 않아서 스프링에 작용하는 힘이 0이다.

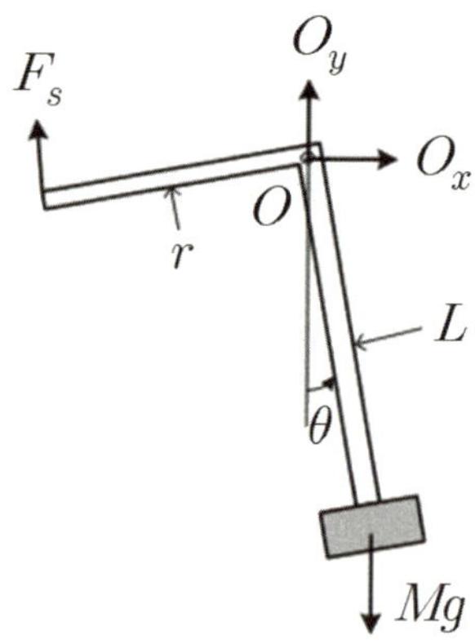

[그림] 자유물체도

2) 봉의 질량을 무시할 때 고정축 O에 대하여 봉-질량 시스템의 각운동방정식을 적용하면

$$\sum M_O = I_O\alpha \ : \ -(kr\theta)r-(Mg)L\sin\theta=(ML^2)\ddot{\theta} \ \cdots\cdots\cdots \text{①}$$

이다. 여기서 O에 대한 질량관성모멘트는 봉은 질량이 없으므로 무시하고 질량 M은 질점으로 보아 ML^2으로 계산하였다.
미소각도 θ에 대해

$$\sin\theta=\theta-\frac{\theta^3}{3!}+\ldots\simeq\theta$$

가 되므로 이항하여 정리하면 식 ①은

$$(ML^2)\ddot{\theta}+(kr^2+MgL)\theta=0 \ \cdots\cdots\cdots \text{②}$$

이 되고, ML^2으로 나누어 주면 다시 다음과 같이 쓸 수 있다.

$$\ddot{\theta}+\frac{kr^2+MgL}{ML^2}\theta=0 \ \cdots\cdots\cdots \text{③}$$

이 운동방정식을 $\ddot{\theta} + \omega_n^2 \theta = 0$과 비교하면 이 시스템의 고유진동수는 다음과 같다.

$$\omega_n = \sqrt{\frac{kr^2 + MgL}{ML^2}} \quad \cdots\cdots ④$$

참고로 특별한 경우들을 살펴보자. 스프링 상수 k가 매우 작거나 거리 r이 L에 비해 매우 짧은 경우, kr^2을 MgL에 비해 무시할 수 있으므로 고유진동수는 $\omega_n = \sqrt{\frac{g}{L}}$ 가 된다. 이것은 길이 L인 단진자의 고유진동수에 해당한다. 반대로 스프링 상수 k가 매우 크거나 거리 r이 L에 비해 매우 긴 경우에는 MgL을 kr^2에 비해 무시할 수 있고 고유진동수는 $\omega_n = \sqrt{\frac{kr^2}{ML^2}}$ 이 된다. 이것은 스프링상수 $k_t = kr^2$, 질량관성모멘트 $I_t = ML^2$인 비틀림 스프링(torsional spring)의 고유진동수에 해당한다.

제12장 2013년 시행 5급(기술) 공채 제2차시험

[문제 12.1] 그림과 같이 반경 r인 고정된 반원통의 표면을 따라 막대가 미끄러지고 있다. 막대의 끝단 A가 왼쪽으로 일정한 속력 V_A로 미끄러질 때, 다음 물음에 답하시오. (총 15점)

[국가공무원 5급(기술) 공개경쟁채용 제2차시험(2013)]

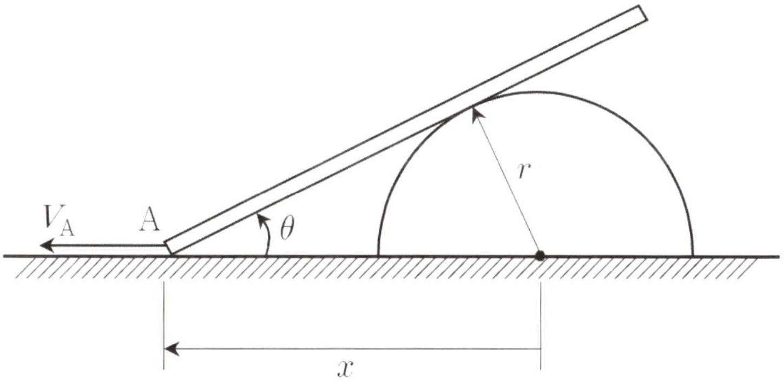

1) 막대의 각속도(ω)를 위치(x)의 함수로 나타내시오. (6점)
2) 막대의 각가속도(α)를 위치(x)의 함수로 나타내시오. (9점)

풀이 막대의 운동과 관련 있는 거리와 각도 사이의 관계를 구한 후 미분의 연쇄 규칙을 사용한다. 이때

$$\dot{f} = \frac{d}{dt}f[x(t)] = \frac{df}{dx}\frac{dx}{dt} = \frac{df}{dx}\dot{x}$$

$$\dot{g} = \frac{d}{dt}g[\theta(t)] = \frac{dg}{d\theta}\frac{d\theta}{dt} = \frac{dg}{d\theta}\dot{\theta}$$

와 같이 미분한다.

1) 준 그림에서 $x = x(t)$, $\theta = \theta(t)$이고 막대 A의 속력

$$dotx = V_A$$

는 일정하다. 막대가 반원통에 접하고 반원통의 반지름 r은 일정하므로

$$x\sin\theta = r = \text{constant}$$

이다. 이 식을 t로 미분하면

$$\dot{x}\sin\theta + x(\cos\theta)\dot{\theta} = \dot{r} = 0$$

이고, 정리하면 각속도 $\omega = \dot{\theta}$는 다음과 같다.

$$\omega = \dot{\theta} = -\frac{\dot{x}\sin\theta}{x\cos\theta} = -\frac{V_A\sin\theta}{x(1-\sin^2\theta)^{1/2}}$$
$$= -\frac{V_A(r/x)}{x\left[1-(r/x)^2\right]^{1/2}} = -\frac{rV_A}{x(x^2-r^2)^{1/2}} \quad \cdots\cdots ①$$

여기서 $0 < \theta < \frac{\pi}{2}$ 이므로 $\cos\theta > 0$을 사용했다. 각속도 $\omega < 0$ 이므로 막대는 그림에서 θ가 감소하는 방향인 시계방향으로 회전한다.

2) 각가속도 α는 식 ①을 t로 미분하여 다음과 같이 구할 수 있다.

$$\alpha = \dot{\omega} = \frac{d}{dt}\left[-\frac{rV_A}{x(x^2-r^2)^{1/2}}\right] = -rV_A\frac{d}{dx}\left[\frac{1}{x(x^2-r^2)^{1/2}}\right]\dot{x}$$
$$= -rV_A^2\left[\frac{(-1/x^2)}{(x^2-r^2)^{1/2}} + \frac{(-1/2)(2x)}{x(x^2-r^2)^{3/2}}\right]$$
$$= \frac{r(2x^2-r^2)V_A^2}{x^2(x^2-r^2)^{3/2}} \quad \cdots\cdots ②$$

[참고] 막대의 각속도와 각가속도는 원통좌표계를 사용한 강체의 상대운동 해석을 이용하여 구할 수도 있다.

먼저, 기준점을 O라 하면 강체 위의 점 P의 상대변위, 상대속도, 상대가속도를 다음과 같이 쓸 수 있다.

$$\vec{r}_{P/O} = R\vec{e}_r \quad \cdots\cdots ③$$

$$\vec{v}_{P/O} = \frac{d}{dt}\vec{r}_{P/O} = \dot{R}\vec{e}_r + R\dot{\theta}\vec{e}_\theta \quad \cdots\cdots ④$$

$$\vec{a}_{P/O} = \frac{d}{dt}\vec{v}_{P/O} = \left(\ddot{R} - R\dot{\theta}^2\right)\vec{e}_r + \left(R\ddot{\theta} + 2\dot{R}\dot{\theta}\right)\vec{e}_\theta \quad \cdots\cdots ⑤$$

여기에서 $\vec{e}_r$은 $R = r_{P/O}$가 증가하는 (반경)방향의 단위벡터이고, $\vec{e}_\theta$는 선 OP가 기준선과 이루는 각도 θ가 증가하는 (접선)방향의 단위벡터이다. 이 두 단위벡터는 직교한다.

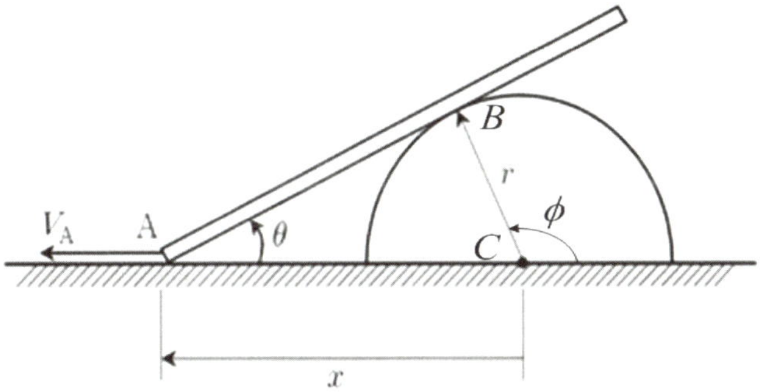

[그림] 각도 ϕ의 정의

1) [그림]처럼 막대와 반원통의 접점을 B, 반원통의 중심을 C라 하고, 선분 CB가 C의 오른쪽 바닥면과 이루는 각도를 ϕ라 하자. AB가 CB와 직교하므로

$$\phi = \theta + 90^o, \ \dot{\phi} = \dot{\theta}, \ \ddot{\phi} = \ddot{\theta}$$

가 된다. 편의상 $r_{B/A}$, 즉 막대 AB를 기준으로 잡은 단위벡터를

$$r_{P/O} = r_{B/A} \ : \ \vec{e}_r = \vec{I}, \ \vec{e}_\theta = \vec{J}$$

라 하자. 오른쪽 수평단위벡터를 $\vec{i}$, 위쪽 수직단위벡터를 $\vec{j}$라 하면

$$\vec{I} = \cos\theta\,\vec{i} + \sin\theta\,\vec{j},\quad \vec{J} = -\sin\theta\,\vec{i} + \cos\theta\,\vec{j}$$

이다.

식 ④, ⑤를 선분 CB에 적용하면

$$R = r,\quad \dot{R} = \dot{r} = 0,\quad \ddot{R} = \ddot{r} = 0$$
$$\dot{\phi} = \dot{\theta},\quad \ddot{\phi} = \ddot{\theta}$$
$$\vec{v}_C = \vec{0},\quad \vec{a}_C = \vec{0}$$

이고,

$$\vec{e}_r = \vec{J},\quad \vec{e}_\theta = -\vec{I}$$

이므로 점 B의 속도와 가속도는 다음과 같다.

$$\vec{v}_B = -r\dot{\theta}\vec{I} \quad \text{⑥}$$
$$\vec{a}_B = \left(-r\dot{\theta}^2\right)\vec{J} - \left(r\ddot{\theta}\right)\vec{I} \quad \text{⑦}$$

다음으로 식 ④를 선분 AB에 적용하여 $\vec{v}_B = \vec{v}_A + \vec{v}_{B/A}$를 계산하면 다음과 같다.

$$-r\dot{\theta}\vec{I} = V_A\left(-\cos\theta\,\vec{I} + \sin\theta\,\vec{J}\right) + \dot{R}\vec{I} + R\dot{\theta}\vec{J}$$

이 식을 성분별로 비교하면

$$-r\dot{\theta} = -V_A\cos\theta + \dot{R}$$
$$0 = V_A\sin\theta + R\dot{\theta}$$

이고, $\dot{R}$, $\dot{\theta}$에 대해 풀면 다음과 같다.

$$\dot{\theta} = -\frac{V_A\sin\theta}{R} = -\frac{V_A(r/x)}{\left(x^2 - r^2\right)^{1/2}} = -\frac{rV_A}{x\left(x^2 - r^2\right)^{1/2}} \quad \text{⑧}$$

$$\dot{R} = V_A \cos\theta - r\dot{\theta}$$

$$= V_A \frac{(x^2 - r^2)^{1/2}}{x} + \frac{r^2 V_A}{x(x^2 - r^2)^{1/2}} = \frac{x V_A}{(x^2 - r^2)^{1/2}} \cdots\cdots\cdots \text{⑨}$$

2) 각가속도를 구하기 위해 식 ⑤를 선분 AB에 적용하여 $\vec{a}_B = \vec{a}_A + \vec{a}_{B/A}$를 계산한다. $\vec{a}_A = \vec{0}$이므로 식 ⑦과 ⑤에 의해

$$\left(-r\dot{\theta}^2\right)\vec{J} - \left(r\ddot{\theta}\right)\vec{I} = \left(\ddot{R} - R\dot{\theta}^2\right)\vec{I} + \left(R\ddot{\theta} + 2\dot{R}\dot{\theta}\right)\vec{J}$$

가 되고 $\vec{J}$ 성분을 비교하고 식 ⑧, ⑨을 적용하면 $\ddot{\theta}$는 다음과 같다.

$$-r\dot{\theta}^2 = R\ddot{\theta} + 2\dot{R}\dot{\theta}$$

$$\therefore\ \ddot{\theta} = -\frac{\left(r\dot{\theta}^2 + 2\dot{R}\dot{\theta}\right)}{R}$$

$$= \frac{V_A^2}{(x^2 - r^2)^{1/2}}\left[-\frac{r^3}{x^2(x^2 - r^2)} + \frac{2r}{(x^2 - r^2)}\right]$$

$$= \frac{r(2x^2 - r^2)V_A^2}{x^2(x^2 - r^2)^{3/2}}$$

[문제 12.2] 그림과 같이 포탄이 수평면과 30°를 이루는 포신 끝점 A에서 초기속도 V_0로 발사되었다. 만일 이 포탄이 B지점에 착륙한다면, 초기속도 V_0와 B지점에 도착하는 시간 t를 구하시오. (10점)

[국가공무원 5급(기술) 공개경쟁채용 제2차시험(2013)]

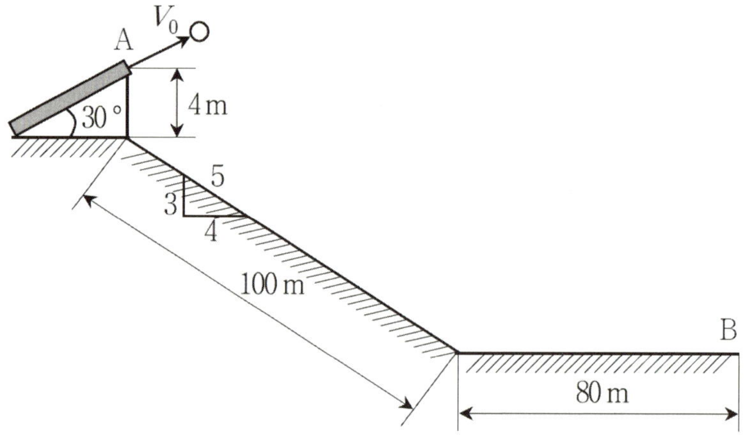

풀이 공기의 마찰을 무시하고, 평면 내 질점의 등가속도 운동을 해석한다. 점 A를 원점으로 하여 오른쪽을 x축, 위쪽을 y축으로 잡으면 시간 t일 때 포탄의 위치는

$$X = (V_0 \cos 30^o)t = \frac{\sqrt{3}\,V_0}{2}t$$

$$= \frac{4}{5} \times 100 + 80 = 160\ [\mathrm{m}] \quad \cdots\cdots ①$$

$$Y = (V_0 \sin 30^o)t - \frac{1}{2}gt^2 = \frac{V_0}{2}t - \frac{1}{2}gt^2$$

$$= -4 - \frac{3}{5} \times 100 = -64\ [\mathrm{m}] \quad \cdots\cdots ②$$

이 되어야 한다. 식 ①로부터

$$V_0 t = \frac{320}{\sqrt{3}}\ [\mathrm{m}] \quad \cdots\cdots ③$$

이고, 식 ②로부터

$$V_0 t + 128 = gt^2 \,[\mathrm{m}] \quad \cdots\cdots ④$$

이다. 식 ③을 식 ④에 대입하여 t를 구하면

$$t = \sqrt{\frac{V_0 t + 128}{g}} = \sqrt{\frac{(320/\sqrt{3}) + 128}{9.81}} = 5.646 \,[\mathrm{s}]$$

이고, 이 결과를 식 ③에 대입하면 초기속도는 다음과 같다.

$$V_0 = \frac{320}{\sqrt{3}\,t} = \frac{320}{\sqrt{3}\,(5.646)} = 32.72 \,[\mathrm{m/s}]$$

[문제 12.3] **그림과 같이 균일한 재질로 만들어진 질량 m, 반경 r인 구가 수평면을 구르며 우측으로 속력 V_C로 구르다가 경사면(수평면과의 각도는 α)과 만나 경사면을 굴러 오르게 된다. 구가 처음으로 경사면을 올랐을 때의 경사면 방향의 속력을 구하시오. (단, 구의 미끄럼은 없으며 구가 면과 만날 때 튀지 않는다고 가정한다) (10점)**

[국가공무원 5급(기술) 공개경쟁채용 제2차시험(2013)]

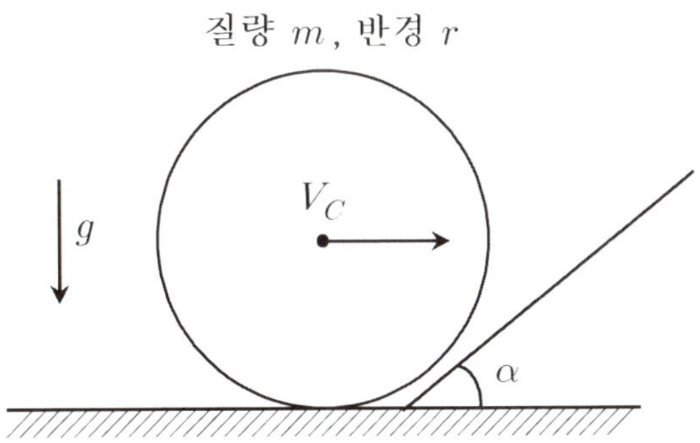

풀이 수평면에서 경사면으로 올라가는 짧은 순간에 중력 등 비충격력을 무시하여 각운동량 보존법칙을 적용한다. 구가 수평면과 경사면을 미끄러지지 않고 구를 때 구와 면의 접촉점은 순간중심이 되므로 질량중심의 속도는

각속도와 반지름의 곱과 같다. 임의의 점 A에 대한 각운동량은

$$H_A = I_G\omega + (mv_G)d \quad \cdots\cdots ①$$

로 계산한다. 여기서 첨자 G는 무게중심을 나타내며 그림의 구에서는 중심 C가 무게중심이다. 구의 중심(C)에 대한 질량관성모멘트는

$$I_G = I_C = \frac{2}{5}mr^2 \quad \cdots\cdots ②$$

이다.
경사면을 오르기 전, 즉 평면을 굴러갈 때 구의 각속도를 ω라 하면

$$v_G = V_C = \omega r \quad \cdots\cdots ③$$

이다. 구가 경사면과 부딪힌 후 관성에 의해 경사면을 굴러 올라가기 시작할 때 구 중심의 속도를 V_C', 구의 각속도를 ω'이라 하면

$$v_G' = V_C' = \omega' r \quad \cdots\cdots ④$$

이다. 수평면이든 경사면이든 평면 위에서 미끄러지지 않고 구를 때 구 중심의 속도는 [그림]과 같이 항상 평면에 평행한 방향이다. 구의 회전에 따르는 순간중심은 경사면을 오르기 전에는 평면(IC)에, 오른 후에는 경사면(IC')에 있다.
[그림]을 참고하고 식 ①을 사용하여 경사면의 접촉점(A)에 대해 각운동량 보존법칙을 적용하면

$$H_A = H_A'$$
$$I_C\omega + (mV_C)(r\cos\alpha) = I_C\omega' + (mV_C')r \quad \cdots\cdots ⑤$$

이다. 식 ⑤에 식 ②~④를 대입하여 정리하면 구가 처음으로 경사면을 올랐을 때의 각속도(ω')가 다음과 같이 구해진다.

$$\left(\frac{2}{5}mr^2\right)\omega + (m\omega r)(r\cos\alpha) = \left(\frac{2}{5}mr^2\right)\omega' + (m\omega' r)r$$

$$\frac{2}{5}\omega + \omega\cos\alpha = \frac{2}{5}\omega' + \omega'$$

$$\therefore \quad \omega' = \frac{(2+5\cos\alpha)\omega}{7} \quad \cdots\cdots ⑥$$

식 ⑥의 양변에 r을 곱하고 식 ③, ④를 적용하면 구가 처음으로 경사면을 올랐을 때의 경사면 방향 속력(V_C')은 다음과 같다.

$$V_C' = \frac{(2+5\cos\alpha)V_C}{7} \quad \cdots\cdots ⑦$$

참고로 경사가 없는 경우($\alpha = 0$)에는 $V_C' = V_C$가 되어 충격 없이 한 평면에서 다음 평면으로 구가 옮아가게 되므로 운동의 연속성이 유지되는 것을 확인할 수 있다.

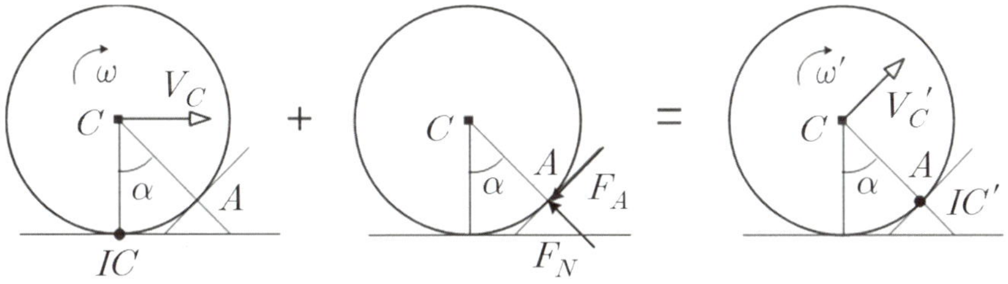

[그림] 경사면과 접촉하는 점 A에서 충격력에 의한 운동의 변화

[참고] 충돌과정을 무게중심 C에 대한 충격량-운동량 관계식으로 해석하여 충돌 후 경사면을 오를 때의 속도를 구하면 다음과 같다.

[그림]을 참고하여 경사면에 접하는 방향의 선형충격량-선형운동량 원리와 각충격량-각운동량 원리를 적용하면 다음과 같다.

$$\int_t^{t'} (-F_A)dt = m(V_C' - V_C\cos\alpha) \quad \cdots\cdots ⑧$$

$$\int_t^{t'} rF_A\,dt = I_G(\omega' - \omega) \quad \cdots\cdots ⑨$$

여기서 t와 t'은 구가 경사면에 충돌하기 직전과 직후의 시간을 나타낸다.

식 ⑧에 r을 곱한 후 식 ⑨와 변끼리 더하고, 식 ②~④를 적용하면

$$mr^2(\omega' - \omega\cos\alpha) + \frac{2}{5}mr^2(\omega' - \omega) = 0$$

$$\omega' + \frac{2}{5}\omega' = \omega\cos\alpha + \frac{2}{5}\omega$$

$$\omega' = \frac{(5\cos\alpha + 2)\omega}{7}$$

이 된다. 이 결과식과 식 ⑥은 같은 식이다.

[문제 12.4] 그림과 같이 질량 m, 반경 r인 균질한 원통이 스프링에 매달려 경사면에서 미끄럼 없이 구른다고 가정한다. 원통을 정적평형 상태로부터 경사면을 따라 x_0만큼 아래로 당겼다가 놓는다고 할 때, 다음 물음에 답하시오. (총 15점)

[국가공무원 5급(기술) 공개경쟁채용 제2차시험(2013)]

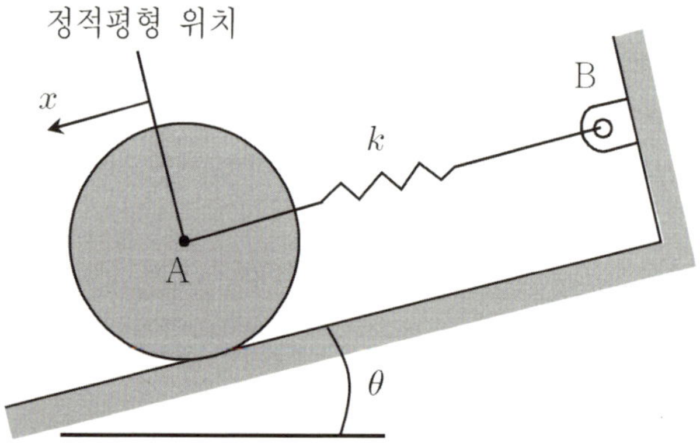

1) 정적평형 위치로부터의 변위를 x라고 할 때, 원통의 운동방정식을 x의 미분방정식으로 구하시오. (8점)
2) 진동의 주기를 구하시오. (2점)
3) 원통 중심 A의 최대 속도를 구하시오. (5점)

풀이 중력힘과 탄성력과 관성력이 작용하여 경사면을 따라서 미끄러지지 않고 구르면서 진동(왕복운동)하는 원통의 운동을 해석한다. [그림]에 보인 것처럼 원통과 경사면이 접촉하는 선(축 O라 함)을 순간중심으로 하여 각속도 ω, 각가속도 α로 반시계방향으로 회전하는 원통에 각운동방정식을 사용한다. 이때 질량중심 A의 속도와 가속도는 $\dot{x} = r\omega$와 $\ddot{x} = r\alpha$가 된다. 질량관성모멘트를 계산하기 위해 평행축정리

$$I_O = I_A + md^2 = \frac{1}{2}mr^2 + mr^2 = \frac{3}{2}mr^2$$

을 사용한다.

1) 정적평형 상태에서 스프링이 늘어난 길이를 x_{st}라 하면 준 그림 또는 [그림]에서 원통의 x 방향 힘의 평형에 의해

$$kx_{st} = mg\sin\theta$$

이다. 정적평형 위치로부터의 변위가 x일 때 스프링에 작용하는 힘은

$$F_s = k(x_{st} + x) = mg\sin\theta + kx \quad \cdots\cdots ①$$

가 된다. O점에 작용하는 힘들을 계산에서 제외하기 위하여 순간중심 축 O에 대한 원통의 각운동방정식을 적용하면 다음과 같다.

$$\sum M_O = I_O\alpha \ : \ (mg\sin\theta - F_s)r = \left(\frac{3}{2}mr^2\right)\left(\frac{1}{r}\ddot{x}\right) \quad \cdots\cdots ②$$

식 ①에 의해서 중력효과는 상쇄되고 식 ②는 다음과 같이 정리할 수 있다.

$$-krx = \frac{3}{2}mr\ddot{x}$$

$$\ddot{x} + \frac{2k}{3m}x = 0 \quad \cdots\cdots ③$$

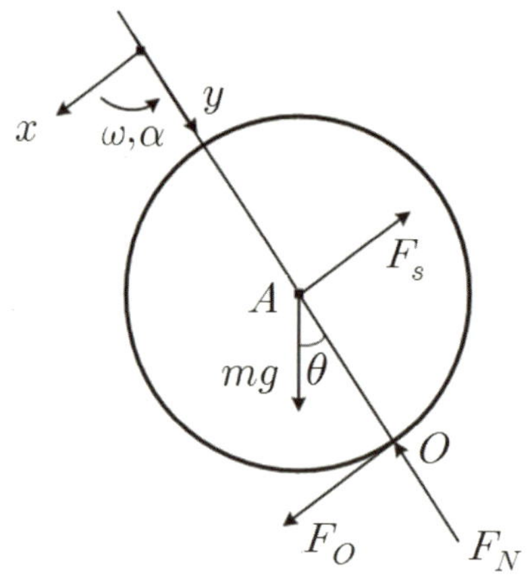

[그림] 원통의 자유물체도

2) 원통의 운동방정식 ③을 시스템 $\ddot{x}+\omega_n^2 x=0$ 과 비교하면 ω_n과 진동의 주기 T는 다음과 같다.

$$\omega_n=\sqrt{\frac{2k}{3m}}$$

$$T=\frac{2\pi}{\omega_n}=2\pi\sqrt{\frac{3m}{2k}} \quad \cdots\cdots ④$$

3) 원통을 정지 상태인 정적평형 상태로부터 x_0만큼 아래로 당겼다가 놓았으므로 그 중심 A의 변위 $x(t)$에 대한 미분방정식 ③의 초기조건은

$$x(0)=x_0,\ dotx(0)=0$$

이다. 미분방정식 ③의 일반해

$$x(t)=C_1\cos\omega_n t+C_2\sin\omega_n t \quad \cdots\cdots ⑤$$

에 초기조건을 적용하면 $C_1=x_0$, $C_2=0$이 되므로 해는 다음과 같다.

$$x(t)=x_0\cos\omega_n t=x_0\cos\sqrt{\frac{2k}{3m}}\,t \quad \cdots\cdots ⑥$$

따라서 원통 중심의 속도는

$$\dot{x}(t) = -x_0 \sqrt{\frac{2k}{3m}} \sin \sqrt{\frac{2k}{3m}}\, t \quad \cdots\cdots ⑦$$

이고, 최대 속도는 다음과 같다.

$$\dot{x}_{max} = \pm x_0 \sqrt{\frac{2k}{3m}} \quad \cdots\cdots ⑧$$

여기서 양의 부호는 아래로 내려갈 때를 나타내고 음의 부호는 위로 올라갈 때를 나타낸다.

제13장 2014년 시행 5급(기술) 공채 제2차시험

[문제 13.1] 그림과 같이 질량 10kg, 직경 1m인 균질 원통과 질량 6kg, 길이 1m인 균일한 가는 막대, 그리고 질량 4kg인 질점이 서로 고정되어 하나의 강체를 이루고 있다. 이 강체는 A점을 통과하는 축에 대하여 회전이 가능하고, 막대의 중점에는 800N/m의 강성을 가지는 선형 스프링이 부착되어 있다. 그림과 같은 수평 위치에서 스프링의 힘과 중력은 정적인 평형을 이루고 있다. 다음 물음에 답하시오. (단, 모든 마찰과 감쇠는 없다) (총 10점)

[국가공무원 5급(기술) 공개경쟁채용 제2차시험(2014)]

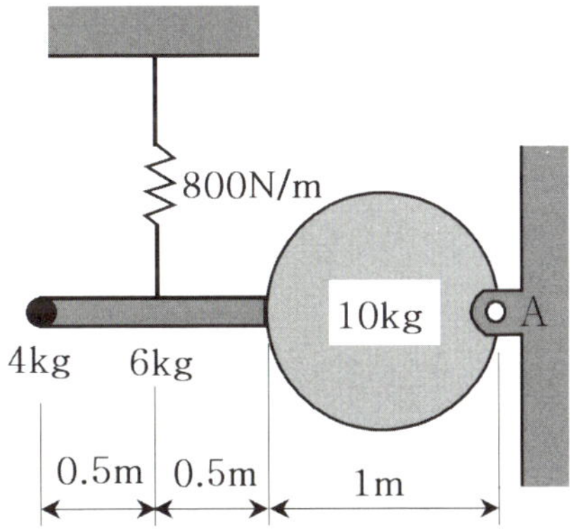

1) A점을 통과하는 회전축에 대한 이 강체의 질량관성모멘트를 구하시오. (4점)
2) 이 강체의 미소 각운동에 대한 고유진동주기를 구하시오. (6점)

풀이 평행축정리 $I_A = I_G + md^2$ 을 사용한다. 질량 m, 길이 L 인 균일 막대는 $I_G = \frac{1}{12}mL^2$ 이고, 질량 m, 반지름 r 인 균일 원통은 $I_G = \frac{1}{2}mr^2$, 크기가 작은 질점은 $I_G = 0$ 이다. 고정점에 대한 각운동방정식을 사용한다. 스프링의 힘과 무게는 수평 위치에서 정적인 평형을 이룬다.

1) 강체는 원통과 막대와 질점으로 구성된다. A점을 통과하는 회전축에 대한 강체의 질량관성모멘트는 원통, 막대, 질점의 기여분을 평행축정리를 적용하여 계산하여 합침으로써 다음과 같이 구할 수 있다.

$$
\begin{aligned}
I_A &= \sum_i I_{A,i} \\
&= (10)\left(\frac{1}{2}\times 0.5^2 + 0.5^2\right) + (6)\left(\frac{1}{12}\times 1^2 + 1.5^2\right) + (4)(0+2^2) \\
&= 3.75 + 14 + 16 = 33.75\ [\mathrm{kg \cdot m^2}] \cdots\cdots\cdots ①
\end{aligned}
$$

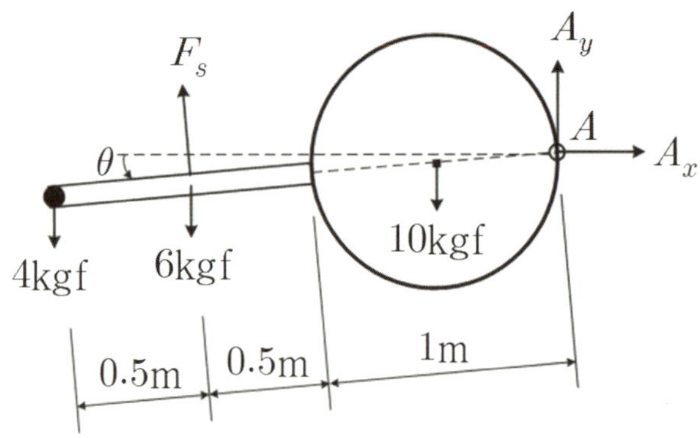

[그림] A점을 지나는 축에 대한 강체의 회전

2) A점을 통과하는 고정된 회전축에 대하여 강체가 반시계방향으로 미소 각도 θ 만큼 회전할 때 강체에 작용하는 힘으로 무게, 스프링 힘, A에서의 고정력 A_x, A_y 가 있고, A에 마찰 모멘트(토크)는 없다고 본다. 미지의 반력 A_x, A_y 가 계산에 포함되지 않도록 고정된 축 A에 대한 각운동방정식을 적용하기로 한다.

$$\sum M_A = I_A \alpha$$

편의상 A에서 막대 중심까지 거리를 $b\,(=1.5\text{m})$로 두기로 할 때, 수평 위치에서 중력 힘(무게)과 스프링 사이의 정적평형은 다음과 같다.

$$\sum_i (m_i g) L_i - (k\delta_{st}) b = 0 \cdots\cdots ②$$

여기서 L_i는 A에서 원통, 막대, 질점까지의 거리를 나타낸다.
[그림]처럼 강체가 반시계방향으로 θ만큼 회전했을 때 스프링 선이 수직선과 이루는 각도를 β라 하면 강체의 각운동방정식은 다음과 같다.

$$\sum_i (m_i g \cos\theta) L_i - (k\delta)(\cos\beta\cos\theta + \sin\beta\sin\theta) b = I_A \ddot{\theta} \cdots ③$$

여기서 δ는 스프링의 늘어난 길이이고, $k\delta$는 스프링 힘을 나타낸다.
미소각도에 대해

$$\cos\phi = 1 - \frac{1}{2!}\phi^2 + \ldots \simeq 1$$

$$\sin\phi = \phi - \frac{1}{3!}\phi^3 + \ldots \simeq \phi$$

임을 감안하면 $\theta \simeq 0$일 때,

$$\delta \simeq \delta_{st} + b\theta$$

$$\cos\theta \simeq 1$$

$$\cos\beta\cos\theta + \sin\beta\sin\theta \simeq 1$$

이므로 식 ③은 다음과 같이 쓸 수 있다.

$$\sum_i (m_i g) L_i - k(\delta_{st} + b\theta) b = I_A \ddot{\theta} \cdots\cdots ④$$

식 ④에서 식 ②를 빼 주면 중력효과가 상쇄되고 강체의 운동방정식은 다음과 같이 정리된다.

$$-kb^2\theta = I_A\ddot{\theta}$$

$$\ddot{\theta}+\frac{kb^2}{I_A}\theta = 0 \quad \cdots\cdots ⑤$$

이 식을 시스템 $\ddot{\theta}+\omega_n^2\theta = 0$과 비교하면 진동의 주기 T는 다음과 같다.

$$T = \frac{2\pi}{\omega_n} = 2\pi\sqrt{\frac{I_A}{kb^2}}$$

$$= 2\pi\sqrt{\frac{33.75}{(800)(1.5^2)}} = 0.8604\,[\mathrm{s}] \quad \cdots\cdots ⑥$$

[문제 13.2] **그림과 같이 마찰이 없는 평면 위에 질량이 M인 속이 빈 강체상자 A가 있다. 그 내부의 천정 중앙에 길이가 L인 늘어나지 않는 줄과 질량이 $\frac{M}{5}$인 추 B가 진자를 이루고 있다. 초기에 수평상태에 있던 진자가 내려와 수직 위치를 지날 때, 추 B의 속도(v_B)와 상자 A의 속도(v_A)를 구하시오. (단, 중력가속도는 g이다) (6점)**

[국가공무원 5급(기술) 공개경쟁채용 제2차시험(2014)]

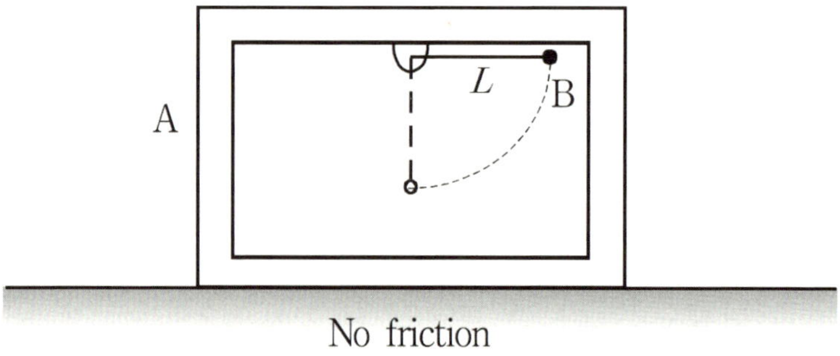

풀이 강체상자와 줄과 추로 구성된 시스템에서 수평방향의 외력이 없으므로 수평방향 운동량이 보존된다. 마찰이 없으므로 기계적 에너지가 보존된다. [그림]의 (1)과 같이 오른쪽 방향을 x 방향, 위쪽을 y 방향으로 잡는다.

처음에 시스템은 정지 상태이고 나중 상태에서 시스템의 y 방향 속도는 0이다. [그림]의 (2)처럼 나중 상태에서 A와 B의 x 방향 속도를 각각 v_A, v_B로 둔다. $m_A = M$, $m_B = M/5$ 이고 줄의 질량은 무시한다.

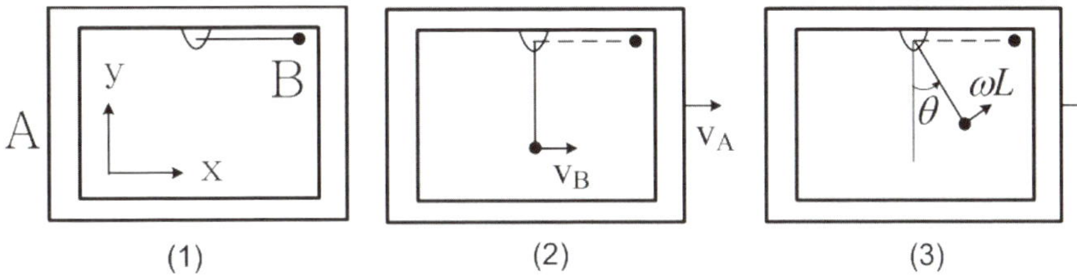

[그림] 정지상태의 진자를 놓았을 때 시스템의 변화

[그림(1), (2)]를 참조하여 x 방향으로 운동량보존법칙을 적용하면

$$m_A v_{x,A,1} + m_B v_{x,B,1} = m_A v_{x,A,2} + m_B v_{x,B,2}$$

$$0 = M v_A + \frac{M}{5} v_B$$

$$\therefore\ v_B = -5 v_A \quad \cdots\cdots ①$$

이고, 에너지 보존 식을 적용하면

$$T_2 = T_1 + (V_1 - V_2),\ T = \sum_i \frac{1}{2} m_i v_i^2,\ V = \sum_i m_i g y_{G,i}$$

$$\frac{M}{2} v_A^2 + \frac{M}{10} v_B^2 = 0 + \left(Mg \times 0 + \frac{Mg}{5} L\right) \quad \cdots\cdots ②$$

이다. 식 ①을 식 ②에 대입하면

$$\left(\frac{M}{2} + \frac{M}{10} \times 25\right) v_A^2 = \frac{MgL}{5}$$

$$\therefore\ v_A^2 = \frac{gL}{15} \quad \cdots\cdots ③$$

이 얻어진다. 여기에서 B가 왼쪽으로 운동하고 있으므로 $v_B < 0$이고, 식 ①에 의해 $v_A > 0$이다. 따라서 식 ③에서 양의 속도를 택하면 진자가 수직

위치를 지날 때 상자와 추의 속도는 다음과 같다.

$$v_A = \sqrt{\frac{gL}{15}}\ ,\quad v_B = -5\sqrt{\frac{gL}{15}} \quad \cdots\cdots ④$$

[참고] 진자가 수직선과 임의의 각도 θ를 이루면서 운동하는 임의 순간의 속도를 위에서와 같은 방법으로 구할 수 있다.

[그림]의 (3)을 참고하여 상자의 질량과 속도를 M과 V, 추의 질량과 속도를 m과 v, 수직선을 기준으로 한 진자의 반시계방향 각도와 각속도를 θ와 ω라 하면

$$v_x = V + \omega L\cos\theta,\ v_y = \omega L\sin\theta \quad \cdots\cdots ⑤$$

로 쓸 수 있다.

먼저 x 방향 운동량 보존 식을 적용하면

$$MV + mv_x = 0$$

$$MV + m(V + \omega L\cos\theta) = 0$$

$$\therefore\ V = -\frac{m}{M+m}\omega L\cos\theta \quad \cdots\cdots ⑥$$

이 되므로 식 ⑤에 의해

$$v_x = \frac{M}{M+m}\omega L\cos\theta \quad \cdots\cdots ⑦$$

이 된다. 다음으로 식 ⑤~⑦을 적용하여 에너지 보존 식을 적용하면 다음과 같다.

$$\frac{1}{2}MV^2 + \frac{1}{2}m\left(v_x^2 + v_y^2\right) = mgL\cos\theta$$

$$M\left(\frac{-m\omega L\cos\theta}{M+m}\right)^2 + m\left[\left(\frac{M\omega L\cos\theta}{M+m}\right)^2 + (\omega L\sin\theta)^2\right] = 2mgL\cos\theta$$

$$m\left(\frac{M}{M+m}\cos^2\theta + \sin^2\theta\right)(\omega L)^2 = 2mgL\cos\theta$$

$$\therefore\ (\omega L)^2 = \frac{2(M+m)gL\cos\theta}{M+m\sin^2\theta} \cdots\cdots ⑧$$

그런데 실제로 추가 시계방향으로 회전하여 $\omega \leq 0$이므로

$$\omega L = -\sqrt{\frac{2(M+m)gL\cos\theta}{M+m\sin^2\theta}} \cdots\cdots ⑨$$

가 된다. 상자와 추의 속도는 다음과 같다.

$$V = \frac{m\cos\theta}{M+m}\sqrt{\frac{2(M+m)gL\cos\theta}{M+m\sin^2\theta}}$$

$$v_x = -\frac{M\cos\theta}{M+m}\sqrt{\frac{2(M+m)gL\cos\theta}{M+m\sin^2\theta}}$$

$$v_y = -\sin\theta\sqrt{\frac{2(M+m)gL\cos\theta}{M+m\sin^2\theta}}$$

앞에서 해석한 것은 $M/m = 5$, $\theta = 0$인 경우이고, 이때 추의 속도는

$$V = \sqrt{\frac{gL}{15}},\ v_x = -5\sqrt{\frac{gL}{15}},\ v_y = 0$$

이 되어 앞의 결과와 일치한다.

[문제 13.3] 그림과 같이 질량 5kg의 균일한 원판과 질량 2kg의 가늘고 긴 막대로 구성된 물체가 정지 상태로부터 수평을 유지하면서 자유낙하 한다. 0.3m 낙하한 상태에서 막대의 끝단 A점이 갈고리 S에 비탄성 충돌 후 연결되어 회전한다. 진자가 그림과 같이 90° 회전한 순간 갈고리에 걸리는 수평 및 수직 하중을 각각 구하시오. (단, 중력가속도는 9.81m/s^2이고, 갈고리의 크기와 마찰은 무시한다) (10점)

[국가공무원 5급(기술) 공개경쟁채용 제2차시험(2014)]

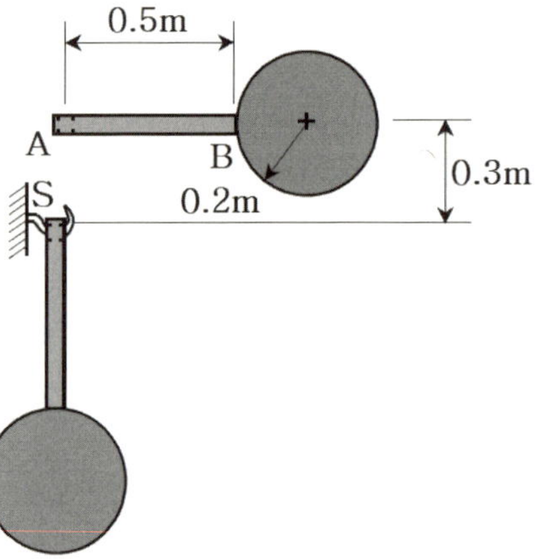

풀이 에너지 보존 식, 충격량-운동량 관계식, 강체의 운동방정식, 운동학 관계식을 적용하여 해석한다. 물체의 질량을 $M(=7\,kg)$, A와 질량중심 G 사이의 거리를 L, 처음에 낙하한 거리를 $h(=0.3\,m)$라고 한다. [그림(1)]처럼 오른쪽 방향을 x 방향, 아래쪽 방향을 y 방향, 시계방향을 양의 회전방향으로 잡는다. 초기 상태를 1, 갈고리에 연결되기 직전과 직후를 2와 3, 갈고리에 걸린 후 90° 회전한 상태를 4로 나타내기로 한다.

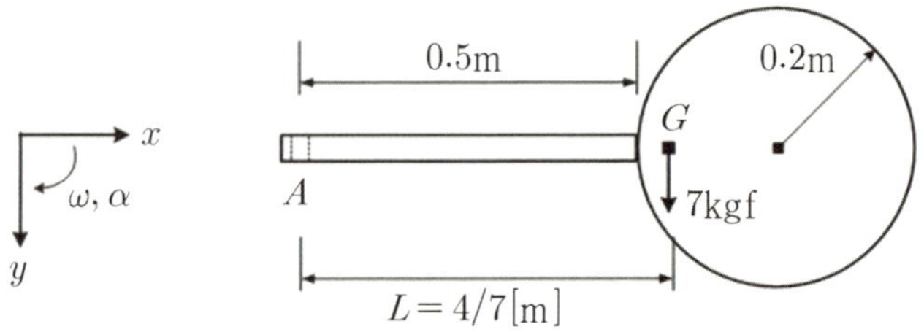

[그림(1)] 정지 상태에서 수평으로 자유낙하 하는 강체

질량중심의 정의에 의해

$$ML = 2 \times 0.25 + 5 \times 0.7 = 4\,[\text{kg} \cdot \text{m}]$$

이다. 에너지 보존 식

$$T_2 = T_1 + (V_1 - V_2)$$
$$T = \frac{1}{2} M v_G^2 + \frac{1}{2} I_G \omega^2, \quad V = -M g y_G$$

에서 $T_1 = 0$, $v_{G,x,2} = \omega_2 = 0$이므로 충돌직전 속도는 다음과 같다.

$$\frac{1}{2} M v_{G,y,2}^2 = Mgh$$
$$\therefore\ v_{G,y,2} = \sqrt{2gh} = \sqrt{2 \times 9.81 \times 0.3} = 2.426\,[\text{m/s}] \cdots\cdots ①$$

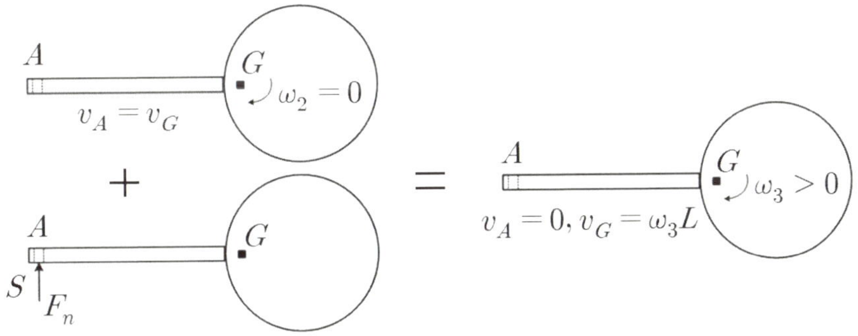

[그림(2)] 갈고리와 충돌하는 강체

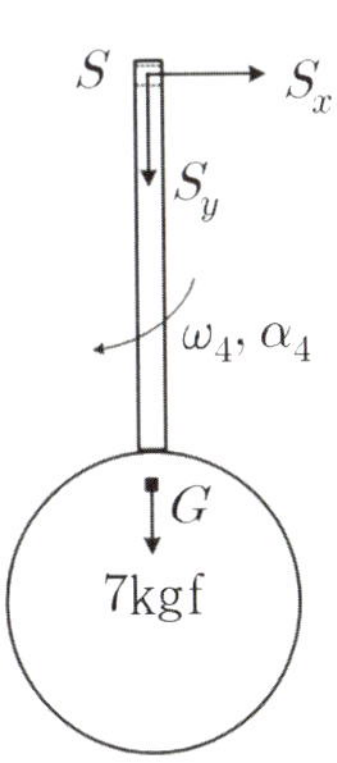

[그림(3)] 수직 상태의 자유물체도

중력 힘 Mg는 비충격력이므로 다음과 같이 물체가 고리에 충돌하는 과정에서 S에 대한 각운동량이 보존된다.

$$H_{S,2} = H_{S,3}$$

$$H_S = I_G\,\omega + (Mv_G)d \quad \cdots\cdots ②$$

$\omega_2 = 0$이고, 충돌 직후 S를 중심으로 회전하므로

$$v_{G,x,3} = 0,\ v_{G,y,3} = \omega_3 L$$

이다. 이 값들을 식 ②에 적용하면 ω_3는

$$I_G\,\omega_2 + (Mv_{G,y,2})L = I_G\,\omega_3 + (M\,\omega_3 L)L$$

$$MLv_{G,y,2} = (I_G + ML^2)\omega_3$$

$$\therefore\ \omega_3 = \frac{ML}{I_G + ML^2}v_{G,y,2} = \frac{ML}{I_S}v_{G,y,2} \quad \cdots\cdots ③$$

로 구할 수 있고

$$I_S = 2\left(\frac{1}{12}\times 0.5^2 + 0.25^2\right) + 5\left(\frac{1}{2}\times 0.2^2 + 0.7^2\right) = 2.717\ [\mathrm{kg\cdot m^2}]$$

을 사용하여 계산하면 다음과 같다.

$$\omega_3 = \frac{ML}{I_S}v_{G,y,2} = \frac{4}{2.717}\times 2.426 = 3.572\ [\mathrm{rad/s}]$$

마지막 과정은 막대가 고정점 S를 중심으로 회전하여 수평상태 3에서 수직상태 4로 바뀌는 과정이다. 마찰이 없으므로 다음과 같이 에너지 보존을 적용할 수 있고, 이 과정에서 $v_G = \omega L$이다.

$$T_4 = T_3 + (V_3 - V_4)$$

$$T = \frac{1}{2}Mv_G^2 + \frac{1}{2}I_G\,\omega^2 = \frac{1}{2}I_S\,\omega^2,\quad V = -Mg\,y_G$$

$$\frac{1}{2}I_S\,\omega_4^2 = \frac{1}{2}I_S\,\omega_3^2 + MgL$$

$$\therefore\ \omega_4^2 = \omega_3^2 + \frac{2MLg}{I_S} = 3.572^2 + \frac{2\times4\times9.81}{2.717}$$

$$= 41.64\ [(\mathrm{rad/s})^2] \cdots\cdots ④$$

최종상태에서 갈고리에 의한 반력 S_x, S_y는 [그림(3)]을 참고하고, 운동방정식과 고정점을 중심으로 원운동을 할 때의 관계식을 사용하여 다음과 같이 구할 수 있다. S에 걸리는 마찰토크는 없다.

$$\sum F_x = Ma_{G,x}\ :\ S_x = Ma_{G,x,4} \cdots\cdots ⑤$$

$$\sum F_y = Ma_{G,y}\ :\ Mg + S_y = Ma_{G,y,4} \cdots\cdots ⑥$$

$$\sum M_S = I_S\alpha\ :\ 0 = I_S\alpha_4 \cdots\cdots ⑦$$

$$a_{G,x,4} = -\alpha_4 L \cdots\cdots ⑧$$

$$a_{G,y,4} = -\omega_4^2 L \cdots\cdots ⑨$$

식 ⑤, ⑦, ⑧에 의해 S_x를 구하고, 식 ④, ⑥, ⑨에 의해 S_y를 구하면

$$S_x = 0$$

$$S_y = -(Mg + \omega_4^2 ML) = -(7\times9.81 + 41.64\times4) = -235.2\ [\mathrm{N}]$$

이다. 갈고리에 걸리는 하중은 $-S_x$, $-S_y$이므로 수평하중은 0 N이고, 수직하중은 아랫방향으로 235.2 N이다.

[참고(1)] 물체가 고리와 충돌하기 직전의 속도 $v_{G,y,2}$를 강체의 운동방정식을 사용하여 구할 수도 있다. 먼저 시간 t의 함수로 속도 $v_{G,y}$와 거리 y_G를 계산하면

$$\sum F_y = Ma_{G,y}\ :\ Mg = Ma_{G,y}$$

$$\therefore\ a_{G,y} = \frac{dv_{G,y}}{dt} = g$$

$$v_{G,y} = \frac{dy_G}{dt} = gt + v_{G,y,1} = gt + 0 = gt$$

$$y_G = \frac{1}{2}gt^2 + y_{G,1} = \frac{1}{2}gt^2 + 0 = \frac{1}{2}gt^2$$

이다. $t=t_2$일 때 속도와 거리를 적용하면 다음과 같다.

$$v_{G,y,2}=gt_2,\ y_{G,2}=\frac{1}{2}gt_2^2=h$$
$$\therefore\ v_{G,y,2}=gt_2=g\sqrt{2h/g}=\sqrt{2gh}$$

[참고(2)] 충돌과정 2~3을 선형운동 및 각운동에 대한 충격량-운동량 관계식을 적용하여 구하면 다음과 같다.

갈고리에 의한 반력을 F_n이라 하고, 무게를 충격력에 비해 무시하여 선형충격량-선형운동량 관계식, 각충격량-각운동량 관계식, 운동학 관계식을 차례로 적용하면 다음과 같다.

$$\left(\int_{t_2}^{t_3}\sum F_y\,dt=\right)\int_{t_2}^{t_3}(-F_n)dt=M(v_{G,y,3}-v_{G,y,2}) \quad \cdots\cdots\cdots\cdots ⑩$$
$$\left(\int_{t_2}^{t_3}\sum M_G\,dt=\right)\int_{t_2}^{t_3}LF_n\,dt=I_G(\omega_3-\omega_2) \quad \cdots\cdots\cdots\cdots ⑪$$
$$\omega_2=0,\ v_{G,y,3}=\omega_3 L \quad \cdots\cdots\cdots\cdots ⑫$$

식 ⑩에 L을 곱한 후 식 ⑪과 변끼리 더하고 식 ⑫를 적용하면

$$ML(v_{G,y,3}-v_{G,y,2})+I_G(\omega_3-\omega_2)=0$$
$$ML(L\omega_3-v_{G,y,2})+I_G(\omega_3-0)=0$$
$$\therefore\ (I_G+ML^2)\omega_3=MLv_{G,y,2}$$

이 된다. 이 결과는 식 ③과 일치한다.

[문제 13.4] 균일한 밀도를 가진 질량 10kg의 가는 막대가 그림과 같이 정지 상태에서 늘어나지 않는 끈에 매달려 있다. 질량 30g의 탄환이 600m/s의 속도로 30° 각도에서 날아와 막대 하단에서 25cm 위치에 박혔다. 박힌 직후에 막대 양단(A, B)의 속도를 각각 구하시오. (12점)

[국가공무원 5급(기술) 공개경쟁채용 제2차시험(2014)]

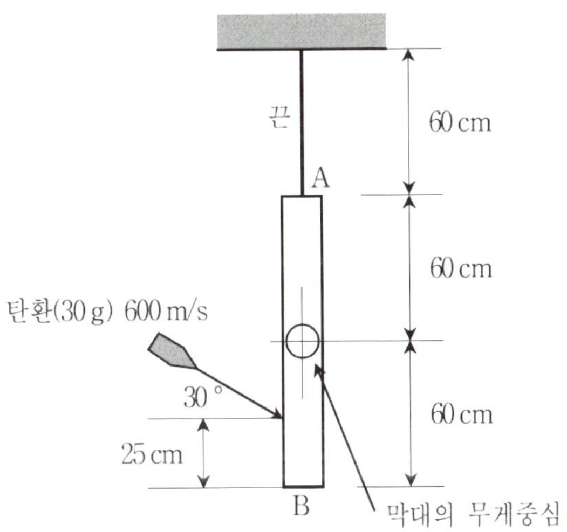

풀이 경사지게 부딪힌 탄환과 막대가 충돌 후 한 물체로 회전하면서 운동한다. 탄환과 막대를 시스템으로 잡고 선운동량 보존, 각운동량 보존, 운동학 관계를 사용하여 해석한다. [그림]과 같이 오른쪽, 위쪽, 반시계방향을 각각 x 방향, y 방향, 회전방향으로 잡는다. 충돌 직전과 직후를 1과 2, 탄환을 b, 막대를 r로 나타낸다.

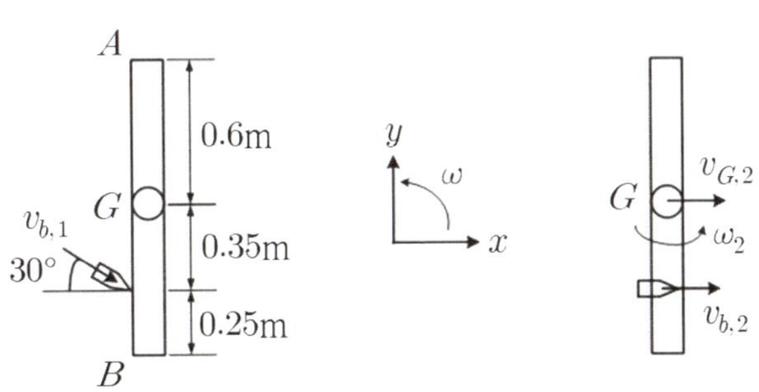

[그림] 총알이 박히기 전후의 막대

충돌 직후 시스템은 수평방향으로 운동하게 되는데 이때 각속도 ω_2와 막대의 무게중심의 속도 $v_{G,2}$를 미지수로 잡는다.
먼저 운동학 관계식은 다음과 같다.

$$v_{b,x,2} = v_{b,2} = v_{G,2} + 0.35\omega_2 \cdots\cdots ①$$

$$v_A = v_{G,2} - 0.6\omega_2 \cdots\cdots ②$$

$$v_B = v_{G,2} + 0.6\omega_2 \cdots\cdots ③$$

여기서 속도와 각속도의 단위는 m와 rad/s로 잡는다.
수평방향 외력이 없으므로 수평방향 운동량이 보존되며 그 식은 다음과 같다.

$$\sum_i m_i v_{G,x,i,1} = \sum_i m_i v_{G,x,i,2}$$

$$m_b v_{b,x,1} + m_r v_{G,x,1} = m_b v_{b,x,2} + m_r v_{G,x,2}$$

$$m_b v_{b,1}\cos 30^o + 0 = m_b(v_{G,2} + 0.35\omega_2) + m_r v_{G,2}$$

$$\therefore\ (m_b + m_r)v_{G,2} + 0.35 m_b \omega_2 = m_b v_{b,1}\cos 30^o \cdots\cdots ④$$

시스템(막대와 탄환)의 무게중심이 막대의 무게중심 G와 일치하지 않음을 감안할 때, G에 대한 시스템의 반시계방향 각운동량 보존 식은 다음과 같다.

$$\sum H_{G,1} = \sum H_{G,2};\ H_G = I_G\omega + (mv_G)d$$

$$(0.35)m_b v_{b,x,1} + I_{G,r}\omega_1 = (0.35)m_b v_{b,x,2} + I_{G,r}\omega_2$$

$$(0.35)m_b v_{b,1}\cos 30^o + 0 = (0.35)m_b(v_{G,2} + 0.35\omega_2) + I_{G,r}\omega_2$$

$$\therefore\ m_b v_{G,2} + (0.35 m_b + \frac{I_{G,r}}{0.35})\omega_2 = m_b v_{b,1}\cos 30^o \cdots\cdots ⑤$$

여기서 막대에 대한 운동량 팔의 길이 d는 G가 막대의 무게중심이므로 0이다. 그리고 각운동량, 질량, 질량관성모멘트 등 모든 물리량들의 단위는 SI 표준단위로 잡는다. 식 ④에서 식 ⑤를 빼고 정리하면

$$m_r v_{G,2} - \frac{I_{G,r}}{0.35}\omega_2 = 0$$

$$\therefore\ v_{G,2} = \frac{I_{G,r}}{0.35 m_r}\omega_2 \cdots\cdots ⑥$$

이 되고, 이 식을 식 ④에 대입하면 다음과 같이 ω_2를 구할 수 있다.

$$\left[\frac{I_{G,r}}{0.35 m_r}(m_b + m_r) + 0.35 m_b\right]\omega_2 = m_b v_{b,1}\cos 30^o$$

$$\left[\frac{(1/12)\times 1.2^2}{0.35}(0.03+10) + 0.35\times 0.03\right]\omega_2 = 0.03\times 600\cos 30^o$$

$$\therefore\ \omega_2 = 4.519\ [\mathrm{rad/s}] \cdots\cdots ⑦$$

여기서 질량이 m이고 길이가 L인 막대의, 무게중심에 대한 질량관성모멘트 $I_G = (1/12)mL^2$이므로 $I_{G,r}/m_r = (1/12)(1.2)^2$인 것을 사용하였다. 식 ⑦을 식 ⑥과 식 ②, ③에 각각 대입하면 막대의 무게중심과 양단 A, B의 속도는 다음과 같다.

$$v_{G,2} = \frac{(1/12)\times 1.2^2}{0.35}(4.519) = 1.549\ [\mathrm{m/s}]$$

$$v_A = v_{G,2} - 0.6\omega_2 = 1.549 - 0.6\times 4.519 = -1.162\ [\mathrm{m/s}]$$

$$v_B = v_{G,2} + 0.6\omega_2 = 1.549 + 0.6\times 4.519 = 4.260\ [\mathrm{m/s}]$$

참고로 충돌 후 탄환의 속도는

$$v_{b,2} = v_{G,2} + 0.35\omega_2 = 1.549 + 0.35\times 4.519 = 3.131\ [\mathrm{m/s}]$$

이고 막대의 순간중심, 즉 속도가 0인 막대 위의 점은 G로부터

$$\frac{v_{G,2}}{\omega_2} = \frac{1.549}{4.519} = 0.3428\ [\mathrm{m}]$$

만큼 위쪽에 있다.

[문제 13.5] **그림과 같이 블록 B는 링크 CD의 슬롯 안에서 움직이도록 되어 있다. 링크 AB가 일정한 각속도 $\omega_{AB}= 2\mathrm{rad/s}$로 시계방향으로 회전하고 있다. 링크 AB가 수평인 순간 링크 CD의 각속도와 각가속도를 각각 구하시오. (12점)**

[국가공무원 5급(기술) 공개경쟁채용 제2차시험(2014)]

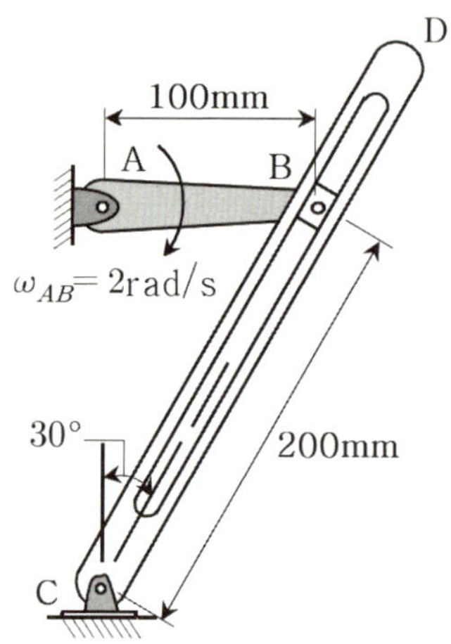

풀이 강체의 평면회전운동을 해석한다. 원통좌표계를 사용하여 거리가 변하는 상대 원운동을 해석하면 편리하다. [그림]과 같이 오른쪽, 위쪽, 반시계방향을 x 방향, y 방향, 회전방향으로 잡는다. 위치를 각도의 함수로 나타낸 후 시간에 대한 미분을 연쇄법칙에 의해 계산해도 구할 수 있다. 이때

$$\frac{d}{dt}f[\beta(t)] = \frac{df}{d\beta}\frac{d\beta}{dt}$$

$$\frac{d}{dt}g[\theta(t)] = \frac{dg}{d\theta}\frac{d\theta}{dt}$$

와 같이 미분한다.

강체 위의 두 점 O, P 사이의 상대운동은 다음과 같이 쓸 수 있다.

$$\vec{v}_{P/O} = \dot{r}\vec{e}_r + r\dot{\theta}\vec{e}_\theta \quad \cdots\cdots ①$$

$$\vec{a}_{P/O} = \left(\ddot{r} - r\dot{\theta}^2\right)\vec{e}_r + \left(r\ddot{\theta} + 2\dot{r}\dot{\theta}\right)\vec{e}_\theta \quad \cdots\cdots ②$$

여기서 $r = r_{P/O}$, $\dot{\theta} = \dot{\theta}_{OP}$, $\ddot{\theta} = \ddot{\theta}_{OP}$를 나타낸다. [그림]의 왼쪽 부분을 참조하여 이 식들을 링크 AB에 적용하면 A는 고정점이고

$$r_{B/A} = 0.1\,[\mathrm{m}],\ \dot{r}_{B/A} = \ddot{r}_{B/A} = 0,$$
$$\dot{\theta}_{AB} = -2\,[\mathrm{rad/s}],\ \ddot{\theta}_{AB} = 0,$$
$$\vec{e}_{r,AB} = \vec{i},\ \vec{e}_{\theta,AB} = \vec{j}$$

이므로

$$\vec{v}_B = (0.1)(-2)\vec{j} = -0.2\vec{j} \quad \cdots\cdots ③$$
$$\vec{a}_B = \left[-0.1 \times (-2)^2\right]\vec{i} = -0.4\vec{i} \quad \cdots\cdots ④$$

가 된다.

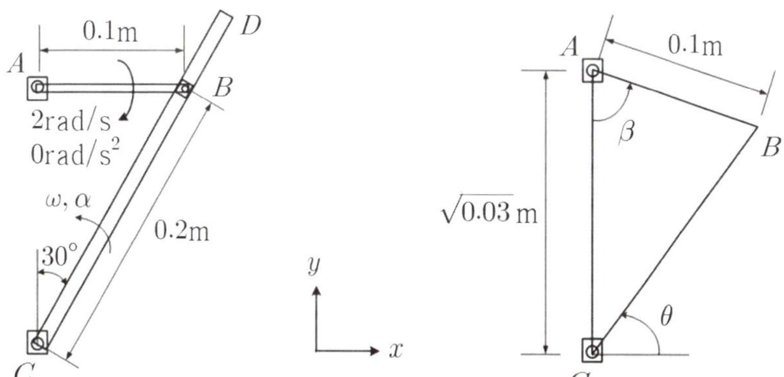

[그림] 좌표계와 임의 순간의 시스템

마찬가지로 링크 CD에 적용하고

$$\dot{r}_{B/C} = v,\ \ddot{r}_{B/C} = a,\ \dot{\theta}_{CD} = \omega,\ \ddot{\theta}_{CD} = \alpha$$

라고 하면 $r_{B/C} = 0.2\,[\mathrm{m}]$이므로

$$\vec{v}_B = v\vec{e}_{r,CB} + 0.2\,\omega\,\vec{e}_{\theta,CB} \quad \cdots\cdots ⑤$$

$$\vec{a}_B = (a - 0.2\omega^2)\vec{e}_{r,CB} + (0.2\alpha + 2v\omega)\vec{e}_{\theta,CB} \quad \cdots\cdots ⑥$$

이다. 기하 관계에 의해

$$\vec{i} = \cos 60^o \vec{e}_{r,CB} - \sin 60^o \vec{e}_{\theta,CB}, \quad \vec{j} = \sin 60^o \vec{e}_{r,CB} + \cos 60^o \vec{e}_{\theta,CB}$$

이므로 식 ③, ④는 다음과 같이 다시 쓸 수 있다.

$$\vec{v}_B = -0.2(\sin 60^o \vec{e}_{r,CB} + \cos 60^o \vec{e}_{\theta,CB}) \quad \cdots\cdots ⑦$$

$$\vec{a}_B = -0.4(\cos 60^o \vec{e}_{r,CB} - \sin 60^o \vec{e}_{\theta,CB}) \quad \cdots\cdots ⑧$$

식 ⑤와 ⑦, 또 식 ⑥과 ⑧이 서로 같으므로 성분별로 비교하면 다음과 같이 각속도와 각가속도를 구하게 된다.

$$v = -0.2 \times \sin 60^o = -0.1732\ [\text{m/s}],$$

$$0.2\omega = -0.2 \times \cos 60^o = -0.1$$

$$\therefore\ \omega = -0.5\ [\text{rad/s}]$$

$$a - 0.2\omega^2 = -0.4 \times \cos 60^o,$$

$$\therefore\ a = 0.2(-0.5)^2 - 0.4 \times \cos 60^o = -0.15\ [\text{m/s}^2]$$

$$0.2\alpha + 2v\omega = 0.4 \times \sin 60^o$$

$$\therefore\ \alpha = 5[0.4\sin 60^o - 2(-0.1732)(-0.5)] = 0.8661\ [\text{rad/s}^2]$$

이상의 결과로부터 링크 CD의 각속도(ω)는 0.5[rad/s] (↷)이고, 각가속도(α)는 0.8661[rad/s^2](↶)이다.

[참고(1)] 회전하는 좌표계를 사용하는 관점에서 보면 다음과 같다.
어떤 강체와 같은 각속도 $\vec{\Omega}$로 회전하는 좌표계 xyz의 원점이 C이고 B가 강체 상의 한 점이라 하면 관성좌표계를 기준으로 한 B의 속도와 가속도는

$$\vec{v}_B = \vec{v}_C + \vec{\Omega} \times \vec{r}_{B/C} + (\vec{v}_{B/C})_{xyz} \quad \cdots\cdots ⑨$$

$$\vec{a}_B = \vec{a}_C + \dot{\vec{\Omega}} \times \vec{r}_{B/C} + \vec{\Omega} \times (\vec{\Omega} \times \vec{r}_{B/C}) +$$

$$2\vec{\Omega} \times (\vec{v}_{B/C})_{xyz} + (\vec{a}_{B/C})_{xyz} \quad \cdots\cdots ⑩$$

로 구할 수 있다. 여기서 첨자 xyz는 회전하는 좌표계(xyz 좌표계)에서의 속도와 가속도를 나타내기 때문에 회전이 없을 때의 속도와 가속도로 보면 된다. 이 식들을 이용하여 해석하면 다음과 같다.
먼저 링크 AB에서는 원점 C가 A이므로

$$\vec{v}_A = \vec{a}_A = \vec{0}$$
$$\vec{\Omega} = -2\vec{k},\ \dot{\vec{\Omega}} = \vec{0}$$
$$\vec{r}_{B/A} = 0.1\vec{i},\ (\vec{v}_{B/A})_{xyz} = (\vec{a}_{B/A})_{xyz} = \vec{0}$$

이 되어

$$\vec{v}_B = (-2\vec{k}) \times (0.1\vec{i}) = -0.2\vec{j} \quad \cdots\cdots ⑪$$
$$\vec{a}_B = (-2\vec{k}) \times [(-2\vec{k}) \times (0.1\vec{i})] = -0.4\vec{i} \quad \cdots\cdots ⑫$$

이다. 링크 CD에서는

$$\vec{v}_C = \vec{a}_C = \vec{0}$$

이고

$$\dot{\vec{\Omega}} = \alpha\vec{k},\ \vec{\Omega} = \omega\vec{k},$$
$$\vec{r}_{B/C} = 0.2\vec{e}_{r,CB},\ (\vec{v}_{B/C})_{xyz} = v\vec{e}_{r,CB},\ (\vec{a}_{B/C})_{xyz} = a\vec{e}_{r,CB}$$

로 둘 수 있으므로

$$\vec{v}_B = (\omega\vec{k}) \times (0.2\vec{e}_{r,CB}) + v\vec{e}_{r,CB} = 0.2\omega\vec{e}_{\theta,CB} + v\vec{e}_{r,CB} \quad \cdots ⑬$$
$$\begin{aligned}\vec{a}_B &= (\alpha\vec{k}) \times (0.2\vec{e}_{r,CB}) + (\omega\vec{k}) \times [(\omega\vec{k}) \times (0.2\vec{e}_{r,CB})] \\ &\quad + 2(\omega\vec{k}) \times (v\vec{e}_{r,CB}) + a\vec{e}_{r,CB} \\ &= (0.2\alpha + 2\omega v)\vec{e}_{\theta,CB} + (a - 0.2\omega^2)\vec{e}_{r,CB} \quad \cdots\cdots ⑭\end{aligned}$$

가 된다. 식 ⑪~⑭는 식 ③~⑥과 같은 식이고, 이후 계산은 위와 같으므로 생략한다.

[참고(2)] 좌표 설정을 통하여 대수적인 방법으로 구할 수도 있다.
[그림]의 오른쪽에 보인 것처럼 임의 순간에 C를 지나는 수평선으로부터 잰 링크 CD의 각도를 θ, 수직선 AC로부터 잰 링크 AB의 각도를 β라 한다. △ABC에서

$$l_{CB}\cos\theta = 0.1\sin\beta$$
$$l_{CB}\sin\theta + 0.1\cos\beta = 0.1\sqrt{3}$$

이다. 이 두 식에서 l_{CB}를 소거하면

$$\tan\theta = \frac{0.1\sqrt{3} - 0.1\cos\beta}{0.1\sin\beta} = \sqrt{3}\csc\beta - \cot\beta \equiv f(\beta) \cdots\cdots ⑮$$

이며, 도함수를 계산하면

$$f'(\beta) = \csc\beta(\csc\beta - \sqrt{3}\cot\beta)$$
$$f''(\beta) = \csc\beta[\sqrt{3}(\cot^2\beta + \csc^2\beta) - 2\cot\beta\csc\beta]$$

이다. 연쇄법칙을 사용하여 시간에 대한 식 ⑮의 1차와 2차 도함수를 구하면

$$\sec^2\theta\,\dot{\theta} = f'(\beta)\dot{\beta}$$
$$\therefore\ \dot{\theta} = \cos^2\theta \cdot f'(\beta)\dot{\beta}$$
$$(2\tan\theta\sec^2\theta)(\dot{\theta})^2 + \sec^2\theta\ddot{\theta} = f''(\beta)(\dot{\beta})^2 + f'(\beta)\ddot{\beta}$$
$$\therefore\ \ddot{\theta} = -2\tan\theta(\dot{\theta})^2 + \cos^2\theta[f''(\beta)(\dot{\beta})^2 + f'(\beta)\ddot{\beta}]$$

이다. 주어진 조건에서

$$\dot{\beta} = -2\ \text{[rad/s]},\ \ddot{\beta} = 0$$

이고, $\theta = 60^o$, $\beta = 90^o$ 이 되는 순간

$$f'(\beta) = (1)(1 - \sqrt{3}\times 0) = 1$$
$$f''(\beta) = (1)[\sqrt{3}(0^2 + 1^2) - 2\times 0\times 1] = \sqrt{3}$$

이므로 링크 CD의 각속도($\dot{\theta}$)와 각가속도($\ddot{\theta}$)는 다음과 같다.

$$\dot{\theta} = \cos^2\theta \cdot f'(\beta)\dot{\beta} = (1/2)^2 \times 1 \times (-2) = -0.5\ [\text{rad/s}]$$

$$\begin{aligned}\ddot{\theta} &= -2\tan\theta(\dot{\theta})^2 + \cos^2\theta\left[f''(\beta)(\dot{\beta})^2 + f'(\beta)\ddot{\beta}\right] \\ &= -2\sqrt{3}(-0.5)^2 + (1/2)^2\left[\sqrt{3}(-2)^2 + 1\times 0\right] \\ &= 0.5\sqrt{3} = 0.8660\ \ [\text{rad/s}^2]\end{aligned}$$

제14장 2015년 시행 5급(기술) 공채 제2차시험

[문제 14.1] 아래 그림과 같이 점 O를 중심으로 회전하는 강체 막대 상부 끝에 스프링 상수 k를 갖는 스프링이 연결되어 있으며, 하부 끝에는 질량 M을 갖는 물체가 연결되어 있다. 수직선과 막대가 이루는 각 θ가 0일 때, 스프링의 변형은 없으며 스프링과 막대는 직각을 이룬다. 다음 물음에 답하시오. (단, 막대 전체 질량은 m, 길이는 $2L$이며 길이 방향 질량분포는 균일하다. 또한 물체는 점질량으로, 막대의 회전 운동 진폭은 작은 것으로 가정한다) (총 15점)

[국가공무원 5급(기술) 공개경쟁채용 제2차시험(2015)]

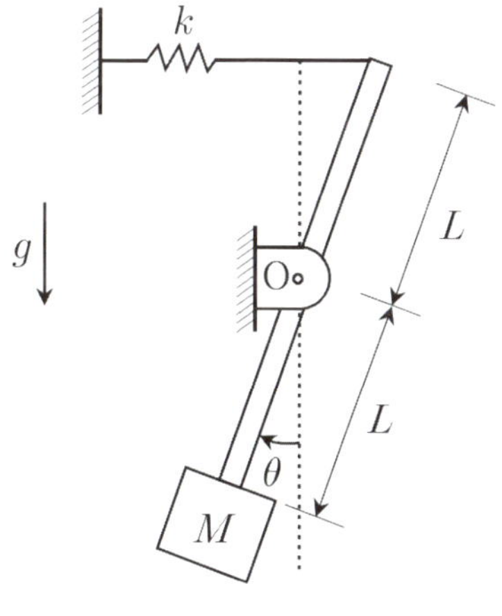

1) 이 시스템의 운동방정식을 구하시오. (8점)
2) 이 시스템의 고유진동수를 구하시오. (5점)
3) 스프링이 제거되었을 때 시스템의 고유진동수를 구하시오. (2점)

풀이 고정점(을 지나는 축)에 대한 각운동방정식을 사용하여 작은 각변위로 일어나는 강체의 평면 운동을 해석한다. 각변위가 없는 정적 평형상태에서 스프링에 작용하는 힘은 없다.

1) 시스템이 축 O에 대해 미소각도 θ만큼 시계방향으로 회전한 순간에 강체의 자유물체도는 [그림]에 보인 것과 같다. 힌지에는 수평력 O_x, 수직력 O_y가 걸리고 마찰모멘트(토크)는 없다고 본다. 봉이 θ만큼 회전하면 스프링이 $L\theta$만큼 늘어나므로 복원력 $F_s = kL\theta$가 작용한다.

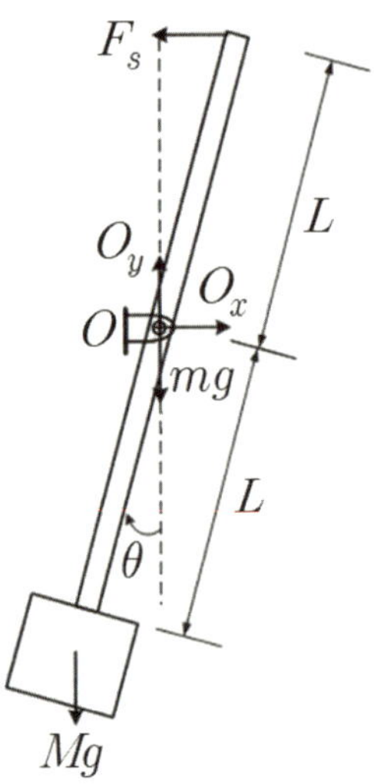

[그림] 강체의 자유물체도

고정축 O에 대하여 시계방향을 양의 방향으로 하여 강체의 각운동방정식을 적용하면 다음과 같다.

$$\sum M_O = I_O \alpha \ :$$

$$-(kL\theta)L - (Mg)L\sin\theta = \left[\frac{1}{12}m(2L)^2 + ML^2\right]\ddot{\theta} \quad \cdots\cdots\cdots\cdots ①$$

여기서 질량이 m이고 길이가 l인 균일한 막대의 무게중심에 대한 질량관성모멘트는 $ml^2/12$이고, 물체는 질점으로 가정하였다. 각도 θ가 작을 때

$$\sin\theta = \theta - \frac{\theta^3}{3!} + \ldots \simeq \theta$$

가 되므로 선형화한 후, 이항하여 정리하면 이 시스템의 운동방정식은 다음과 같다.

$$\left(M + \frac{m}{3}\right)L^2\ddot{\theta} + (kL^2 + MgL)\theta = 0 \quad \cdots\cdots ②$$

2) 앞에서 구한 각운동방정식 ②의 가속도항의 계수가 1이 되도록 나누어 주면

$$\ddot{\theta} + \frac{\left(k + \frac{Mg}{L}\right)}{\left(M + \frac{m}{3}\right)}\theta = 0 \quad \cdots\cdots ③$$

이 된다. 이 식을 시스템 $\ddot{\theta} + \omega_n^2\theta = 0$과 비교하면 고유진동수는 다음과 같다.

$$\omega_n = \sqrt{\frac{k + \frac{Mg}{L}}{M + \frac{m}{3}}} \quad \cdots\cdots ④$$

3) 스프링이 제거되면 스프링의 복원력이 없어져 시스템에 가해지는 힘도 없어지므로 간단하게 $k = 0$으로 두면 된다. 이 경우 고유진동수는

$$\omega_n = \sqrt{\frac{\frac{g}{L}}{1 + \frac{m}{3M}}} \quad \cdots\cdots ⑤$$

가 된다. 만약 스프링이 제거되고 막대의 질량이 매우 가벼운 경우, 즉 $k = m = 0$인 경우에는 $\omega_n = \sqrt{\frac{g}{L}}$이 되는데 이것은 길이가 L인 질량 없는 줄에 매달린 단진자가 진동하는 경우에 해당한다.

[문제 14.2] **아래 그림에서 풀리 A와 B는 공히 반경이 1m, 질량이 20kg, 중심에 대한 회전반경(radius of gyration)이 1m이다. 줄(cable)과 풀리 사이의 미끄럼은 발생하지 않는다. 풀리 B의 회전축 마찰 및 줄의 질량과 탄성을 무시할 때, 질량이 50kg인 블록 C의 가속도를 구하시오. (단, 중력 가속도 $g = 10\text{m/s}^2$이다) (15점)**

[국가공무원 5급(기술) 공개경쟁채용 제2차시험(2015)]

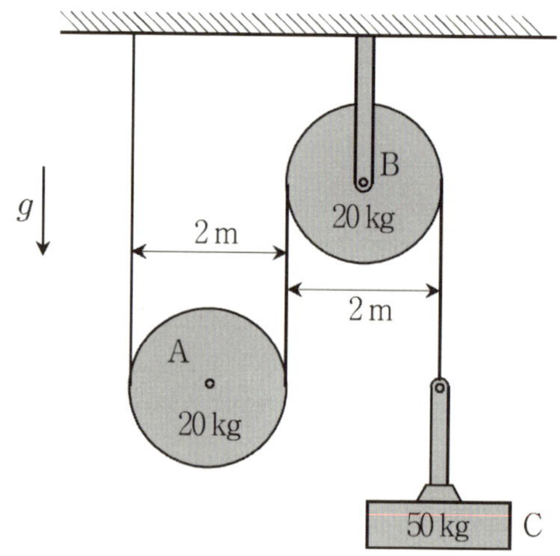

풀이 질점과 강체의 운동방정식, 운동학 관계를 사용하여 해석한다. 줄과 풀리 사이에 미끄러지는 운동이 없으므로 줄이 평면 바닥과 같은 역할을 하면서 풀리가 굴러가게 된다. 에너지 보존 식을 사용하여 풀 수도 있다.

정지 상태에 있던 블록을 놓았을 때 생기는 운동에 대한 가속도를 구하기로 한다. [그림(1)]을 참조하여 A는 반시계방향으로 α_A의 각가속도로 회전하고 무게중심의 가속도는 위쪽으로 a_A이며, B는 시계방향으로 α_B의 각가속도로 회전하며, C의 가속도는 아래쪽으로 a_C라고 놓는다.

풀리 A, B의 운동 관점에서 보면 줄 OD는 정지평면처럼, 줄 EP와 QC는 이동평면처럼 작용한다. 줄 OD부터 차례로 살펴보면, 줄과 풀리 사이에 미끄러짐이 없으므로 다음과 같은 가속도 관계들이 성립한다.

• 순간중심 D : $a_A = (1)\alpha_A = \alpha_A$, $a_E = (2)\alpha_A = 2\alpha_A$ ⋯ ①

- 상대운동 : $a_P = a_E$ ······································ ②
- 고정축 A : $a_P = (1)\alpha_B = \alpha_B$, $a_Q = (1)\alpha_B = \alpha_B$ ········ ③
- 상대운동 : $a_C = a_Q$ ······································ ④

식 ①~④의 여섯 개 식에 포함된 변수가 일곱 개이므로 a_C를 제외한 나머지 변수를 a_C로 나타낼 수 있다. 그 결과로

$$a_Q = a_P = a_E = a_C$$

가 바로 나오고, 나머지 세 변수도 다음과 같이 구할 수 있다.

$$a_A = \frac{1}{2}a_C,\ \alpha_A = \frac{1}{2}a_C,\ \alpha_B = a_C \cdots\cdots ⑤$$

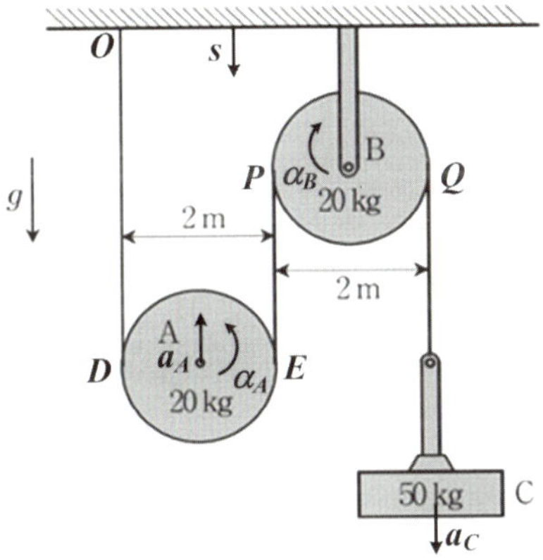

[그림(1)] 시스템의 운동학 관계 해석

참고로 [그림(1)]처럼 위쪽 벽을 기준면으로 하여 아래로 잰 거리를 s라 할 때

$$s_A + (s_A - s_B) + (s_C - s_B) = constant$$
$$s_B = constant$$

이다. 운동방향과 뒤의 식을 고려하여 앞의 식을 시간에 대해 두 번 미분하면

$$2\ddot{s}_A - 2\ddot{s}_B + \ddot{s}_C = -2a_A - 0 + a_C = a_C - 2a_A = 0$$

이 되는데 이 식은 식 ⑤의 첫째 식과 일치한다.

[그림(2)]에 보인 자유물체도를 참조하면 A, B, C에 대한 운동방정식은 다음과 같다. 여기서 중력가속도 $g = 10\,[\mathrm{m/s^2}]$이고, A, B 둘 다 중심에 대한 회전반경이 1 [m]이다.

$$\sum F = ma \;:\; T_1 + T_2 - 20 \times 10 = 20a_A \quad \cdots\cdots ⑥$$

$$\sum M_A = I_A \alpha_A \;:\; 1 \times T_2 - 1 \times T_1 = (20 \times 1^2)\alpha_A \quad \cdots\cdots ⑦$$

$$\sum M_B = I_B \alpha_B \;:\; 1 \times T_3 - 1 \times T_2 = (20 \times 1^2)\alpha_B \quad \cdots\cdots ⑧$$

$$\sum F = ma \;:\; 50 \times 10 - T_3 = 50a_C \quad \cdots\cdots ⑨$$

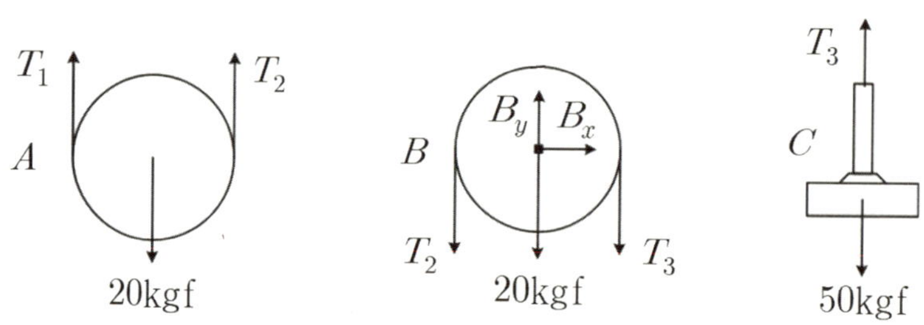

[그림(2)] 자유물체도

식 ⑤를 식 ⑥~⑨에 대입한 후 식 ⑨, ⑧, ⑦의 순서로 정리하면

$$T_3 = 500 - 50a_C$$

$$T_2 = T_3 - 20a_C = 500 - 70a_C$$

$$T_1 = T_2 - 20\left(\frac{a_C}{2}\right) = 500 - 80a_C$$

가 된다. 이 결과를 식 ⑥에 대입하여 풀어주면 다음과 같이 블록 C의 가속도를 구하게 된다.

$$T_1 + T_2 - 20 \times 10 = 20a_A$$

$$500 - 80a_C + 500 - 70a_C - 200 = 10a_C$$

$$\therefore\ a_C = \frac{800}{160} = 5\,[\mathrm{m/s^2}]$$

참고로 장력들을 비롯한 나머지 값들은 다음과 같다.

$$a_A = 2.5\,[\mathrm{m/s^2}],\ \ \alpha_A = 2.5\,[\mathrm{rad/s^2}],\ \ \alpha_B = 5\,[\mathrm{rad/s^2}],$$
$$T_1 = 100\,[\mathrm{N}],\ \ T_2 = 150\,[\mathrm{N}],\ \ T_3 = 250\,[\mathrm{N}]$$

[참고] 이 문제처럼 장력과 같은 내력을 구할 필요 없이 가속도 하나만을 구하는 문제의 경우는 에너지 보존을 사용하여 푸는 것도 가능하다.

먼저 위에서 운동학 관계식을 적용하여 유도한 다음 식을 사용하기로 한다.

$$a_A = \frac{1}{2}a_C,\ \ \alpha_A = \frac{1}{2}a_C,\ \ \alpha_B = a_C \ \cdots\cdots\cdots\cdots\ ⑤$$

여기서 α_A는 반시계방향, a_A는 위쪽 방향, α_B는 시계방향, a_C는 아래쪽 방향이며, 줄과 풀리 사이에 미끄러짐이 없다는 조건으로부터 얻은 것이다.

이제 시스템의 에너지 보존 식을 미분형으로 나타내면 다음과 같다.

$$dU = dT + dV \ :\ dU = \sum \vec{F}_i \cdot d\vec{x}_i$$
$$dT = \sum m_i \vec{a}_{G,i} \cdot d\vec{x}_{G,i} + \sum (I_{G,i}\alpha_i)d\theta_i$$
$$dV = \sum (m_i g)dz_i + \sum (k_i x_i)dx_i$$

여기서 운동에너지에는 선형운동 항과 각운동 항이 포함되었고, 퍼텐셜 에너지에는 위치에너지 항과 탄성에너지 항이 포함되었다.

준 시스템에서 C가 아래로 $ds_C = ds$ 만큼 내려간다고 하면, 식 ⑤와 유사한 형태의 운동학 관계에 의해 B는 시계방향으로 $d\theta_B = ds/1 = ds$ 만큼 회전하고, A는 반시계방향으로 $d\theta_A = ds/2$ 만큼 회전하면서 $ds_A = ds/2$ 만큼 올라간다. 비보존 외력에 의한 일이 없으므로 에너지 보존 식은 다음과 같다.

$$dU = 0$$

$$dT = (50a_C)ds_C + (20a_A)ds_A + (20\times 1^2)\alpha_B d\theta_B + (20\times 1^2)\alpha_A d\theta_A$$

$$= 50a_C ds + 20\left(\frac{a_C}{2}\right)\left(\frac{ds}{2}\right) + 20a_C ds + 20\left(\frac{a_C}{2}\right)\left(\frac{ds}{2}\right)$$

$$= 80a_C ds$$

$$dV = (20g)ds_A - (50g)ds_C = 200\left(\frac{ds}{2}\right) - 500ds = -400ds$$

$$dU = dT + dV$$

$$0 = (80a_C - 400)ds$$

$$\therefore\ a_C = 5\,[\mathrm{m/s^2}]$$

이 결과는 위에서 구한 것과 같다.

[문제 14.3] **질량 m인 질점이 아래 그림과 같이 2개의 줄 AB와 BC에 연결되어 있다. 어느 순간 줄 AB를 끊을 때, 다음 물음에 답하시오. (단, 줄 AB와 줄 BC의 길이는 같고, 줄의 질량은 무시하며, 중력가속도 $g = 10\mathrm{m/s^2}$이다) (총 10점)**

[국가공무원 5급(기술) 공개경쟁채용 제2차시험(2015)]

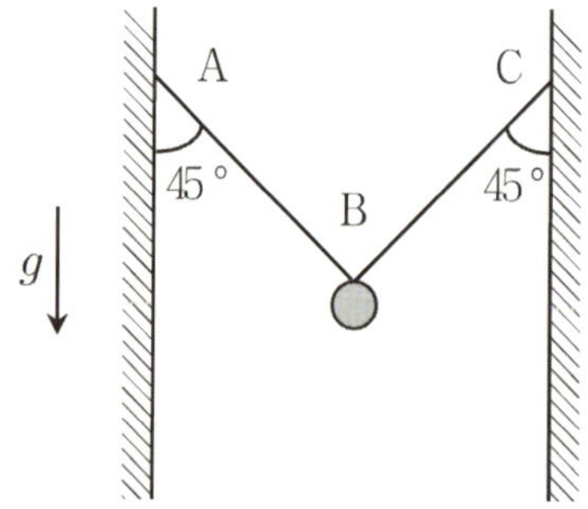

1) 줄 AB가 끊어지기 전 줄 BC에 걸린 장력을 구하시오. (3점)
2) 줄 AB가 끊긴 직후 줄 BC에 걸린 장력을 구하시오. (3점)
3) 줄 AB가 끊긴 직후 질점의 가속도의 크기를 구하고 방향을 그림으로 표시하시오. (4점)

풀이 직각좌표와 극좌표를 이용하여 질점의 정적 평형식과 운동방정식을 적용한다.

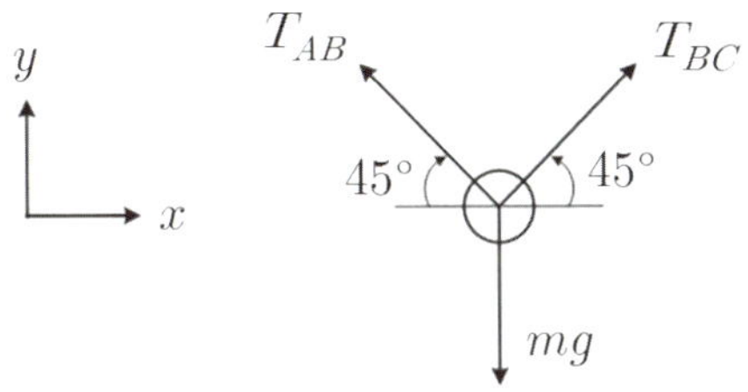

[그림(1)] 정지 상태 자유물체도

1) [그림(1)]을 참조하면 질점의 무게와 좌우 줄에 걸리는 장력이 다음과 같이 정적 평형을 이룬다.

$$\sum F_x = ma_x = 0 : \; -T_{AB}\cos 45^o + T_{BC}\cos 45^o = 0$$

$$\therefore \; T_{AB} = T_{BC} \cdots\cdots ①$$

$$\sum F_y = ma_y = 0 : \; T_{AB}\sin 45^o + T_{BC}\sin 45^o - mg = 0$$

$$\therefore \; T_{AB} + T_{BC} = \sqrt{2}\,mg \cdots\cdots ②$$

이 두 결과를 조합하면 줄 AB가 끊어지기 전 줄 BC에 걸린 장력은

$$T_{BC} = \frac{\sqrt{2}\,mg}{2} = \frac{10\sqrt{2}\,m}{2} = 5\sqrt{2}\,m \cdots\cdots ③$$

이 된다. 식 ③에서 단위는 생략했다($T_{BC} = 5\sqrt{2}\,\frac{m}{\mathrm{kg}}$ [N]으로 쓸 수 있겠지만 질량 기호와 길이 단위가 같아서 혼란스러울 것이다).

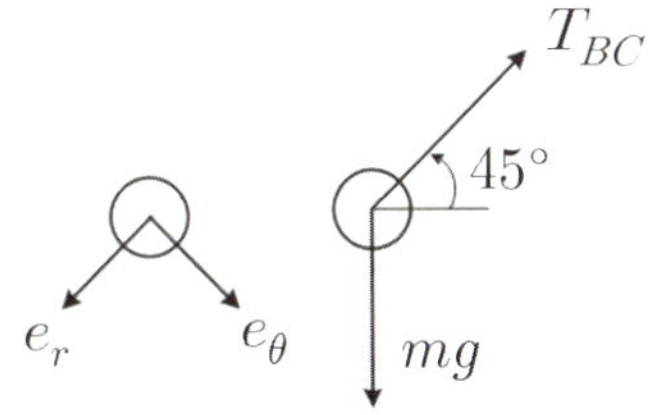

[그림(2)] 줄 AB가 끊긴 직후 자유물체도

2) 줄 AB가 끊어지면 질점이 줄 BC에 매달려 점 C를 중심으로 반시계방향으로 회전하기 시작한다. 문제에서 준 그림과 [그림(2)]를 참조하여 C를 원점으로 하는 극좌표 r, θ를 사용하면 이 순간 질점은 정지 상태이므로 회전속도 $\omega = \dot{\theta} = 0$이고 각가속도 $\alpha = \ddot{\theta} > 0$이다. 줄의 길이가 일정하므로 $r = L_{CB}$에 대해 $\dot{r} = \ddot{r} = 0$이고 반경방향 운동방정식과 운동학 관계식은 다음과 같다.

$$\sum F_r = ma_r : \ mg\cos 45^o - T_{BC} = ma_r$$

$$a_r = \ddot{r} - \dot{\theta}^2 r = 0 \quad \cdots\cdots ④$$

$$\therefore \ T_{BC} = mg\cos 45^o = 5\sqrt{2}\,m \quad \cdots\cdots ⑤$$

따라서 줄 AB가 끊긴 직후 줄 BC에 걸린 장력은 $T_{BC} = 5\sqrt{2}\,m$ 이다. T_{BC}의 변화가 없는 이유는 줄 AB가 끊어지는 순간에 여기에 걸리던 장력이 방향과 크기가 같은 관성력($-ma_\theta$)으로 바뀌었기 때문이다.

3) 질점의 원주방향 운동방정식을 적용하면 다음과 같다.

$$\sum F_\theta = ma_\theta : \ mg\sin 45^o = ma_\theta$$

$$\therefore \ a_\theta = g\sin 45^o = 10/\sqrt{2} = 5\sqrt{2} \ [\mathrm{m/s^2}] \quad \cdots\cdots ⑥$$

식 ④와 식 ⑥을 조합하면 줄 AB가 끊긴 직후 질점의 가속도는 [그림(3)]과 같이 원주방향, 즉 B에서 BC에 직교하는 남동쪽 방향이고 크기는 $5\sqrt{2}$ [m/s²]이다.

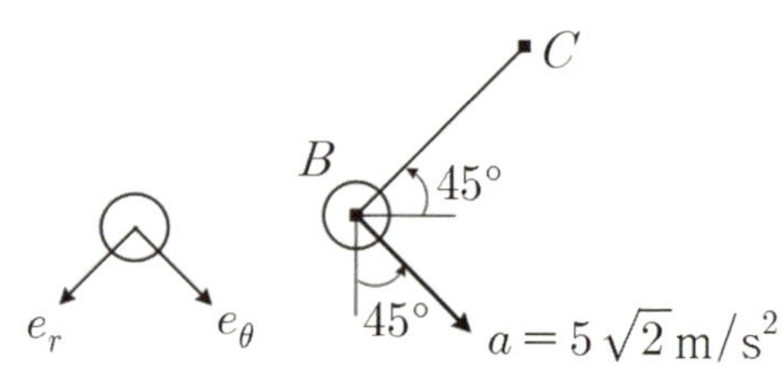

[그림(3)] 질점의 가속도

참고로 질점의 원주방향 가속도는 고정점 C에 대한 줄과 질점의 각운동방정식과 운동학 관계로터 다음과 같이 구할 수도 있다.

$$\sum M_C = I_C \alpha: \ (mg\cos 45^o)r = (mr^2)\alpha$$

$$r\alpha = g\sin 45^o$$

$$\therefore \ a_\theta = r\alpha = g\sin 45^o = 10/\sqrt{2} = 5\sqrt{2} \ [\mathrm{m/s^2}]$$

[문제 14.4] **아래 그림과 같이 길이가 4m이고 질량이 23kg인 가늘고 균일한 강체 막대가 수직 평면 상에서 지면과 각도 $\theta = 80°$인 상태로 고정되어 있다. 어느 순간 고정이 풀려 막대가 중력에 의하여 운동하여 지면과의 각도 $\theta = 45°$가 되는 순간 막대의 회전 각속도 크기와 방향을 구하시오. (단, 막대와 지면 사이의 마찰은 무시하며, 중력가속도 $g = 10\mathrm{m/s^2}$이다) (10점)**

[국가공무원 5급(기술) 공개경쟁채용 제2차시험(2015)]

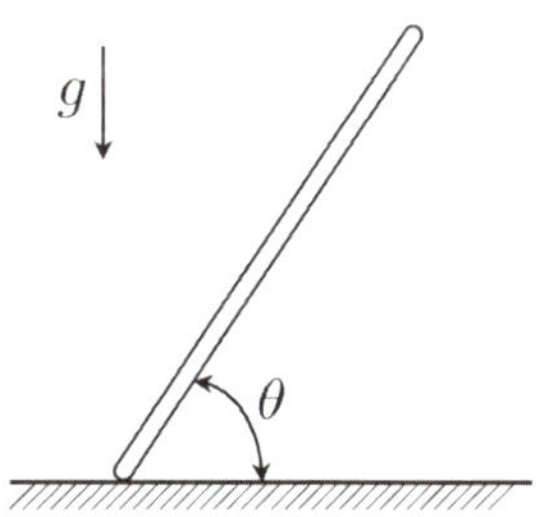

풀이 마찰이 없으므로 (기계적)에너지 보존 식과 수평방향 운동량 보존 식을 적용할 수 있다. 막대의 선속도와 각속도 사이의 관계를 구하기 위해 운동방정식과 운동학 관계식을 사용한다. [그림]과 같이 오른쪽 방향과 아래쪽 방향을 각각 x와 y 방향으로 잡고, 회전운동 방향은 시계방향으로 잡는다.

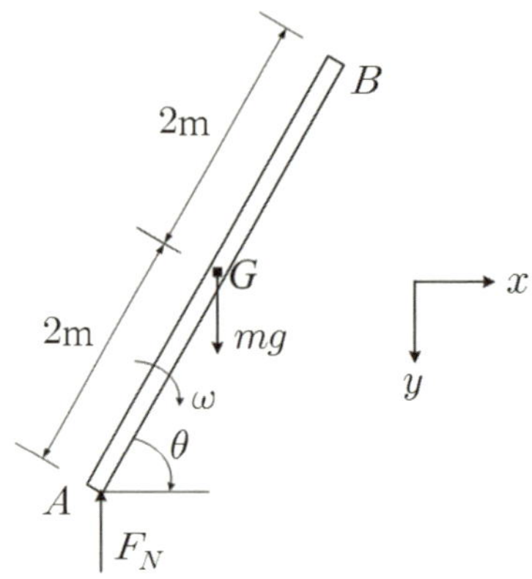

[그림] 막대의 자유물체도

임의의 각도 θ에 대하여 무게중심을 G, 막대와 평면의 접점을 A라 하면, 마찰을 무시하므로 A에는 수직반력만 작용한다. 바닥면의 높이를 기준 높이로 잡고 막대의 질량을 m, 길이를 L이라 하면 에너지 보존 식은 다음과 같다. 여기서 처음에 $\theta = 80^o$에서 고정된 상태를 1, 운동하기 시작하여 지정된 각도($\theta = 45^o$)가 되는 순간을 2로 나타낸다.

$$T_2 = T_1 + (V_1 - V_2) \quad \cdots\cdots \text{①}$$

$$T = \frac{1}{2}mv_G^2 + \frac{1}{2}I_G\,\omega^2, \quad V = mg\frac{L}{2}\sin\theta$$

마찰이 없으므로 수평방향 합력이 0이 되어 수평방향 운동량이 보존되고 처음에 막대는 정지해 있었다. 따라서

$$mv_{G,x,1} = mv_{G,x,2}$$

$$\therefore \ v_{G,x,2} = v_{G,x,1} = 0 \quad \cdots\cdots \text{②}$$

이 되고 무게중심은 수평방향으로 움직이지 않는다. 즉 $v_{G,x} = 0$이다. 무게중심 속도의 수직성분 $v_{G,y}$의 변화는 운동학 관계를 사용하여 구할 수 있다. A에 대하여 G는 일정 반경 $L/2$, 시계방향 각속도 ω로 원운동을 하고, $v_{G,x} = 0$이므로

$$\vec{v}_G = \vec{v}_A + \vec{v}_{G/A}$$

$$v_{G,y}\vec{j} = v_A\vec{i} + \omega\frac{L}{2}(\sin\theta\vec{i} + \cos\theta\vec{j}) \quad \cdots\cdots ③$$

이다. 식 ③의 수직성분으로부터

$$v_{G,y} = \frac{\omega L}{2}\cos\theta \quad \cdots\cdots ④$$

가 되고, 막대의 무게중심이 내려가야 하므로 $v_{G,y} \geq 0$이고 시계방향 각속도 $\omega \geq 0$이어야 한다. $v_{G,x} = 0$과 식 ④에 의해서

$$v_G^2 = v_{G,x}^2 + v_{G,y}^2 = 0 + v_{G,y}^2 = \left(\frac{\omega L}{2}\cos\theta\right)^2$$

으로 쓸 수 있고

$$I_G = \frac{mL^2}{12}, \quad \omega_1 = 0$$

이므로 에너지 보존 식 ①에 대입하고 정리하면 다음과 같다.

$$\frac{m}{2}\left(\frac{\omega_2 L}{2}\cos\theta_2\right)^2 + \frac{mL^2}{12}\omega_2^2 = \frac{mgL}{2}(\sin\theta_1 - \sin\theta_2)$$

$$\left(\frac{1}{8}\cos^2\theta_2 + \frac{1}{12}\right)mL^2\omega_2^2 = \frac{mgL}{2}(\sin\theta_1 - \sin\theta_2)$$

$$\therefore \ \omega_2 = \sqrt{\frac{12g(\sin\theta_1 - \sin\theta_2)}{(3\cos^2\theta_2 + 2)L}}$$

$$= \sqrt{\frac{(12)(10)(\sin 80^o - \sin 45^o)}{(3\cos^2 45^o + 2)(4)}} = 1.543\ [\mathrm{rad/s}]$$

회전 각속도의 방향, 즉 막대의 회전방향은 시계방향이다.

제15장 2016년 시행 5급 공채(기술) 제2차시험

[문제 15.1] 질량이 3kg인 피니언 기어가 질량이 4kg인 가동랙 A와 고정랙 B 사이에 정지 상태로 접촉하고 있다. 피니언 기어의 중심에는 탄성계수가 1.2kN/m인 스프링이 40mm만큼 길이가 늘어난 상태로 연결되어 있다. 이 때 가동랙 A에 100N의 외력이 그림과 같이 작용할 때 피니언 기어의 각가속도 α를 구하시오. (단, 피니언 기어의 회전반경(radius of gyration)은 70mm, 피치원 반경은 80mm이고 중력가속도는 9.81$\mathrm{m/s^2}$이다) (10점)

[국가공무원 5급(기술) 공개경쟁채용 제2차시험(2016)]

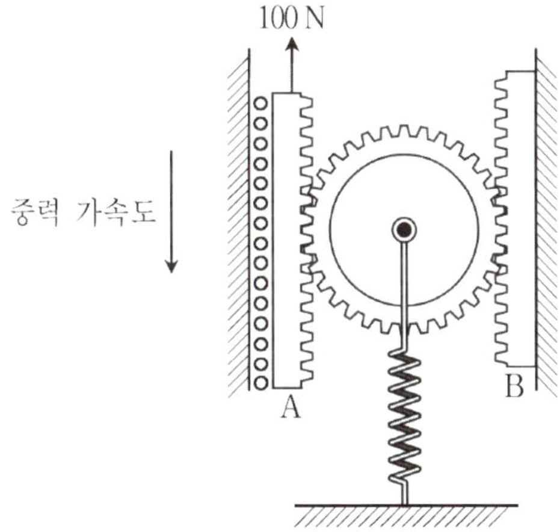

풀이 강체의 평면운동 방정식과 운동학 관계식을 사용하여 가동랙과 피니언 기어의 운동을 해석한다. 기어는 랙과 접촉하는 점에서 미끄러지지 않는다고 가정한다. [그림]과 같이 오른쪽 방향과 위쪽 방향을 각각 x와 y 방향으로 잡고, 각가속도 α의 방향은 시계방향으로 잡는다. 질량 m, 회전반경 k인 강체의 무게중심 G에 대한 질량관성모멘트 $I_G = mk^2$이다. 외력만 고

려하고 내력은 구하지 않아도 되기 때문에 에너지 보존 식을 사용하여 풀 수도 있다.

정지 상태에 있던 시스템에 위 방향 힘이 가해질 때 생기는 운동에 대한 각가속도를 구하기로 한다. [그림]의 자유물체도를 참고하면 가동랙과 피니언 기어의 운동방정식은 다음과 같다.

$$\sum F_{A,y} = m_A a_{G,A,y} \ : \ 100 - 4g - F_A = 4a_A \quad \cdots\cdots ①$$

$$\sum F_{P,y} = m_P a_{G,P,y} \ : \ F_A - 3g - (1200)(0.04) - F_B = 3a_P \quad \cdots ②$$

$$\sum M_G = I_G \alpha \ : \ (0.08)F_A + (0.08)F_B = (3 \times 0.07^2)\alpha \quad \cdots\cdots ③$$

여기서 피니언 기어의 중심에 걸리는 스프링 힘은

$$F_s = kx = (1200)(0.04) = 48 \,[\mathrm{N}]$$

이고, a_A와 a_P는 둘 다 위쪽 방향이다.

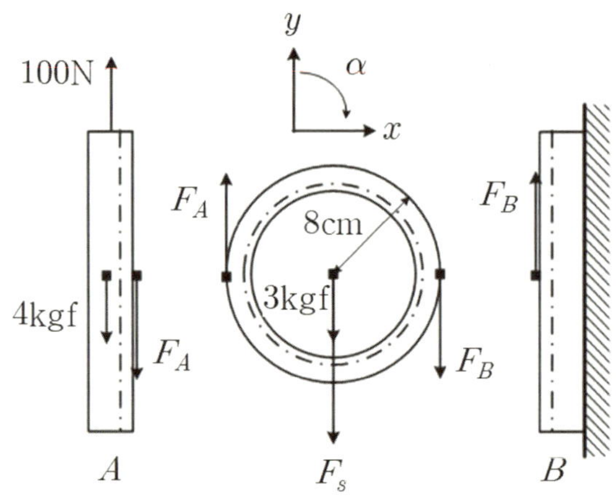

[그림] 랙과 기어의 자유물체도

연립방정식 ①~③에 포함된 미지수가 α, a_A, a_P, F_A, F_B로 다섯 개이므로 두 개의 추가정보가 필요하다. 추가정보는 운동학 관계식을 적용하여 얻을 수 있다.

기어는 원통이 평면 위를 미끄러지지 않고 굴러가는 것처럼 고정랙과 접촉하는 점을 순간중심으로 하여 미끄러지지 않고 위쪽으로 굴러간다. 이동랙은 기어와 접하는 점과 같은 속도, 가속도로 위로 이동한다. 따라서 다음 관계가 성립한다.

$$a_P = r_P \alpha = 0.08\,\alpha \cdots\cdots ④$$
$$a_A = (2r_P)\,\alpha = 0.16\,\alpha \cdots\cdots ⑤$$

식 ①, ②, ④, ⑤에 의해

$$F_A = 100 - 4g - 4\,a_A$$
$$= 100 - 4(9.81) - 4(0.16)\alpha = 60.76 - 0.64\,\alpha \cdots\cdots ⑥$$
$$F_B = F_A - 3g - (1200)(0.04) - 3\,a_P = -16.67 - 0.88\,\alpha \cdots ⑦$$

으로 쓸 수 있고, 식 ⑥, ⑦을 식 ③에 대입하면

$$F_A + F_B = \frac{3 \times 0.07^2}{0.08}\alpha = 44.09 - 1.52\,\alpha$$
$$\therefore \quad \alpha = \frac{44.09}{0.1838 + 1.52} = 25.88\,[\text{rad/s}^2]$$

을 얻는다. 참고로 식 ④~⑦을 사용하여 기어 무게중심과 이동랙의 가속도, 기어와 랙들 사이의 접촉력을 구하면 다음과 같다.

$$a_P = (0.08)(25.88) = 2.070\,[\text{m/s}^2]$$
$$a_A = (0.16)(25.88) = 4.141\,[\text{m/s}^2]$$
$$F_A = 60.76 - (0.64)(25.88) = 44.20\,[\text{N}]$$
$$F_B = -16.67 - (0.88)(25.88) = -39.44\,[\text{N}]$$

[참고] 내력인 랙과 기어의 접촉력을 구할 필요 없이 각가속도 하나만을 구하는 문제이므로 에너지 보존 식을 사용하여 풀 수도 있다.
위에서 유도한 다음의 운동학 관계식을 사용하기로 한다.

$$a_P = r_P \alpha = 0.08\,\alpha \cdots\cdots ④$$
$$a_A = (2r_P)\,\alpha = 0.16\,\alpha \cdots\cdots ⑤$$

여기서 α는 시계방향, a_A, a_P는 위쪽 방향이며, 기어와 랙 사이에 미끄러지지 않고 접촉한다는 조건을 사용하여 얻은 것이다.
미분형 에너지 보존 식은 미소 외력일이 선형운동에너지 및 각운동에너지의 미소 증가량과 위치에너지 및 탄성에너지의 미소 증가량의 합과 같음을 나타내는 식으로 다음과 같이 쓸 수 있다.

$$dU = dT + dV \ :$$
$$dU = \sum \vec{F}_i \cdot d\vec{x}_i$$
$$dT = \sum (m_i \vec{a}_{G,i}) \cdot d\vec{x}_{G,i} + \sum (I_{G,i}\alpha_i) d\theta_i$$
$$dV = \sum (m_i g) dz_i + \sum (k_i x_i) dx_i$$

준 시스템에서 가동랙 A가 위로 $ds_A = ds$ 만큼 올라간다고 하면, 식 ④, ⑤와 유사한 운동학 관계에 의해 피니언 기어는 시계방향으로

$$d\theta_P = \frac{ds_A}{2r_P} = \frac{ds}{0.16} = 6.25\,ds$$

만큼 회전하면서

$$ds_P = \frac{ds_A}{2} = 0.5\,ds$$

만큼 올라가고, 스프링은

$$dx = ds_P = 0.5\,ds$$

만큼 추가로 늘어난다. 이 모든 값들을 에너지 보존 식에 적용하면

$$dU = 100\,ds$$
$$\begin{aligned} dT &= (4a_A)\,ds_A + (3a_P)ds_P + [(3\times 0.07^2)\alpha]\,d\theta_P \\ &= (0.64\alpha)ds + (0.24\alpha)(0.5\,ds) + (0.0147\alpha)(6.25ds) \\ &= 0.8519\,\alpha\,ds \end{aligned}$$
$$\begin{aligned} dV &= (4g)ds_A + (3g)ds_P + (kx)dx \\ &= (4\times 9.81)ds + (3\times 9.81)(0.5ds) + (1200\times 0.04)(0.5ds) \\ &= 77.96\,ds \end{aligned}$$

가 되고 $dU = dT + dV$에 적용하면

$$100\,ds = (0.8519\,\alpha + 77.96)ds$$

$$\therefore\ \alpha = \frac{100 - 77.96}{0.8519} = 25.87\ [\mathrm{rad/s^2}]$$

을 얻는다. 이 각가속도가 위에서 구한 값 25.88$[\mathrm{rad/s^2}]$과 약간 다른 것은 유효숫자 네 개로 계산을 진행했기 때문이다.

[문제 15.2] **그림은 반주기(half period) 사인파형의 가속도를 만들기 위한 충격 발생장치이다. 질량 m_1이 일정 속도 v_0로 우측으로 이동하다가 스프링과 충돌하게 되며, 이 충돌에 의해 정지해 있던 질량 m_2에 가속도가 발생한다. 스프링은 질량 m_2에만 연결되어 있고 질량 m_1에는 접촉만 가능하다. 질량 m_1과 스프링과의 충돌 과정에서 에너지 손실은 없고 충돌 전 스프링은 변형되지 않았다고 가정한다. 충돌 후 질량 m_1의 변위를 x, 질량 m_2의 변위를 y라 할 때 다음 물음에 답하시오. (총 15점)** [국가공무원 5급(기술) 공개경쟁채용 제2차시험(2016)]

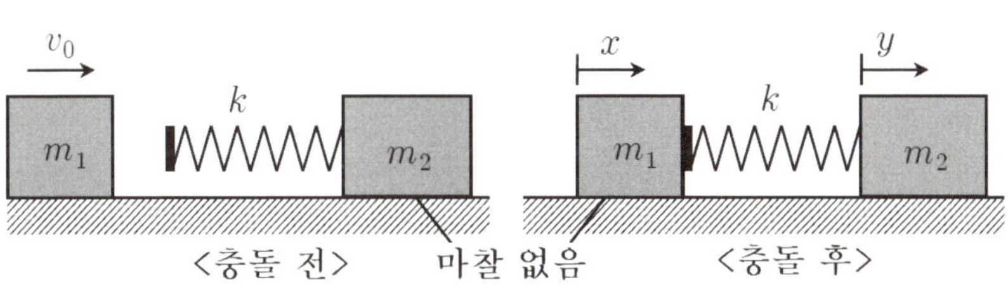

1) 충돌 후 질량 m_2에 대한 운동방정식을 구하시오. (3점)

2) 충돌 후 질량 m_2의 가속도가 $\ddot{y}(t) = C\sin\omega_0 t$로 주어질 때 시간 $t = \pi/\omega_0$에서 질량 m_1, m_2의 속도를 구하시오. (6점)
(단, $\omega_0 = \sqrt{\dfrac{(m_1 + m_2)k}{m_1 m_2}}$, $C > 0$인 상수)

3) 시간 $t = \pi/\omega_0$ 이후의 두 질량의 속도를 두 질량의 상대적 크기에 따라 설명하시오. (6점)

풀이 질점계의 운동방정식을 사용한다. 마찰이 없으므로 충돌 과정에서 운동량 보존 식과 기계적 에너지 보존 식을 사용할 수 있다. 충돌 후 오른쪽 방향으로 질량 m_1의 변위를 x, 질량 m_2의 변위를 y라 한다.

1) 충돌 후 스프링은 $x-y$만큼 압축되므로 질량 m_2에 대한 운동방정식은 다음과 같다.

$$\sum F = ma \ :$$

$$\therefore \ k(x-y) = m_2 \ddot{y} \quad \cdots\cdots ①$$

2) 문제에서 $\omega_0 = \sqrt{\dfrac{(m_1+m_2)k}{m_1 m_2}}$, $C>0$인 상수라 할 때, 질량 m_2의 가속도가

$$\ddot{y}(t) = C\sin\omega_0 t \quad \cdots\cdots ②$$

로 주어졌다. 이 식을 t에 대해 두 번 적분하면

$$y(t) = -\frac{C}{\omega_0^2}\sin\omega_0 t + C_1 t + C_2$$

$$= -\frac{m_1 m_2 C}{(m_1+m_2)k}\sin\omega_0 t + C_1 t + C_2 \quad \cdots\cdots ③$$

이고, 식 ②, ③을 식 ①에 대입하여 정리하면 $x(t)$는 다음과 같다.

$$x(t) = y + \frac{m_2}{k}\ddot{y}$$

$$= \left[-\frac{m_1 m_2 C}{(m_1+m_2)k} + \frac{m_2 C}{k}\right]\sin\omega_0 t + C_1 t + C_2$$

$$= \frac{m_2^2 C}{(m_1+m_2)k}\sin\omega_0 t + C_1 t + C_2 \quad \cdots\cdots ④$$

식 ③, ④에서 $C_2 = y(0) = x(0)$는 임의로 잡을 수 있는 기준위치에 해당하므로 0으로 잡아도 된다.

이 두 식을 각각 t로 미분하여 속도를 구하면

$$\dot{x}=\frac{m_2^2C}{(m_1+m_2)k}\omega_0\cos\omega_0 t+C_1=m_2C_3\cos\omega_0 t+C_1 \cdots\cdots\cdots ⑤$$

$$\dot{y}=-\frac{m_1m_2C}{(m_1+m_2)k}\omega_0\cos\omega_0 t+C_1=-m_1C_3\cos\omega_0 t+C_1 \cdots ⑥$$

이고, 여기서 $C_3=\dfrac{m_2\omega_0 C}{(m_1+m_2)k}$ 이다.

이제 미지상수 C_1, C_3(또는 C)를 구하기 위해 질량 m_1이 속도 v_0로 이동하여 질량 m_2에 달린 스프링에 충돌하는 과정을 해석하면 다음과 같다. 충돌이 일어나는 시간을 $t=0$으로 잡는다.

• 운동량 보존 :

$$m_1v_0=m_1\dot{x}(0)+m_2\dot{y}(0)$$

$$m_1v_0=m_1(m_2C_3+C_1)+m_2(-m_1C_3+C_1)$$

$$\therefore\ C_1=\frac{m_1v_0}{m_1+m_2}$$

• 에너지 보존 :

$$\frac{1}{2}m_1v_0^2=\frac{1}{2}m_1\dot{x}(0)^2+\frac{1}{2}m_2\dot{y}(0)^2+\frac{1}{2}k[x(0)-y(0)]^2$$

$$m_1v_0^2=m_1(m_2C_3+C_1)^2+m_2(-m_1C_3+C_1)^2+k(0)^2$$

$$m_1v_0^2=(m_1m_2^2+m_2m_1^2)C_3^2+(m_1+m_2)C_1^2$$

$$m_1v_0^2=m_1m_2(m_1+m_2)C_3^2+\frac{m_1^2v_0^2}{(m_1+m_2)}$$

$$\therefore\ 0<C_3=\frac{v_0}{m_1+m_2}$$

C_1, C_3를 식 ⑤, ⑥에 대입하면 속도에 대한 다음의 최종 표현을 얻게 된다.

$$\dot{x} = \frac{m_2 v_0}{m_1 + m_2}\cos\omega_0 t + \frac{m_1 v_0}{m_1 + m_2} = \frac{m_1 + m_2 \cos\omega_0 t}{m_1 + m_2} v_0 \quad \cdots\cdots ⑦$$

$$\dot{y} = -\frac{m_1 v_0}{m_1 + m_2}\cos\omega_0 t + \frac{m_1 v_0}{m_1 + m_2} = \frac{m_1 (1 - \cos\omega_0 t)}{m_1 + m_2} v_0 \quad \cdots ⑧$$

이 결과를 보면

$$\dot{x}(0) = v_0, \ \dot{y}(0) = 0$$

임을 알 수 있는데 이것은 충돌 전후에 속도 변화가 없음을 의미한다. 이것은, 운동방정식 ①에 의하면 식 ②로 주어진 해가

$$x(0) - y(0) = 0$$

이 되어 스프링의 압축이 없는 경우의 해를 나타내기 때문이다. 이후 시간이 지남에 따라 $dotx$는 v_0 이하로 감속이 되고 $doty$는 양의 속도로 가속이 된다. $t = \pi/\omega_0$, 즉 $\omega_0 t = \pi$일 때 질량 m_1, m_2의 속도는 각각 다음과 같다.

$$\dot{x}(\pi/\omega_0) = \frac{m_1 - m_2}{m_1 + m_2} v_0 , \ \dot{y}(\pi/\omega_0) = \frac{2m_1}{m_1 + m_2} v_0 \quad \cdots\cdots\cdots\cdots ⑨$$

3) 식 ⑦에 따르면 m_1의 속도는 $m_1 \geq m_2$인 경우 양이므로 오른쪽으로만 이동하고, $m_1 < m_2$인 경우에는 속도가 0이 되고 운동방향이 바뀌는 기간이 존재한다. 반대방향 속도는 크기가 식 ⑨에 주어진, $t = \pi/\omega_0$일 때의 값을 최대로 하면서 다시 줄어들어 양의 속도로 복귀된다. 이 과정은 주기적으로 반복된다. 반면에 식 ⑧에 따라 m_2의 속도는 질량비와 무관하게 항상 양이므로 오른쪽으로만 이동하는데, 그 크기는 식 ⑨에 주어진, $t = \pi/\omega_0$일 때의 최댓값과 $t = 2\pi/\omega_0$일 때의 최솟값 0 사이에서 주기적으로 변한다.

[문제 15.3] **그림과 같이 질량이 m_A이고 반지름이 r_A인 원형의 실린더 A가 질량이 m_B인 수레 B위에 놓여 있다. 초기 정지 상태에서 수레를 미는 힘 F가 작용할 때, 다음 물음에 답하시오. (단, 수레바퀴의 질량은 무시하고, 실린더가 수레의 위에서 미끄럼 없이 회전 운동한다고 가정한다) (총 10점)** [국가공무원 5급(기술) 공개경쟁채용 제2차시험(2016)]

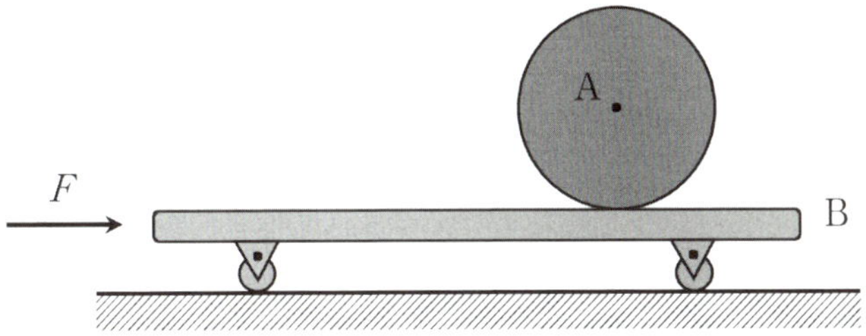

1) 실린더 중심에서의 속도 크기 v_A와 수레에서의 속도 크기 v_B의 비율은 힘 F의 크기에 관계없이 일정함을 증명하시오. (5점)
2) 힘 F가 t초 동안 가해질 경우 v_A와 v_B는 실린더의 반지름 r_A와 무관함을 증명하시오. (5점)

풀이 강체의 선형운동 및 각운동에 대한 충격량-운동량 관계식과 원통이 미끄러지지 않고 구를 때의 운동학 관계식을 사용하여 해석한다. 실린더와 수레를 분리하여 해석하는 것이 편하다. [그림]에 보인 것처럼 오른쪽 방향을 x 방향으로 잡고 실린더의 각속도 ω의 방향은 반시계방향으로 잡는다.

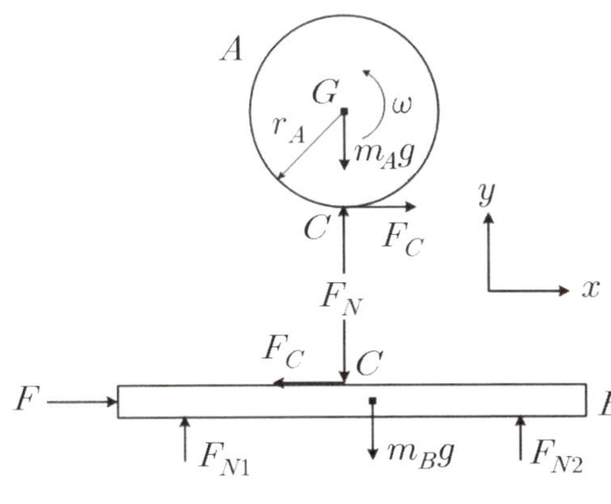

[그림] 실린더와 수레의 자유물체도

1) [그림]의 자유물체도를 참고하여 충격량-운동량 관계식을 적용한다. 힘 F를 가하기 전과 후를 각각 1, 2로 나타낸다. 먼저 실린더에 대하여

$$I_G\,\omega_1 + \sum\int_{t_1}^{t_2} M_G dt = I_G\,\omega_2$$

$$\therefore \int_{t_1}^{t_2} r_A F_C dt = \frac{1}{2} m_A r_A^2 \omega_2 \quad \cdots\cdots ①$$

$$m\,v_{G,x,1} + \sum\int_{t_1}^{t_2} F_x\, dt = m\,v_{G,x,2}$$

$$\therefore \int_{t_1}^{t_2} F_C dt = m_A v_A \quad \cdots\cdots ②$$

가 성립하고, 수레에 대해서는

$$m\,v_{G,x,1} + \sum\int_{t_1}^{t_2} F_x\, dt = m\,v_{G,x,2}$$

$$\therefore \int_{t_1}^{t_2} (F - F_C) dt = m_B v_B \quad \cdots\cdots ③$$

가 성립한다. 실린더가 수레 위에서 미끄러지지 않고 반시계방향으로 굴러가므로 [그림]에서 점 G가 점 C를 중심으로 ω_2의 각속도로 회전한다. 따라서

$$v_A = v_B - r_A\,\omega_2 \quad \cdots\cdots ④$$

이다. 식 ①을 r_A로 나눈 후 식 ②와 같다고 놓으면

$$v_A = \frac{1}{2} r_A\,\omega_2 \quad \cdots\cdots ⑤$$

이고, 이 결과를 식 ④에 대입하면

$$v_B = v_A + r_A\,\omega_2 = \frac{3}{2} r_A\,\omega_2 \quad \cdots\cdots ⑥$$

이 된다. 식 ⑤와 식 ⑥을 비교하면

$$v_A : v_B = 1 : 3 = \frac{1}{3} \quad \cdots\cdots ⑦$$

이다. 이것은 v_A와 v_B의 비가 F와 관계없이 일정함을 나타낸다.

2) (일정한) 힘 F가 t초 동안 가해질 경우 식 ②와 식 ③을 더하면 F_C 항은 상쇄되고

$$\int_{t_1}^{t_1+t} F\,dt = Ft = m_A v_A + m_B v_B \quad \cdots\cdots ⑧$$

을 얻는다. 식 ⑦과 식 ⑧을 연립하여 풀면

$$Ft = m_A v_A + m_B(3v_A) = (m_A + 3m_B)v_A$$

$$\therefore \ v_A = \frac{Ft}{m_A + 3m_B}, \ v_B = 3v_A = \frac{3Ft}{m_A + 3m_B} \quad \cdots\cdots ⑨$$

가 되는데 이 식으로부터 v_A와 v_B는 실린더의 반지름 r_A와 무관함을 바로 알 수 있다.

[문제 15.4] **그림과 같이 질량 2kg인 블록이 A에서 수평방향 3m/s의 속도로 출발하여 반지름 1m인 4분원 형태의 원형 표면 위를 미끄러져 내려올 때 다음 물음에 답하시오. (단, 중력가속도는 9.81$\mathrm{m/s^2}$으로 가정하고, 모든 구간에서 마찰은 무시한다) (총 15점)**

[국가공무원 5급(기술) 공개경쟁채용 제2차시험(2016)]

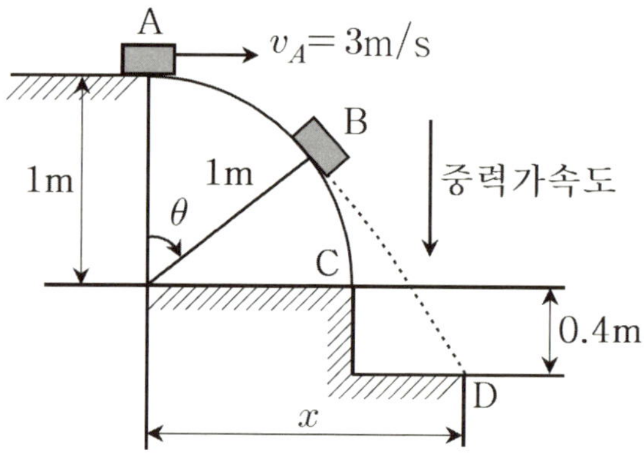

1) 미끄러지던 블록이 B에서 표면으로부터 분리되어 떨어질 때 A에서부터 B까지의 각도 θ를 구하시오. (7점)
2) B에서 블록의 접선방향의 속도 크기를 구하시오. (2점)
3) 블록이 4분원 원형구간 끝 C로부터 0.4m 낮은 지면 위의 D에 떨어질 때 A로부터 D까지의 수평거리 x를 구하시오. (6점)

풀이 마찰이 없으므로 (기계적)에너지가 보존된다. 질점의 운동방정식을 사용한다. [그림]과 같이 곡면에서는 법선방향 운동방정식을 사용하고, 평면운동에서는 오른쪽 방향을 x 방향, 아래쪽 방향을 y 방향으로 잡는다.

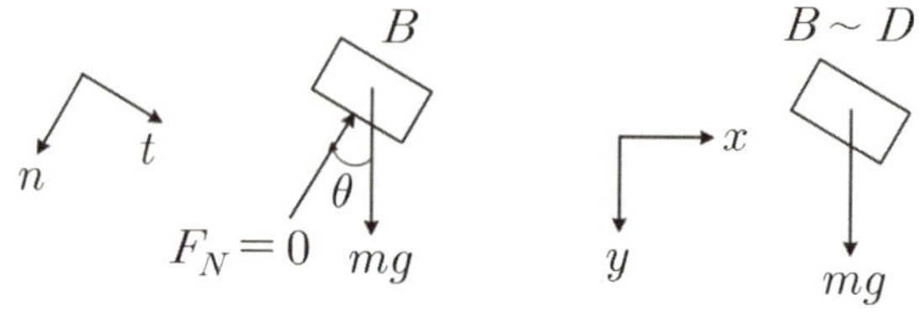

[그림] 블록의 자유물체도

1) 블록이 떨어져나가는 점 B에서 반력 $F_N = 0$이므로 법선방향 운동방정식은 다음과 같다.

$$\sum F_n = ma_n \ :$$

$$mg\cos\theta - F_N = mg\cos\theta = m\frac{v_B^2}{r}$$

$$\therefore \ v_B^2 = gr\cos\theta \ \cdots\cdots ①$$

θ가 미지수이므로 추가 정보를 얻기 위해 에너지 보존 식을 적용하면

$$T_2 = T_1 + (V_1 - V_2) \ :$$

$$\frac{1}{2}mv_B^2 = \frac{1}{2}mv_A^2 + mgr(1-\cos\theta)$$

$$\therefore \ v_B^2 = v_A^2 + 2gr(1-\cos\theta) \ \cdots\cdots ②$$

이다. 식 ①, ②를 같다고 놓으면 블록이 떨어져나갈 때의 각도는 다음과 같다.

$$gr\cos\theta = v_A^2 + 2gr(1-\cos\theta)$$

$$\cos\theta = \frac{1}{3}\left(2+\frac{v_A^2}{gr}\right) = \frac{1}{3}\left(2+\frac{3^2}{9.81\times 1}\right) = 0.9725$$

$$\therefore \ \theta = 13.47^o \ \cdots\cdots ③$$

2) B에서 블록의 접선방향의 속도 크기는 식 ①에 의해

$$v_B = \sqrt{gr\cos\theta} = \sqrt{9.81\times 1\times 0.9725} = 3.089\ [\mathrm{m/s}] \ \cdots\cdots ④$$

가 된다.

3) 블록이 떨어져나간 후에 블록에는 y 방향으로 중력만 작용하므로 문제에서 준 그림을 참고하면 4분원의 중심을 원점으로 하는 직각좌표계에서 블록의 위치는 다음과 같다.

$$v = x(0) + \dot{x}(0)t = r\sin\theta + (v_B\cos\theta)t$$
$$= 0.2329 + 3.004t \quad \cdots\cdots ⑤$$
$$v = y(0) + \dot{y}(0)t + \frac{1}{2}gt^2 = -r\cos\theta + (v_B\sin\theta)t + \frac{1}{2}gt^2$$
$$= -0.9725 + 0.7195t + 4.905t^2 \quad \cdots\cdots ⑥$$

식 ⑥을 사용하여 $y = 0.4\,[\mathrm{m}]$인 시간을 구하면

$$4.905t^2 + 0.7195t - 0.9725 = 0.4$$

이므로 0보다 큰 근을 구하면

$$t = 0.4607\,[\mathrm{s}]$$

이다. 구하는 수평거리 x는 식 ⑤에 의해 다음과 같다.

$$x = 0.2329 + 3.004 \times 0.4607 = 1.617\,[\mathrm{m}]$$

제16장 2017년도 국가공무원 5급(기술) 공개경쟁채용 제2차시험

[문제 16.1] 크랭크 휠 OA가 반시계 방향으로 각가속도 0.5rad/s^2로 감속회전하고 있다. 어느 순간 그림과 같이 막대 AB가 수평상태이고 크랭크 휠 OA의 각속도는 반시계 방향으로 60rpm이다. 이때 슬라이더 B의 가속도 벡터와 막대 AB의 각가속도 벡터를 구하시오. (단, 크랭크 휠 OA의 길이는 100mm, 막대 AB의 길이는 500mm이며, 슬라이드 B는 60°의 경사면을 따라 운동한다. 문제 풀이 시 그림에 주어진 좌표계를 사용하시오) (15점)

[국가공무원 5급(기술) 공개경쟁채용 제2차시험(2017)]

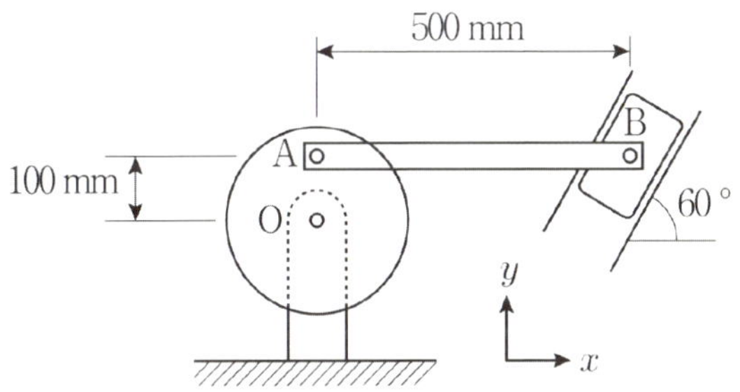

풀이 강체의 평면회전운동을 해석한다. 거리가 일정한 상대 원운동에 대해 원통좌표계를 사용하여 해석하면 편리하다. 위치를 각도의 함수로 나타낸 후 연쇄법칙을 사용하고 미분하여 구할 수도 있다. 주어진 그림의 x, y 좌표를 사용하고, 반시계 방향을 회전방향으로 잡는다.

[그림(1)]에 보인 것과 같은 강체 위의 두 점 O, P 사이의 상대운동 $\vec{r}_{P/O} = r_{P/O}\vec{e}_r \equiv r\vec{e}_r$에 대하여 다음과 같이 쓸 수 있다.

$$\vec{v}_{P/O} = \dot{r}\vec{e}_r + r\dot{\theta}\vec{e}_\theta \quad \cdots\cdots ①$$

$$\vec{a}_{P/O} = \left(\ddot{r} - r\dot{\theta}^2\right)\vec{e}_r + \left(r\ddot{\theta} + 2\dot{r}\dot{\theta}\right)\vec{e}_\theta \quad \cdots\cdots ②$$

[그림(1)]에서는 $\dot{\theta} = \omega$, $\ddot{\theta} = \alpha$ 로 나타냈으며, $\vec{e}_r$ 은 $\overrightarrow{OP}$ 방향 단위벡터, $\vec{e}_\theta$ 는 P에서 θ가 증가하는 접선방향의 단위벡터다.

거리 r이 일정한 경우에는 $\dot{r} = \ddot{r} = 0$ 이므로 다음과 같이 단순해진다.

$$\vec{v}_{P/O} = r\dot{\theta}\,\vec{e}_\theta \quad \cdots\cdots ③$$

$$\vec{a}_{P/O} = \left(-r\dot{\theta}^2\right)\vec{e}_r + \left(r\ddot{\theta}\right)\vec{e}_\theta \quad \cdots\cdots ④$$

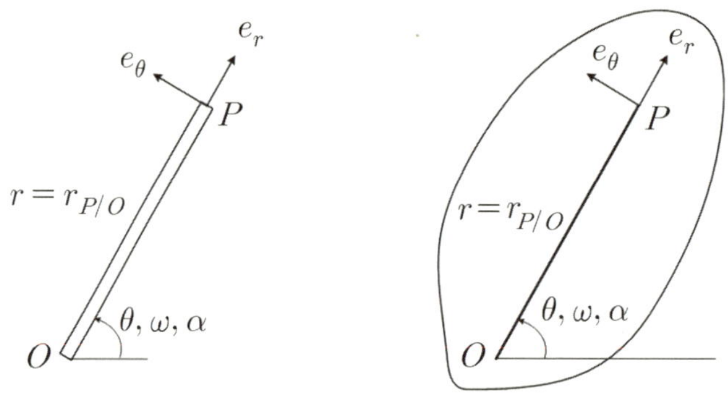

[그림(1)] 강체 위 두 점의 상대운동

링크 OA와 AB 둘 다 거리가 일정하므로 식 ③, ④에 의해 상대운동을 해석할 수 있다. 먼저 링크 OA에 적용하면

$$r_{A/O} = 0.1\,,\ \ \vec{e}_r = \vec{j},\ \ \vec{e}_\theta = -\vec{i}$$

$$\omega_{OA} = 60\,\text{rpm} = 2\pi \times (60/60) = 2\pi\,[\text{rad/s}]$$

$$\alpha_{OA} = -0.5\,[\text{rad/s}^2]$$

이므로

$$\vec{v}_A = (0.1)(2\pi)(-\vec{i}) = -0.6283\,\vec{i} \quad \cdots\cdots ⑤$$

$$\vec{a}_A = -(0.1)(4\pi^2)\vec{j} + (0.1)(-0.5)(-\vec{i}) = 0.05\vec{i} - 3.948\vec{j} \quad \cdots ⑥$$

이다. 이어서 링크 AB에 적용하고 $\dot{\theta}_{AB} = \omega$, $\ddot{\theta}_{AB} = \alpha$ 라고 하면,

$$r_{B/A} = 0.5\,,\ \vec{e}_r = \vec{i}\,,\ \vec{e}_\theta = \vec{j}$$

$$\vec{v}_{B/A} = 0.5\omega\,\vec{j} \quad \cdots\cdots ⑦$$

$$\vec{a}_{B/A} = -0.5\omega^2\vec{i} + 0.5\alpha\,\vec{j} \quad \cdots\cdots ⑧$$

가 된다. B의 운동방향을 알고 있으므로 상대속도와 상대가속도 식

$$\vec{v}_B = \vec{v}_A + \vec{v}_{B/A}$$

$$\vec{a}_B = \vec{a}_A + \vec{a}_{B/A}$$

에 식 ⑤~⑧을 적용하면

$$v_B(\cos 60^o\vec{i} + \sin 60^o\vec{j}) = -0.6283\vec{i} + 0.5\omega\,\vec{j} \quad \cdots\cdots ⑨$$

$$a_B(\cos 60^o\vec{i} + \sin 60^o\vec{j}) = 0.05\vec{i} - 3.948\vec{j} - 0.5\omega^2\vec{i} + 0.5\alpha\,\vec{j} \quad \cdots ⑩$$

이 된다. 정리한 후 성분별로 비교하면 다음과 같다.

$$v_B = \frac{-0.6283}{\cos 60^o} = -1.257\ [\mathrm{m/s}]$$

$$\omega = \frac{v_B \sin 60^o}{0.5} = \frac{-1.257\sin 60^o}{0.5} = -2.177\ [\mathrm{rad/s}]$$

$$a_B = \frac{0.05 - 0.5\omega^2}{\cos 60^o} = \frac{0.05 - 0.5 \times 2.177^2}{\cos 60^o} = -4.639\ [\mathrm{m/s^2}]$$

$$\alpha = \frac{3.948 + a_B \sin 60^o}{0.5} = \frac{3.948 - 4.639\sin 60^o}{0.5}$$

$$= -0.1390\ [\mathrm{rad/s^2}]$$

따라서 슬라이더 B의 가속도 벡터와 막대 AB의 각가속도 벡터는 다음과 같다.

$$\vec{a}_B = -4.639(\cos 60^o\vec{i} + \sin 60^o\vec{j}) = -2.320\vec{i} - 4.017\vec{j}$$

$$= 4.639(\cos 240^o\vec{i} + \sin 240^o\vec{j})\ [\mathrm{m/s^2}]$$

$$\vec{\alpha}_{AB} = \alpha \vec{k} = -0.1390\vec{k} = 0.1390\,[\text{rad/s}^2]\ (\curvearrowright)$$

여기에서 처음에 가속도 벡터가 x축과 이루는 각도를 60°로 가정하여 $a_B < 0$이 나왔으므로 그 반대 방향, 즉 180°를 더하여 x축과 이루는 각도가 240°가 되는 것으로 정리하였다.

[참고(1)] 각속도 $\vec{\Omega}$, 각가속도 $\dot{\vec{\Omega}}$로 회전하는 강체 위의 두 점을 O, P라고 할 때, O를 원점으로 하고 강체와 함께 회전하는 좌표계를 xyz 좌표계라 하면 P의 속도와 가속도는 다음과 같이 구할 수 있다.

$$\vec{v}_P = \vec{v}_O + \vec{\Omega}\times\vec{r}_{P/O} + (\vec{v}_{P/O})_{xyz}$$
$$\vec{a}_P = \vec{a}_O + \dot{\vec{\Omega}}\times\vec{r}_{P/O} + \vec{\Omega}\times(\vec{\Omega}\times\vec{r}_{P/O}) + 2\vec{\Omega}\times(\vec{v}_{P/O})_{xyz} + (\vec{a}_{P/O})_{xyz}$$

여기서 첨자 xyz는 회전하는 좌표계(xyz 좌표계)에서의 속도와 가속도로, 회전하지 않을 때의 속도와 가속도에 해당한다. 이 식들을 이용하고 준 그림을 참고하여 앞의 문제를 해석하면 다음과 같다.

• 링크 OA:

$$\vec{v}_O = \vec{a}_O = (\vec{v}_{A/O})_{xyz} = (\vec{a}_{A/O})_{xyz} = \vec{0}$$
$$\vec{v}_A = (2\pi\vec{k})\times(0.1\vec{j}) = -0.2\pi\vec{i} = -0.6283\vec{i}$$
$$\vec{a}_A = (-0.5\vec{k})\times(0.1\vec{j}) + (2\pi\vec{k})\times[(2\pi\vec{k})\times(0.1\vec{j})]$$
$$= 0.05\vec{i} - 0.4\pi^2\vec{j} = 0.05\vec{i} - 3.948\vec{j}$$

• 링크 AB:

$$(\vec{v}_{B/A})_{xyz} = (\vec{a}_{B/A})_{xyz} = \vec{0}$$
$$\vec{v}_B = v_B(\cos 60°\,\vec{i} + \sin 60°\,\vec{j})$$
$$= \vec{v}_A + (\omega\vec{k})\times(0.5\vec{i}) = -0.6283\vec{i} + 0.5\omega\vec{j}$$
$$\vec{a}_B = a_B(\cos 60°\,\vec{i} + \sin 60°\,\vec{j})$$
$$= \vec{a}_A + (\alpha\vec{k})\times(0.5\vec{i}) + (\omega\vec{k})\times[(\omega\vec{k})\times(0.5\vec{i})]$$
$$= 0.05\vec{i} - 3.948\vec{j} + 0.5\alpha\vec{j} - 0.5\omega^2\vec{i}$$

여기서 끝의 두 식은 식 ⑨, ⑩과 같고, 이후 계산도 위와 같으므로 나머지 과정은 생략한다.

[참고(2)] 각도 좌표 설정을 통한 대수적인 방법으로 구할 수도 있다. [그림(2)]에 보인 것처럼 임의 순간에 OA와 AB가 x축과 이루는 각도를 각각 θ, β라 하면 점 B의 위치벡터는 다음과 같다.

$$\vec{r}_B = x_B\vec{i} + y_B\vec{j}$$
$$= (0.1\cos\theta + 0.5\cos\beta)\vec{i} + (0.1\sin\theta + 0.5\sin\beta)\vec{j} \cdots\cdots\cdots\cdots ⑪$$

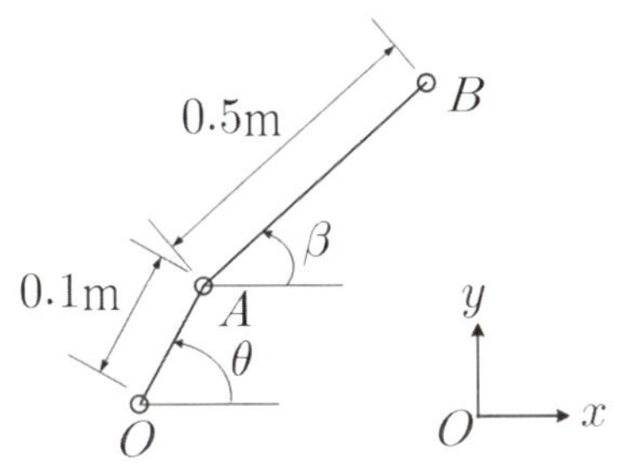

[그림(2)] 임의 순간의 휠 OA와 링크 AB

링크 AB의 끝점 B가 수평에 대해 60° 경사진 경로를 따라 움직이기 때문에 B의 속도는

$$\vec{v}_B = v_B(\cos60°\vec{i} + \sin60°\vec{i}) = \dot{x}_B\vec{i} + \dot{y}_B\vec{j}$$

로 쓸 수 있으므로

$$\dot{x}_B\sin60^o = \dot{y}_B\cos60^o$$
$$\therefore\ (-0.1\sin\theta\dot{\theta} - 0.5\sin\beta\dot{\beta})\sin60^o = (0.1\cos\theta\dot{\theta} + 0.5\cos\beta\dot{\beta})\cos60^o$$

이 성립해야 한다. 이 식을 정리하면

$$-(\cos\theta\cos60^o + \sin\theta\sin60^o)\dot{\theta} = 5(\cos\beta\cos60^o + \sin\beta\sin60^o)\dot{\beta}$$
$$\therefore\ -\cos(\theta - 60^o)(\dot{\theta}) = 5\cos(\beta - 60^o)(\dot{\beta})$$

이고, 시간 t에 대해 미분하면

$$-\cos(\theta-60^o)\ddot{\theta}+\sin(\theta-60^o)(\dot{\theta})^2$$
$$=5\cos(\beta-60^o)\ddot{\beta}-5\sin(\beta-60^o)(\dot{\beta})^2$$

이다. 주어진 순간에

$$\theta=90^o,\ \dot{\theta}=2\pi,\ \ddot{\theta}=-0.5,\ \beta=0$$

이므로 이 두 식으로부터 링크 AB의 각속도 $\dot{\beta}$와 각가속도 $\ddot{\beta}$를 다음과 같이 구할 수 있다.

$$\dot{\beta}=\frac{-\cos(\theta-60^o)}{5\cos(\beta-60^o)}\dot{\theta}=\frac{-\cos(30^o)}{5\cos(-60^o)}(2\pi)=-2.177\ [\text{rad/s}]$$

$$\ddot{\beta}=\frac{5\sin(\beta-60^o)(\dot{\beta})^2-\cos(\theta-60^o)\ddot{\theta}+\sin(\theta-60^o)(\dot{\theta})^2}{5\cos(\beta-60^o)}$$
$$=\frac{-5\sin60^o(2.177^2)-\cos30^o(-0.5)+\sin30^o(2\pi)^2}{5\cos(60^o)}$$
$$=-0.1399\ [\text{rad/s}^2]$$

B의 속도와 가속도는 $\vec{r}_B$를 t로 미분하여 다음과 같이 구할 수 있다.

$$\vec{v}_B=-0.1(\sin\theta\dot{\theta}+5\sin\beta\dot{\beta})\vec{i}+0.1(\cos\theta\dot{\theta}+5\cos\beta\dot{\beta})\vec{j}$$
$$=-0.1(1\times2\pi+5\times0\times\dot{\beta})\vec{i}+0.1[0\times\dot{\theta}+5\times1\times(-2.177)]\vec{j}$$
$$=-0.6283\vec{i}-1.089\vec{j}$$
$$=1.257(\cos240^o\vec{i}+\sin240^o\vec{j})\ [\text{m/s}]$$

$$\vec{a}_B=-0.1[\sin\theta\ddot{\theta}+5\sin\beta\ddot{\beta}+\cos\theta(\dot{\theta})^2+5\cos\beta(\dot{\beta})^2]\vec{i}$$
$$+0.1[\cos\theta\ddot{\theta}+5\cos\beta\ddot{\beta}-\sin\theta(\dot{\theta})^2-5\sin\beta(\dot{\beta})^2]\vec{j}$$
$$=-0.1[(1)(-0.5)+(5)(0)\ddot{\beta}+(0)(\dot{\theta})^2+(5)(1)(2.177^2)]\vec{i}$$
$$+0.1[(0)\ddot{\theta}+(5)(1)(-0.1399)-(1)(4\pi^2)-(5)(0)(\dot{\beta})^2]\vec{j}$$
$$=-2.320\vec{i}-4.018\vec{j}$$
$$=4.640(\cos240^o\vec{i}+\sin240^o\vec{j})\ [\text{m/s}^2]$$

계산결과에 조금씩 차이가 있는 것은 유효수자의 개수와 관련이 있다. 유효수자를 네 개로 계산해도 이렇게 차이가 생기는데, 이런 오차는 중간계산을 많이 할수록 커진다.

B의 가속도를 구할 때 속도와 가속도의 방향이 일정하다는 것을 이용하기 위하여 속력을 구하고 미분하는 것은 중간 계산이 단순하지 않아 이점을 찾기 어렵다. 우선

$$\begin{aligned} v_B^2 &= (-0.1\sin\theta\dot{\theta} - 0.5\sin\beta\dot{\beta})^2 + (0.1\cos\theta\dot{\theta} + 0.5\cos\beta\dot{\beta})^2 \\ &= 0.01(\dot{\theta})^2 + 0.25(\dot{\beta})^2 + 0.1\cos(\theta-\beta)\dot{\theta}\dot{\beta} \end{aligned}$$

가 되는데 미분하면

$$\begin{aligned} &2v_B\dot{v}_B = 0.02\dot{\theta}\ddot{\theta} + 0.5\dot{\beta}\ddot{\beta} \\ &+ 0.1\cos(\theta-\beta)(\ddot{\theta}\dot{\beta} + \dot{\theta}\ddot{\beta}) - 0.1\sin(\theta-\beta)(\dot{\theta} - \dot{\beta})\dot{\theta}\dot{\beta} \end{aligned}$$

이 된다. 이후 $\dot{\theta} = 2\pi$, $\ddot{\theta} = -0.5$ 와, $\theta = 90^o$, $\beta = 0$ 인 순간에 $\dot{\beta} = -2.177$, $\ddot{\beta} = -0.1399$ 임을 이용하여 v_B와 $\dot{v}_B$를 계산하고 정리하면 된다.

[문제 16.2] **질량 m(=100kg)이고 길이가 3m인 균일한 강체막대가 그림과 같이 평면위에 정지하고 있다. 막대의 A지점에 힘 F(=400N)가 오른쪽 수평방향으로 작용할 때, 다음 물음에 답하시오. (단, 평면과 막대 접촉면의 운동마찰 계수는 $\mu_k = 0.25$, 정지마찰계수는 $\mu_s = 0.3$ 이며, G점은 무게중심이고, GA의 길이는 그림과 같다) (총 15점)**

[국가공무원 5급(기술) 공개경쟁채용 제2차시험(2017)]

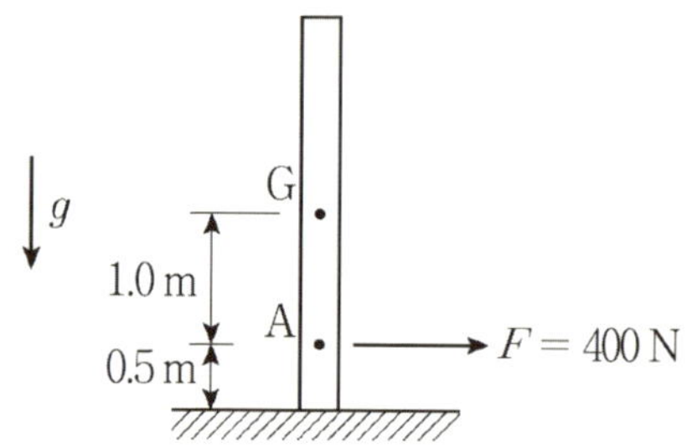

1) 막대의 직선운동과 회전운동에 대한 방정식을 각각 구하시오. (4점)
2) 운동이 일어나는 동안 막대와 바닥면의 접촉이 유지된다고 가정할 때, 막대와 바닥면 사이의 상대운동(미끄러짐) 존재 여부를 증명하고, 막대의 회전 각가속도를 구하시오. (11점)

풀이 강체의 평면운동을 직선운동 방정식과 회전운동 방정식을 사용하여 해석한다. 운동마찰계수 및 정지마찰계수의 정의와 미끄러지지 않고 회전할 때의 운동학관계식을 사용한다. 오른쪽, 위쪽, 반시계방향을 각각 x, y, 회전방향으로 잡는다.

1) 막대가 회전하면서 움직일 때 바닥에서 미끄러지는지 여부가 핵심 사항이다. 막대를 잡아당겨 움직이기 시작한 순간에는 막대가 수직으로 서 있고 막대가 바닥면에서 떨어지지 않으므로 무게중심의 수직방향 운동은 없다. 막대에 대한 [그림]의 자유물체도를 참고하면 운동방정식은 다음과 같다.

• 직선운동:

$$\sum F_x = ma_{G,x} \ : \ F - F_C = ma_{G,x} \cdots\cdots ①$$

$$\sum F_y = ma_{G,y} \ : \ F_N - mg = ma_{G,y} = 0$$

$$\therefore \ F_N = mg = (100)(9.81) = 981 \ [\text{N}] \cdots\cdots ②$$

• 회전운동:

$$\sum M_G = I_G \alpha \ : \ (1)F - (1.5)F_C = I_G \alpha$$

$$\therefore \ F - 1.5F_C = I_G \alpha \cdots\cdots ③$$

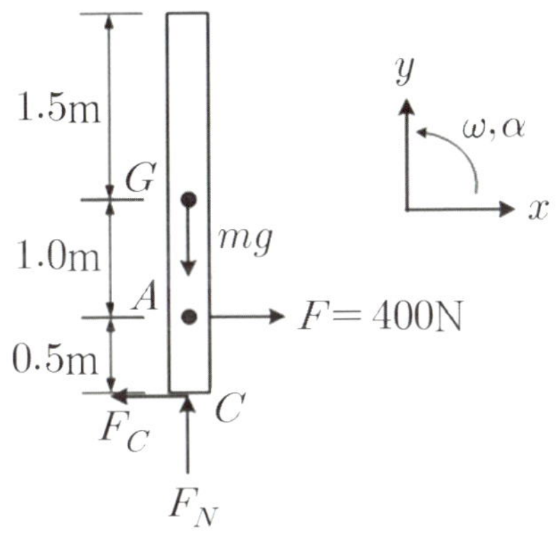

[그림] 자유물체도

2) 식 ①, ③에서 미지수가 F_C, $a_{G,x}$, α의 세 개이므로 추가정보로 운동학 관계식이 필요하다. 먼저, 미끄러지지 않고 C를 중심으로 회전한다고 가정해 본다. 이 경우 접촉점 C에서 막대와 바닥면의 가속도(=0)가 같아야 하므로

$$a_{G,x} = a_{C,x} - (1.5)\alpha = 0 - 1.5\alpha = -1.5\alpha \cdots\cdots ④$$

가 된다. 식 ③을 식 ①로 변끼리 나눈 후 식 ④를 적용하면 α가 소거되고 마찰력 F_C는

$$\frac{F-1.5F_C}{F-F_C}=\frac{I_G\,\alpha}{ma_{G,x}}=\frac{(ml^2/12)\alpha}{m(-1.5\alpha)}=\frac{3^2}{-18}=\frac{1}{-2}$$

$$-2(F-1.5F_C)=F-F_C$$

$$\therefore\ \ F_C=\frac{1+2}{2\times1.5+1}F=\frac{3}{4}\times400=300\ [\mathrm{N}]\ \cdots\cdots\cdots\cdots\cdots\cdots\ ⑤$$

이 된다. 여기서 길이 l, 질량 m인 막대에 대해 $I_G=ml^2/12$이다. 막대가 미끄러지지 않으려면 마찰력 F_C가 최대정지마찰력

$$\mu_sF_N=0.3\times981=294.3\ [\mathrm{N}]$$

보다 작아야 하는데 더 크므로 막대가 미끄러지지 않는다는 가정은 맞지 않다. 따라서 막대는 미끄러지면서 회전해야 하고 이때 마찰력은 운동마찰계수를 사용하여

$$F_C=\mu_kF_N=0.25\times981=245.3\ [\mathrm{N}]\ \cdots\cdots\cdots\cdots\cdots\cdots\cdots\cdots\ ⑥$$

이다. 식 ③에 의해서 각가속도는 다음과 같다.

$$\alpha=\frac{F-1.5F_C}{I_G}=\frac{400-1.5\times245.3}{100\times3^2/12}=0.4273\ [\mathrm{rad/s^2}]\ \cdots\cdots\ ⑦$$

결론적으로 막대는 바닥면에서 오른쪽으로 미끄러지면서 회전하기 시작하고 이때 각가속도는 반시계방향으로 0.4273 [rad/s^2]이다. 참고로 식 ⑥에서 마찰력을 반올림하지 않고 245.25로 계산하면 식 ⑦의 각가속도는 0.4283으로 바뀐다. 식 ⑥의 중간계산을 하지 않고 식 ⑦로 바로 계산한다면 이 값이 나올 것이다. 반올림 오차는 5를 10으로 반올림할 때 크게 나타난다.

[문제 16.3] **그림과 같이 질량이 m인 구 A가 길이 l이고 질량 m인 균일한 강체 막대 끝지점에 연결된 역진자가 있다. 이 역진자는 C점을 중심으로 회전하며, 이 회전 중심에서 거리 d인 B점에 스프링 상수가 k인 스프링이 양쪽에 연결되어 있다. 수직을 기준으로 막대의 회전각은 θ이며, 그림의 수직 위치에서 $\theta = 0$이다. 다음 물음에 답하시오. (단, 구는 점질량이며, 회전축에서의 마찰은 없고, 중력가속도는 g이다) (총 15점)**

[국가공무원 5급(기술) 공개경쟁채용 제2차시험(2017)]

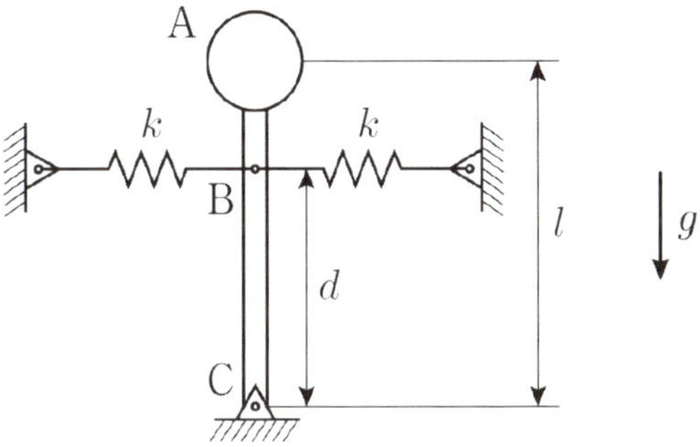

1) 이 진동계의 선형운동방정식을 유도하고, 고유진동수를 구하시오. (단, 회전각의 진폭이 충분히 작아 $\sin\theta = \theta$, $\cos\theta = 1$로 가정할 수 있다) (6점)
2) 1)의 선형운동방정식을 기준으로 진동계가 $\theta = 0$을 중심으로 진동할 수 있는 조건을 구하시오. (2점)
3) 이 진동계가 초기조건에 의해 진동한다. 최대 각변위(rad), 최대 각속도(rad/s), 최대 각가속도(rad/s^2)의 크기가 모두 동일할 조건을 구하시오. (2점)
4) 이 진동계가 $\theta = 0$의 위치에 정지되어 있는 상태에서 구 A에 크기가 F인 충격이 가해져 진동이 시작되었다. 진동이 시작된 이후에 동일한 크기와 방향을 갖는 충격을 구 A에 단 한 번 가하여 가장 빠른 시간에 진동을 완벽히 정지시키기 위한 방법을 제안하고, 이를 수학적으로 증명하시오. (5점)

풀이 점 질량인 구와 막대로 이루어진 강체의 미소각도 회전운동을 고정점에 대한 각운동방정식을 사용하여 해석한다. 강체가 각변위 없이 수직으로 서 있을 때, 즉 정적 평형상태에서 스프링의 변형은 없다.

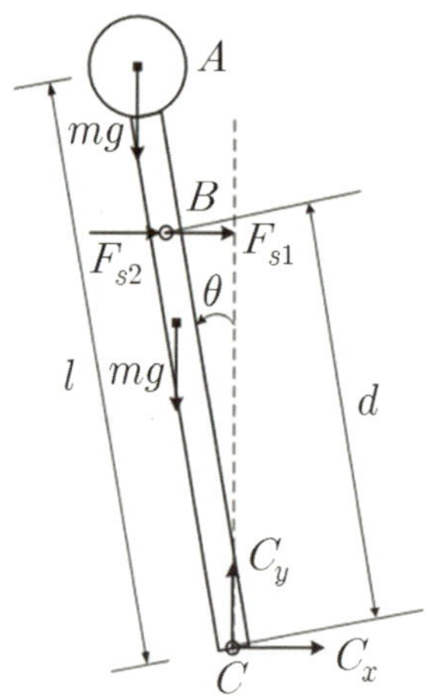

[그림] 강체의 자유물체도

1) 시스템이 축 C에 대해 미소각도 θ만큼 반시계방향으로 회전한 순간의 자유물체도는 [그림]에 보인 것과 같다. 힌지 C에는 수평력 C_x, 수직력 C_y가 걸리고 마찰모멘트는 없다. 봉이 θ만큼 회전하면 왼쪽 스프링은 $d\theta$만큼 압축되고 오른쪽 스프링은 $d\theta$만큼 늘어나므로 둘 다 강체에 오른쪽 방향 복원력 $kd\theta$를 가하게 된다. 문제에서 제시된 선형방정식은 비선형이 아닌 방정식을 의미하는 것으로 보아

$$\sin\theta = \theta, \ \cos\theta = 1$$

로 가정하기로 한다.

미지력 C_x, C_y를 계산에서 제외하기 위해 반시계방향을 양의 방향으로 하여 고정점 C에 대한 각운동방정식을 적용하면 다음과 같다.

$$\sum M_C = I_C \alpha \ :$$

$$-2(kd\theta)d + (mg)l\theta + (mg)\frac{l}{2}\theta = \left(\frac{1}{3}ml^2 + ml^2\right)\ddot{\theta}$$

$$\therefore \ \frac{4}{3}ml^2\ddot{\theta} + \left(2kd^2 - \frac{3}{2}mgl\right)\theta = 0 \ \cdots\cdots \ ①$$

여기서 질량이 m이고 길이가 l인 균일한 막대의 끝점 C에 대한 질량 관성모멘트는 평행축정리에 의해

$$I_C = I_G + md^2 = \frac{1}{12}ml^2 + m\left(\frac{l}{2}\right)^2 = \frac{1}{3}ml^2$$

이다. 식 ①에서 관성항의 계수가 1이 되도록 나누어주면

$$\ddot{\theta} + \frac{3}{2ml^2}\left(kd^2 - \frac{3}{4}mgl\right)\theta = 0 \ \cdots\cdots \ ②$$

이 되므로 시스템 $\ddot{\theta} + \omega^2\theta = 0$과 비교하면 고유진동수는 다음과 같다.

$$\omega = \sqrt{\frac{3}{2ml^2}\left(kd^2 - \frac{3}{4}mgl\right)} \ \cdots\cdots \ ③$$

2) 식 ③에서 ω가 실수가 되어야 하므로

$$kd^2 > \frac{3}{4}mgl \ \cdots\cdots \ ④$$

일 때 시스템이 진동한다.

3) 초기조건을 만족하도록 시스템이 진동할 때 식 ②의 일반해는 미지 진폭과 미지 초기위상을 포함한 형태

$$\theta = C_1\sin(\omega t + C_2) \ \cdots\cdots \ ⑤$$

로 쓸 수 있다. 여기서 C_1, C_2는 초기변위 $\theta(0)$와 초기각속도 $\dot{\theta}(0)$에 의해 정해지는 상수다. 각속도와 각가속도는 다음과 같다.

$$\dot{\theta} = \omega C_1 \cos(\omega t + C_2)$$
$$\ddot{\theta} = -\omega^2 C_1 \sin(\omega t + C_2)$$

최대 각변위(rad), 최대 각속도(rad/s), 최대 각가속도(rad/s^2)의 크기가 모두 같다는 것은 표준단위로 나타냈을 때 상대적인 크기가 같다는 것으로 해석하기로 한다(차원이 다른 양들이 같을 수는 없다). 이 경우

$$|C_1| = |\omega C_1| = |\omega^2 C_1| \quad \cdots\cdots ⑥$$

이 되어야 하는데 $\omega > 0$이므로

$$\omega = 1\ [\text{rad/s}]$$

이어야 한다.

4) 초기($t = 0$) 정지 상태에서 시작하여 $t = a$와 $t = b(> a \geq 0)$에 충격모멘트 lF가 구에 가해질 때의 시스템의 운동방정식은

$$\ddot{\theta} + \omega^2 \theta = p\delta(t - a) + p\delta(t - b) \quad \cdots\cdots ⑦$$

이고, 여기서

$$p = \frac{lF}{4ml^2/3} = \frac{3F}{4ml}$$

는 가해진 충격모멘트 lF의 효과를 식 ①에 반영하는 것이고, δ 함수는 단위 충격을 나타내는 디랙(Dirac)의 델타함수다. θ의 라플라스 변환을 $\Theta(s)$, 즉

$$\Theta(s) = \mathcal{L}[\theta(t)] = \int_0^\infty \theta(t) e^{-st} dt$$

라 하고, 초기조건

$$\theta(0) = \dot{\theta}(0) = 0$$

을 적용하여 식 ⑦의 양변을 라플라스 변환한 후 풀면 다음과 같다.

$$(s^2 + \omega^2)\Theta = pe^{-as} + pe^{-bs}$$
$$\Theta = \frac{p}{\omega}\left(\frac{\omega}{s^2+\omega^2}e^{-as} + \frac{\omega}{s^2+\omega^2}e^{-bs}\right) \cdots\cdots ⑧$$

단위 계단함수 ([또는 헤비사이드(Heaviside) 함수]

$$u(t-c) = \begin{cases} 0 & (t < c) \\ 1 & (t > c) \end{cases}$$

을 사용하여 식 ⑧의 라플라스 역변환을 구하면

$$\theta = \frac{p}{\omega}[u(t-a)\sin\omega(t-a) + u(t-b)\sin\omega(t-b)]$$

이다. 이제 $a \to 0$ 인 극한을 사용하면 $t = 0$에 충격을 가하고 이어서 $t = b > 0$ 에 같은 크기의 충격을 가할 때의 해는 다음과 같다.

$$\theta = \frac{p}{\omega}[u(t)\sin\omega t + u(t-b)\sin\omega(t-b)] \cdots\cdots ⑨$$

진동이 시작되어 진행 중인 시간 $t = t_0$에 진동을 정지시키기로 했다면 식 ⑨에서 삼각함수의 위상차를 이용하면 된다. 구체적으로는 $\omega t_0/\pi$ 보다 큰 최소 홀수를 N이라 할 때 $b = N\pi/\omega$ 에 충격을 가하면 된다. 이렇게 하면 사인 함수는 π의 홀수 배만큼의 위상차가 생길 때 부호만 바뀌기 때문에

$$\begin{aligned}\theta &= \frac{p}{\omega}\left[u(t)\sin\omega t + u\left(t - \frac{N\pi}{\omega}\right)\sin(\omega t - N\pi)\right] \\ &= \frac{p}{\omega}\left[u(t)\sin\omega t - u\left(t - \frac{N\pi}{\omega}\right)\sin\omega t\right] \\ &= \frac{p}{\omega}\begin{cases}\sin\omega t & (0 < t < N\pi/\omega) \\ 0 & (t > N\pi/\omega)\end{cases}\end{aligned}$$

이 되어 $t = N\pi/\omega$ 이후에 진동이 완벽하게 정지함을 알 수 있다. 예를 들어 $\omega = \sqrt{2}$, $t_0 = 10\,[\mathrm{s}]$이라면 $\omega t_0/\pi = 4.501$이므로

$$N = 5,\ b = \frac{5\pi}{\omega} = 11.11,\ \omega b = 5\pi$$

이고

$$\theta = \frac{p}{\sqrt{2}}\left[u(t)\sin\sqrt{2}\,t - u(t-11.11)\sin\sqrt{2}\,t\right]$$

가 된다. 여기서 $t_0 = 10\,[\mathrm{s}]$과 $b = 11.11\,[\mathrm{s}]$ 사이의 짧은 기간에 진동이 남아있는 것은 완벽히 진동을 정지시키기 위해 감수해야 한다.

[문제 16.4] **질량 m(=7kg)인 물체가 초기속도 v_0(=0.6m/s)로 그림과 같이 경사로 ($\theta = 45°$)를 미끄러져 내려와 스프링 상수 k(=3,000N/m)인 완충기에 닿는다. 이때 물체가 완충기에 닿기 전까지 미끄러진 거리는 L(=10m)이며, 물체와 경사면의 미끄럼 마찰계수는 μ(=0.2)이다. 다음 물음에 답하시오. (단, 완충기의 질량은 무시하며, 중력가속도 $g = 9.81\mathrm{m/s^2}$이다) (총 5점)**

[국가공무원 5급(기술) 공개경쟁채용 제2차시험(2017)]

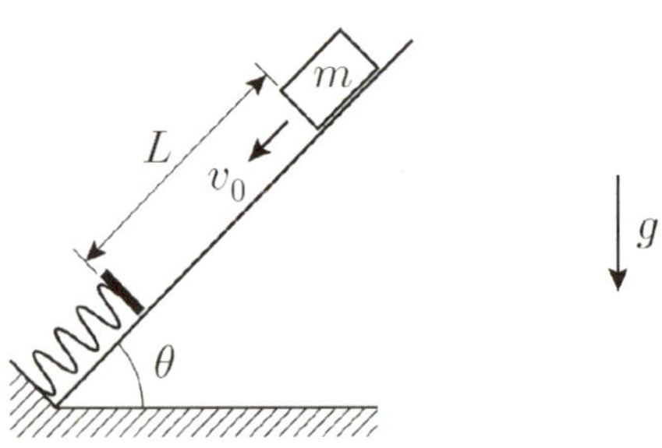

1) 물체가 완충기에 닿는 순간, 물체의 속도를 구하시오. (3점)

2) 스프링의 최대 변형량을 구하시오. (2점)

풀이 질점의 운동방정식에 의해 면의 수직방향 반력을 구한 후 에너지보존(일-에너지 원리)을 이용하여 해석한다. 질점의 운동방정식만 사용하여 해석할 수도 있다. [그림]의 자유물체도와 같이 면에 평행하게 내려오는 방향을 x 방향, 면에 수직인 방향을 y 방향으로 잡는다.

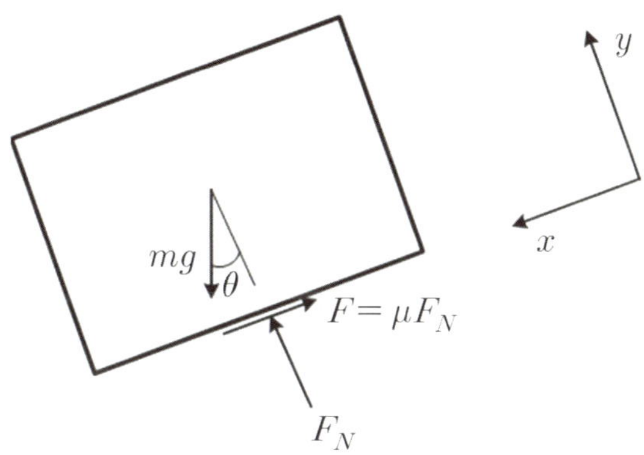

[그림] 자유물체도

1) 먼저 면에 수직인 방향의 운동방정식을 적용하면

$$\sum F_y = ma_y \ : \ F_N - mg\cos\theta = 0$$
$$\therefore \ F_N = mg\cos\theta$$

이고, 마찰계수를 알고 있으므로 운동방향의 마찰력은

$$F = \mu F_N = \mu mg\cos\theta = 0.2(7)(9.81)\cos 45^o$$
$$= 9.711\ [\text{N}] \cdots\cdots ①$$

이다. 초기순간(0)과 물체가 거리 L을 이동하여 완충기에 닿는 순간(1) 사이에 에너지보존(일-에너지 원리)을 적용하면 다음과 같다.

$$T_1 = U_{0-1} + T_0 + (V_0 - V_1)\ ;\ T = \frac{1}{2}mv^2,\ \ V = mgz$$

$$\frac{1}{2}mv_1^2 = -FL + \frac{1}{2}mv_0^2 + mgL\sin\theta \cdots\cdots ②$$

$$\therefore\ v_1 = \sqrt{v_0^2 + 2L\left(g\sin\theta - \frac{F}{m}\right)}$$
$$= \sqrt{0.6^2 + 2(10)\left(9.81\sin45^o - \frac{9.711}{7}\right)}$$
$$= 10.55\ [\mathrm{m/s}] \cdots\cdots ③$$

여기서 비보존력일 U_{0-1}은 마찰력에 의해 소비된 일이다.

2) 물체가 스프링을 압축한 후 정지한 순간(2)에 최대 변형이 일어난다. 완충기의 질량은 무시하므로 물체가 닿기 전에는 스프링의 변형이 없다. 에너지보존을 적용하면

$$T_2 = U_{1-2} + T_1 + (V_1 - V_2)\ ;\ T = \frac{1}{2}mv^2,\ \ V = mgz + \frac{k}{2}\delta^2$$
$$0 = -F\delta + \frac{1}{2}mv_1^2 + \left(mg\,\delta\sin\theta - \frac{1}{2}k\delta^2\right) \cdots\cdots ④$$

가 되고, δ에 대한 방정식으로 정리하여 양의 해를 구하면 다음과 같다.

$$1500\delta^2 - [7(9.81)\sin45^o - 9.711]\delta - 3.5(10.55^2) = 0$$
$$1500\,\delta^2 - 38.85\delta - 389.6 = 0$$
$$\therefore\ \ \delta = 0.5228\ [\mathrm{m}]$$

식 ④의 운동에너지 T_1의 값에 결과 식 ③ 대신에 식 ②를 사용하면

$$0 = -F(L+\delta) + \frac{1}{2}mv_0^2 + \left[mg\,(L+\delta)\sin\theta - \frac{1}{2}k\delta^2\right] \cdots\cdots ⑤$$

가 되는데 이 식은 초기 순간(0)과 최종 순간(2) 사이에 에너지보존을 적용한 식과 일치한다.

[참고] 에너지 보존 식은 운동방정식에서 유도된 것이므로 다음과 같이 질점의 운동방정식만 사용하여 해석할 수도 있다.

[그림]의 자유물체도를 참고하여 운동방정식과 마찰계수 정보를 다음과 같이 연립하고

$$\sum F_x = ma_x \ : \ mg\sin\theta - F = ma$$
$$\sum F_y = ma_y \ : \ F_N - mg\cos\theta = 0$$
$$\therefore \ F_N = mg\cos\theta$$
$$\therefore \ F = \mu F_N$$

정리하면 다음 식을 얻는다.

$$F = \mu m g \cos\theta$$
$$a = g(\sin\theta - \mu\cos\theta) = 5.549 \ [\mathrm{m/s^2}]$$

따라서 물체가 완충기에 닿는 순간의 속도($v_1 > 0$)는 다음과 같이 구할 수 있다(결과 식은 등가속도 운동에서 가속도-속도-거리 관계식을 적용한 것과 같다).

$$v_1 = v_0 + at$$
$$L = v_0 t + \frac{a}{2}t^2$$
$$\therefore \ 2aL = 2av_0 t + a^2 t^2 = v_1^2 - v_0^2$$
$$\therefore \ v_1 = \sqrt{v_0^2 + 2aL} = \sqrt{0.6^2 + 2(5.549)(10)} = 10.55 \ [\mathrm{m/s}]$$

완충기에 닿은 후 변위를 $x = x(t)$라 하면 운동방정식은 다음과 같다.

$$\sum F_x = ma_x \ : \ mg\sin\theta - \mu mg\cos\theta - kx = m\ddot{x}$$
$$\ddot{x} + \omega^2 x = g(\sin\theta - \mu\cos\theta) = a$$
$$\omega = \sqrt{\frac{k}{m}} = \sqrt{\frac{3000}{7}} = 20.70 \ [1/\mathrm{s}]$$

이 방정식의 일반해는 특수해와 여함수(또는 제차해)를 합쳐서

$$x = \frac{a}{\omega^2} + C_1\cos\omega t + C_2\sin\omega t$$

로 쓸 수 있다. 초기조건

$$x(0)=0,\ \dot{x}(0)=v_1$$

을 적용하여 상수 C_1, C_2를 정해주면 최종해는 다음과 같다.

$$\begin{aligned} x &= \frac{a}{\omega^2}(1-\cos\omega t)+\frac{v_1}{\omega}\sin\omega t \\ &= 0.01295(1-\cos\omega t)+0.5097\sin\omega t \end{aligned}$$

스프링의 최대 변형량은

$$\delta = 0.01295+\sqrt{0.01295^2+0.5097^2}=0.5228\ [\mathrm{m}]$$

이다. 여기서 삼각함수 합성 식

$$A\sin\theta + B\cos\theta = \sqrt{A^2+B^2}\sin(\theta+\beta),\ \tan\beta = B/A$$

를 사용하였다.

제17장 2018년도 국가공무원 5급(기술) 공개경쟁채용 제2차시험

[문제 17.1] 그림과 같이 로봇 팔 CD가 지면과 수평을 이루면서 끝점 D가 x 방향으로 1m/s의 등속 운동을 하고 있다. 이 로봇이 그림과 같은 자세를 이루는 순간에 대해 다음 물음에 답하시오. (총 10점)

[국가공무원 5급(기술) 공개경쟁채용 제2차시험(2018)]

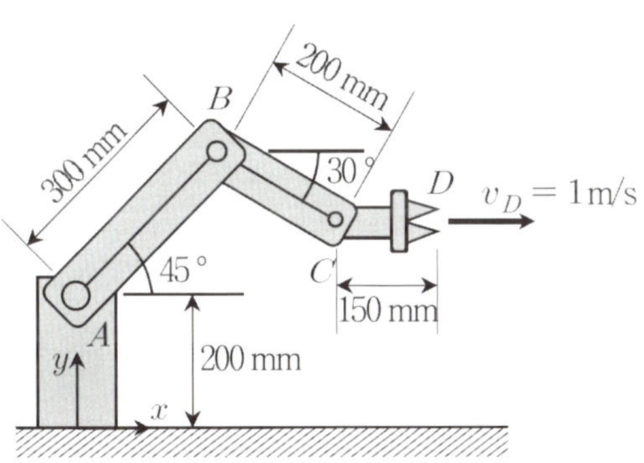

1) 로봇 팔 AB의 각속도(ω_{AB})와 로봇 팔 BC의 각속도(ω_{BC})를 [rad/s]로 구하시오. (4점)
2) 로봇 팔 AB의 각가속도(α_{AB})와 로봇 팔 BC의 각가속도(α_{BC})를 [rad/s^2] 로 구하시오. (6점)

풀이 강체의 평면회전운동을 해석한다. 거리가 일정한 상대 원운동에 대해 원통좌표계를 사용하여 해석하면 편리하다. 위치를 각도의 함수로 나타낸 후 연쇄법칙을 이용하여 미분하여 구할 수도 있지만, 이 방법은 본질적으로 여기서 사용하는 상대 원운동을 이용하는 방법과 같다. 준 그림의 x, y 좌표계를 사용하고, 반시계 방향을 양의 회전방향으로 잡는다.

강체 위에서 일정한 거리를 유지하는 두 점 O, P 사이의 상대운동은 다음과 같이 해석할 수 있다.

$$\vec{r}_{P/O} = r_{P/O}\vec{e}_r = r\vec{e}_r \quad (r = constant)$$
$$\vec{v}_{P/O} = r\omega\,\vec{e}_\theta$$
$$\vec{a}_{P/O} = (-r\omega^2)\vec{e}_r + (r\alpha)\,\vec{e}_\theta$$

여기서 ω와 α는 강체의 각속도와 각가속도다.

1) [그림]을 참고하여 상대속도 계산식을 연속으로 적용하면 A는 정지해 있으므로 다음과 같다.

$$(\vec{v}_A + \vec{v}_{B/A}) + \vec{v}_{C/B} = \vec{v}_C = \vec{v}_D$$
$$\vec{0} + 0.3\omega_{AB}(-\sin45^o\vec{i} + \cos45^o\vec{j}) + 0.2\omega_{BC}(\sin30^o\vec{i} + \cos30^o\vec{j}) = \vec{i}$$

성분별로 비교하여

$$[\vec{i}]:\quad -0.3\sin45^o\omega_{AB} + 0.2\sin30^o\omega_{BC} = 1$$
$$[\vec{j}]:\quad 0.3\cos45^o\omega_{AB} + 0.2\cos30^o\omega_{BC} = 0$$

이 되어야 하므로 크라메르(Cramer) 규칙을 이용하여 풀면 해는

$$D = \begin{vmatrix} -0.3\sin45^o & 0.2\sin30^o \\ 0.3\cos45^o & 0.2\cos30^o \end{vmatrix}$$
$$= -0.06\sin(45^o + 30^o) = -0.05796$$
$$D_1 = \begin{vmatrix} 1 & 0.2\sin30^o \\ 0 & 0.2\cos30^o \end{vmatrix} = 0.2\cos30^o = 0.1732$$
$$D_2 = \begin{vmatrix} -0.3\sin45^o & 1 \\ 0.3\cos45^o & 0 \end{vmatrix} = -0.3\cos45^o = -0.2121$$
$$\omega_{AB} = D_1/D = -2.988\ [\text{rad/s}]$$
$$\omega_{BC} = D_2/D = 3.659\ [\text{rad/s}]$$

이다.

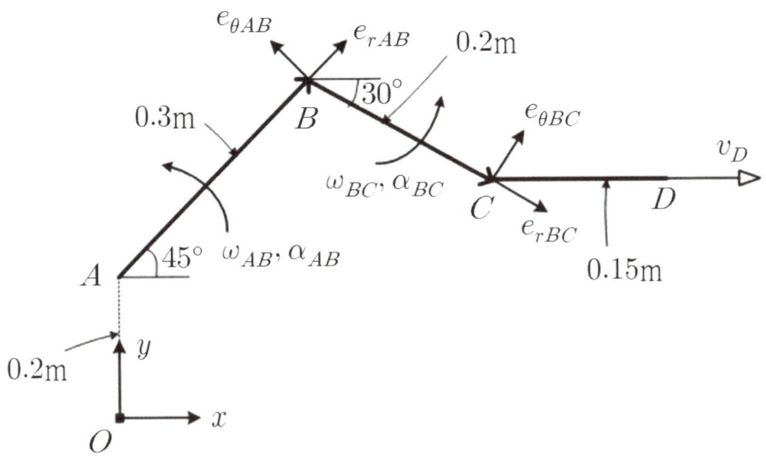

[그림] 거리가 일정한 막대 AB와 BC의 상대운동

2) 속도를 구할 때와 마찬가지로 상대가속도 계산식을 연속으로 적용하면 다음과 같다.

$$(\vec{a}_A + \vec{a}_{B/A}) + \vec{a}_{C/B} = \vec{a}_C = \vec{a}_D$$
$$\vec{0} - 0.3(2.988^2)(\cos 45^o \vec{i} + \sin 45^o \vec{j}) + 0.3\alpha_{AB}(-\sin 45^o \vec{i} + \cos 45^o \vec{j})$$
$$-0.2(3.659^2)(\cos 30^o \vec{i} - \sin 30^o \vec{j}) + 0.2\alpha_{BC}(\sin 30^o \vec{i} + \cos 30^o \vec{j}) = \vec{0}$$

이 식을 정리한 후 성분별로 비교하면

$$[\vec{i}]:\quad -0.3\sin 45^o \alpha_{AB} + 0.2\sin 30^o \alpha_{BC} = 4.213$$
$$[\vec{j}]:\quad 0.3\cos 45^o \alpha_{AB} + 0.2\cos 30^o \alpha_{BC} = 0.5551$$

이 된다. 해를 구하면 팔 AB와 팔 BC의 반시계방향 각가속도는

$$D_1^* = \begin{vmatrix} 4.213 & 0.2\sin 30^o \\ 0.5551 & 0.2\cos 30^o \end{vmatrix} = 0.6742$$

$$D_2^* = \begin{vmatrix} -0.3\sin 45^o & 4.213 \\ 0.3\cos 45^o & 0.5551 \end{vmatrix} = -1.011$$

$$\alpha_{AB} = D_1^*/D = -11.63\ [\text{rad/s}^2]$$

$$\alpha_{BC} = D_2^*/D = 17.44\ [\text{rad/s}^2]$$

이다. 따라서 팔 AB의 각가속도는 시계방향으로 11.63[rad/s^2]이고 팔 BC의 각가속도는 반시계방향으로 17.44[rad/s^2]이다.

[참고] 크라메르 규칙은 방정식의 개수와 미지수의 개수가 같은 일차연립방정식을 계수행렬의 행렬식을 이용하는 푸는 방법이다. 미지수가 x_1, x_2의 두 개인 경우의 방정식과 해는 다음과 같다.

$$a_{11}x_1 + a_{12}x_2 = b_1,\ \ a_{21}x_1 + a_{22}x_2 = b_2$$

$$x_1 = D_1/D = \begin{vmatrix} b_1 & a_{12} \\ b_2 & a_{22} \end{vmatrix} \Big/ \begin{vmatrix} a_{11} & a_{12} \\ a_{21} & a_{22} \end{vmatrix},\ \ x_2 = D_2/D = \begin{vmatrix} a_{11} & b_1 \\ a_{21} & b_2 \end{vmatrix} \Big/ \begin{vmatrix} a_{11} & a_{12} \\ a_{21} & a_{22} \end{vmatrix}$$

이다. 여기서 D_1은 분모의 행렬식 D의 1열을, D_2는 D의 2열을 우변의 상수벡터 $\begin{pmatrix} b_1 \\ b_2 \end{pmatrix}$로 바꾼 것이다. 미지수가 세 개 이상인 경우도 같은 방식으로 쓸 수 있지만 행렬식 계산에 시간이 많이 걸리므로 실제 계산에서는 이점이 별로 없어서 잘 사용하지 않는다.

[문제 17.2] **그림의 로켓이 무동력 상태로 지면과 수직인 평면 내에서 비행하고 있다. 로켓을 추적하는 레이더도 동일 평면 내에 있다. $\theta = 30°$일 때, 레이더가 측정한 로켓의 비행 상태는 r = 10,000m, $\dot{r}$ = 100m/s, $\dot{\theta}$ = 0.01rad/s이다. 이 위치에서 로켓의 가속도는 수직 아래 방향으로 9.81m/s^{2}이다. 로켓의 현재 위치에서 다음 물음에 답하시오. (총 10점)**

[국가공무원 5급(기술) 공개경쟁채용 제2차시험(2018)]

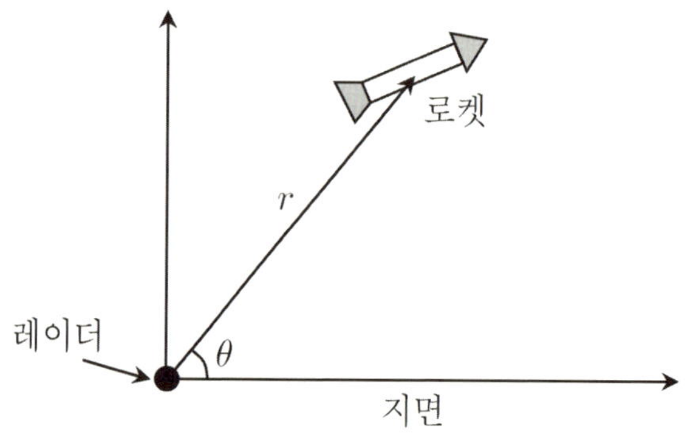

1) 로켓의 속력 v[m/s]를 구하시오. (3점)
2) 로켓의 가속도 $\ddot{r}$[m/s^2]와 $\ddot{\theta}$[rad/s^2]를 구하시오. (4점)
3) 로켓의 현재 위치로부터 0.15초 동안 이동한 변위의 크기[m]를 구하시오. (3점)

풀이 질점의 평면운동을 해석한다. 지면 방향(오른쪽)을 x 방향, 지면에 수직한 방향(위쪽)을 y 방향으로 잡고 그림에 준 극좌표를 사용한다.
원점으로부터 거리 r인 점 P의 운동은 다음과 같이 기술된다.

$$\vec{r}_P = r\vec{e}_r \quad \cdots\cdots ①$$

$$\vec{v}_P = \dot{r}\vec{e}_r + r\dot{\theta}\vec{e}_\theta \quad \cdots\cdots ②$$

$$\vec{a}_P = \left(\ddot{r} - r\dot{\theta}^2\right)\vec{e}_r + \left(r\ddot{\theta} + 2\dot{r}\dot{\theta}\right)\vec{e}_\theta \quad \cdots\cdots ③$$

1) 식 ②와 준 정보를 사용하여 로켓의 속도를 계산하여 크기를 구하면 로켓의 속력은 다음과 같다.

$$\vec{v} = \dot{r}\vec{e}_r + r\dot{\theta}\vec{e}_\theta$$

$$= 100\vec{e}_r + (10000 \times 0.01)\vec{e}_\theta = 100\vec{e}_r + 100\vec{e}_\theta \quad \cdots\cdots ④$$

$$\therefore\ v = |\vec{v}| = \sqrt{100^2 + 100^2} = 100\sqrt{2} = 141.4\ [\text{m/s}]$$

2) $\theta = 30^o$일 때 로켓의 가속도 벡터는 준 값과 식 ③을 사용하면

$$\vec{a} = -9.81\vec{j} = -9.81(\sin 30^o\,\vec{e}_r + \cos 30^o\,\vec{e}_\theta)$$

$$= \left(\ddot{r} - r\dot{\theta}^2\right)\vec{e}_r + \left(r\ddot{\theta} + 2\dot{r}\dot{\theta}\right)\vec{e}_\theta$$

이므로 벡터 성분끼리 비교하면 다음과 같다.

$$\ddot{r} = r\dot{\theta}^2 - 9.81\sin 30^o = 10000(0.01^2) - 4.905 = -3.905\ [\text{m/s}^2]$$

$$\ddot{\theta} = -\frac{1}{r}(9.81\cos 30^o + 2\dot{r}\dot{\theta})$$

$$=-\frac{1}{10000}[8.496+2(100)(0.01)]=-0.001050\,[\text{rad/s}^2]$$

3) 경로 $r=r(\theta)$를 모르지만 로켓이 무동력 상태로 비행하고 있으므로 가속도가 일정하다. 따라서 0.15초 동안 이동한 변위의 크기($|\Delta\vec{r}|$)는 다음과 같다.

$$\ddot{\vec{r}}=-g\vec{j}$$
$$\dot{\vec{r}}=-gt\vec{j}+\vec{v}(0)$$
$$\vec{r}=-\frac{1}{2}gt^2\vec{j}+t\vec{v}(0)+\vec{r}(0)$$
$$\therefore\ \Delta\vec{r}=\vec{r}(0.15)-\vec{r}(0)=-\frac{1}{2}g(0.15^2)\vec{j}+0.15\vec{v}(0)$$
$$=-0.5(9.81)(0.15^2)(\sin 30^o\vec{e}_r+\cos 30^o\vec{e}_\theta)$$
$$+0.15(100\vec{e}_r+100\vec{e}_\theta)$$
$$=14.94\vec{e}_r+14.90\vec{e}_\theta$$
$$\therefore\ |\Delta\vec{r}|=\sqrt{14.94^2+14.90^2}=21.10\,[\text{m}]$$

여기서 $\vec{v}(0)$는 식 ④로 주어진 현재 속도에 해당한다.

[문제 17.3] **그림과 같이 가늘고 단면이 균일한 막대 AB의 A점은 매끄러운 수직봉 OC를 따라 자유롭게 미끄러지는 칼라 D에 부착되어 있고 B점은 매끄러운 표면 위에 놓여있다. 막대는 수직에 가까운($\theta = +0°$) 정지 상태로부터 중력의 영향으로 B점이 오른쪽으로 미끄러지기 시작하여 xy평면에서 회전운동(θ)을 한다. 다음 물음에 답하시오. (단, 운동을 하는 동안 막대의 B점은 수평면과 항상 접촉을 유지한다) (총 15점)** [국가공무원 5급(기술) 공개경쟁채용 제2차시험(2018)]

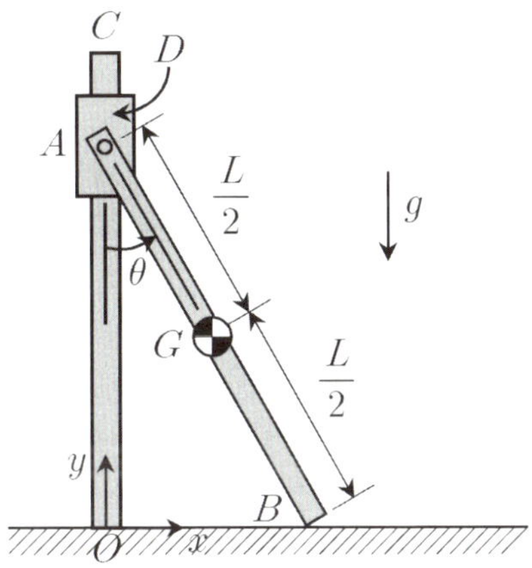

1) 막대의 길이를 L, 질량을 m, 중력가속도를 g, 칼라와 막대 사이의 각도를 θ, 각속도를 $\dot{\theta}$, 각가속도를 $\ddot{\theta}$라고 할 때, 막대의 무게 중심 가속도 ($\ddot{x}_G$, $\ddot{y}_G$)를 주어진 변수를 이용하여 구하시오. (2점)

2) 다음 〈조건〉을 이용하여 $\dot{\theta}$[rad/s], $\ddot{\theta}$[rad/s^2], A 및 B점에 작용하는 반력의 크기[N]와 방향을 각각 구하시오. (13점)

〈조 건〉

- $L = 1\text{m}$
- $m = 10\text{kg}$
- $\theta = 60°$
- $g = 9.81\text{m/s}^2$
- 칼라의 질량은 무시

풀이 강체의 평면회전운동을 해석한다. 자유롭게 미끄러지므로 마찰을 무시하고, 에너지 보존 식을 사용한다. 거리가 일정한 상대 원운동에 대해 원통좌표계를 사용하여 해석하면 편리하다. 준 그림의 x, y, θ(반시계방향) 좌표를 사용한다.

평면운동을 하는 강체 위의 두 점 O, P 사이의 상대운동은

$$\vec{r}_{P/O} = r_{P/O}\vec{e}_r = r\vec{e}_r$$
$$\vec{v}_{P/O} = \dot{r}\vec{e}_r + r\dot{\theta}\vec{e}_\theta$$
$$\vec{a}_{P/O} = \left(\ddot{r} - r\dot{\theta}^2\right)\vec{e}_r + \left(r\ddot{\theta} + 2\dot{r}\dot{\theta}\right)\vec{e}_\theta$$

로 기술되고 r이 일정한 경우($\dot{r} = \ddot{r} = 0$)에는

$$\vec{v}_{P/O} = r\dot{\theta}\vec{e}_\theta \quad \cdots\cdots ①$$
$$\vec{a}_{P/O} = \left(-r\dot{\theta}^2\right)\vec{e}_r + \left(r\ddot{\theta}\right)\vec{e}_\theta \quad \cdots\cdots ②$$

로 간단하게 된다.

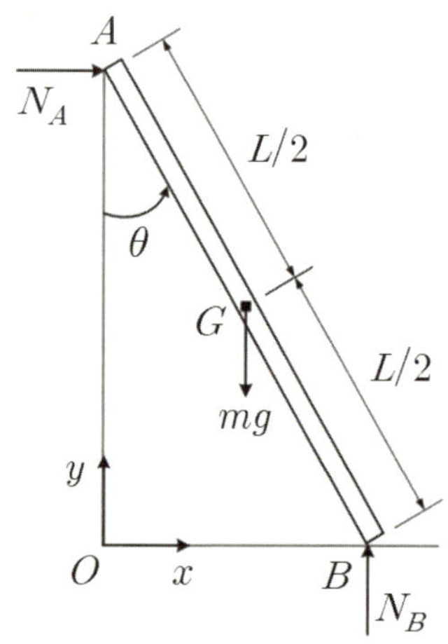

[그림] 자유물체도

1) [그림]의 자유물체도를 참고하여 상대운동 식을 막대 AB에 적용한다. 여기서 A는 수직방향으로, B는 수평방향으로 움직인다. 거리가 일정한

경우에 해당하므로 식 ①, ②를 사용하면 된다. 상대속도 식 ①을 A, B에 적용하면

$$\vec{v}_B = \vec{v}_A + \vec{v}_{B/A} = \vec{v}_A + r\dot{\theta}\,\vec{e}_\theta$$
$$\therefore\ v_B\vec{i} = v_A\vec{j} + L\dot{\theta}\,(\cos\theta\,\vec{i} + \sin\theta\,\vec{j})$$

이다. 성분끼리 비교하면

$$\vec{v}_A = v_A\vec{j} = -L\dot{\theta}\sin\theta\,\vec{j}$$
$$\vec{v}_B = v_B\vec{i} = L\dot{\theta}\cos\theta\,\vec{i}$$

를 얻는다. 마찬가지로 상대가속도 식 ②를 A, B에 적용하면

$$\vec{a}_B = \vec{a}_A + \vec{a}_{B/A} = \vec{a}_A + \left(-r\dot{\theta}^2\right)\vec{e}_r + \left(r\ddot{\theta}\right)\vec{e}_\theta$$
$$\therefore\ a_B\vec{i} = a_A\vec{j} + \left(-L\dot{\theta}^2\right)(\sin\theta\,\vec{i} - \cos\theta\,\vec{j}) + \left(L\ddot{\theta}\right)(\cos\theta\,\vec{i} + \sin\theta\,\vec{j})$$

이 되고 성분끼리 비교하여

$$\vec{a}_A = a_A\vec{j} = -L(\dot{\theta}^2\cos\theta + \ddot{\theta}\sin\theta)\vec{j}$$
$$\vec{a}_B = a_B\vec{i} = L(-\dot{\theta}^2\sin\theta + \ddot{\theta}\cos\theta)\vec{i}$$

이 된다. G는 A, B의 중점이므로 무게중심의 가속도는 다음과 같다.

$$\begin{aligned}(\ddot{x}_G, \ddot{y}_G) &= \ddot{x}_G\,\vec{i} + \ddot{y}_G\,\vec{j} \\ &= \frac{1}{2}(\vec{a}_A + \vec{a}_B) = \frac{1}{2}(a_A\vec{j} + a_B\vec{i}) \\ &= \left(\frac{L}{2}(-\dot{\theta}^2\sin\theta + \ddot{\theta}\cos\theta), -\frac{L}{2}(\dot{\theta}^2\cos\theta + \ddot{\theta}\sin\theta)\right) \cdots ③\end{aligned}$$

2) 마찬가지로 A, B의 중점인 무게중심의 속도 벡터와 각 성분은

$$\begin{aligned}\vec{v}_G &= \dot{x}_G\vec{i} + \dot{y}_G\vec{j} \\ &= \frac{1}{2}(\vec{v}_A + \vec{v}_B) = \frac{L}{2}\dot{\theta}(\cos\theta\vec{i} - \sin\theta\vec{j})\end{aligned}$$

$$\therefore \ \dot{x}_G = \frac{L\dot{\theta}}{2}\cos\theta, \ \dot{y}_G = -\frac{L\dot{\theta}}{2}\sin\theta$$

이다. 처음에 막대가 수직인 위치에서 정지한 상태였으므로 $T_1 = 0$ 이고 $V_1 = mg(L/2)$ 이다. 에너지 보존을 적용하면 다음과 같이 임의의 각도 θ 에서 막대의 각속도를 구할 수 있다.

$$T = T_1 + (V_1 - V) \ ;$$

$$T = \frac{1}{2}m(\dot{x}_G^2 + \dot{y}_G^2) + \frac{1}{2}I_G(\dot{\theta})^2$$

$$= \frac{1}{2}m\left(\frac{L\dot{\theta}}{2}\right)^2 + \frac{1}{2}\frac{mL^2}{12}(\dot{\theta})^2 = \frac{mL^2}{6}(\dot{\theta})^2$$

$$V_1 - V = mg\frac{L(1-\cos\theta)}{2}$$

$$\therefore \ \dot{\theta} = \sqrt{\frac{3g}{L}(1-\cos\theta)} \ \cdots\cdots ④$$

여기서 A가 내려오고 B는 오른쪽으로 움직여서 막대가 반시계방향으로 회전하므로 $\dot{\theta} > 0$ 인 값을 택했다.
다음으로 각가속도와 A, B에서의 반력을 구하기 위해 식 ③을 사용하여 운동방정식을 적용하면 다음과 같다.

$$\sum F_x = m\ddot{x}_G \ : \ N_A = m\frac{L}{2}(-\dot{\theta}^2\sin\theta + \ddot{\theta}\cos\theta) \ \cdots\cdots ⑤$$

$$\sum F_y = m\ddot{y}_G \ : \ N_B - mg = -m\frac{L}{2}(\dot{\theta}^2\cos\theta + \ddot{\theta}\sin\theta) \ \cdots\cdots ⑥$$

$$\sum M_G = I_G\alpha \ : \ -N_A\frac{L}{2}\cos\theta + N_B\frac{L}{2}\sin\theta = \frac{mL^2}{12}\ddot{\theta} \ \cdots\cdots ⑦$$

식 ④를 사용하여 식 ⑤, ⑥을 다시 쓰면

$$N_A = -\frac{3mg(1-\cos\theta)\sin\theta}{2} + \frac{mL\cos\theta}{2}\ddot{\theta} \ \cdots\cdots ⑧$$

$$N_B = mg - \frac{3mg(1-\cos\theta)\cos\theta}{2} - \frac{mL\sin\theta}{2}\ddot{\theta} \ \cdots\cdots ⑨$$

이 된다. 또 식 ⑦에 이 두 식을 대입하여 정리하면

$$mg\frac{L}{2}\sin\theta - \frac{mL^2}{4}(\cos^2\theta + \sin^2\theta)\ddot{\theta} = \frac{mL^2}{12}\ddot{\theta}$$

$$\frac{mgL}{2}\sin\theta = \frac{mL^2}{3}\ddot{\theta}$$

$$\therefore\ \ddot{\theta} = \frac{3g\sin\theta}{2L} \quad \cdots\cdots ⑩$$

이 된다. 식 ⑧, ⑨에 식 ⑩을 대입하고 정리하면 A, B에서의 반력은

$$N_A = -\frac{3mg(1-\cos\theta)\sin\theta}{2} + \frac{mL\cos\theta}{2}\times\frac{3g\sin\theta}{2L}$$

$$= -\frac{3mg(2-3\cos\theta)\sin\theta}{4} \quad \cdots\cdots ⑪$$

$$N_B = mg - \frac{3mg(1-\cos\theta)\cos\theta}{2} - \frac{mL\sin\theta}{2}\times\frac{3g\sin\theta}{2L}$$

$$= \frac{mg}{4}(4 - 6\cos\theta + 6\cos^2\theta - 3\sin^2\theta)$$

$$= \frac{mg(1-3\cos\theta)^2}{4} \quad \cdots\cdots ⑫$$

이다. 마지막으로 식 ④와 식 ⑩~⑫에서 $\theta = 60^o$일 때의 결과를 정리하면 다음과 같다.

$$\dot{\theta} = \sqrt{\frac{3(9.81)}{1}(1-\cos60^o)} = 3.836\ [\text{rad/s}]$$

$$\ddot{\theta} = \frac{3(9.81)\sin60^o}{2(1)} = 12.74\ [\text{rad/s}^2]$$

$$N_A = -\frac{3(10)(9.81)(2-3\cos60^o)\sin60^o}{4} = -31.86\ [\text{N}]$$

$$N_B = \frac{10(9.81)(1-3\cos60^o)^2}{4} = 6.131\ [\text{N}]$$

A점에는 왼쪽으로 31.86[N]의 반력이 작용하고 B점에는 위쪽으로 6.131[N]의 반력이 작용한다.

[참고] 처음부터 주어진 데이터를 수치로 대입하여 계산을 진행하면 다음과 같다. 유효수자는 네 자리로 잡는다.

1) 상대운동 식 ①, ②를 막대 AB에 적용한다. 먼저 상대속도 식을 적용하면

$$\vec{v}_B = \vec{v}_A + r\dot{\theta}\,\vec{e}_\theta$$

$$\therefore\ v_B\vec{i} = v_A\vec{j} + (1)\dot{\theta}\,(\cos 60^o\vec{i} + \sin 60^o\vec{j})$$

$$\vec{v}_A = v_A\vec{j} = -(1)\dot{\theta}\sin 60^o\vec{j} = -0.8660\dot{\theta}\,\vec{j}$$

$$\vec{v}_B = v_B\vec{i} = (1)\dot{\theta}\cos 60^o\vec{i} = 0.5\dot{\theta}\,\vec{i}$$

가 되고, 상대가속도 식을 적용하면

$$\vec{a}_B = \vec{a}_A + \left(-r\dot{\theta}^2\right)\vec{e}_r + \left(r\ddot{\theta}\right)\vec{e}_\theta$$

$$\therefore\ a_B\vec{i} = a_A\vec{j} - \dot{\theta}^2(\sin 60^o\,\vec{i} - \cos 60^o\,\vec{j}) + \ddot{\theta}\,(\cos 60^o\vec{i} + \sin 60^o\,\vec{j})$$

$$\vec{a}_A = a_A\vec{j} = -(0.5\dot{\theta}^2 + 0.8660\ddot{\theta}\,)\vec{j}$$

$$\vec{a}_B = a_B\vec{i} = (-0.8660\,\dot{\theta}^2 + 0.5\ddot{\theta}\,)\vec{i}$$

이 된다. G는 A, B의 중점이므로 무게중심의 가속도는 다음과 같다.

$$\begin{aligned}(\ddot{x}_G, \ddot{y}_G) &= \ddot{x}_G\,\vec{i} + \ddot{y}_G\vec{j} \\ &= \frac{1}{2}(\vec{a}_A + \vec{a}_B) = \frac{1}{2}(a_A\vec{j} + a_B\vec{i}) \\ &= \left(-0.4330\dot{\theta}^2 + 0.25\ddot{\theta}, -0.25\,\dot{\theta}^2 - 0.4330\,\ddot{\theta}\right) \cdots\cdots ③\end{aligned}$$

2) 무게중심의 속도는

$$\begin{aligned}\vec{v}_G &= \dot{x}_G\vec{i} + \dot{y}_G\vec{j} \\ &= \frac{1}{2}(\vec{v}_A + \vec{v}_B) = \frac{L}{2}\dot{\theta}(\cos\theta\,\vec{i} - \sin\theta\,\vec{j}) \\ &= \dot{\theta}(0.25\vec{i} - 0.4330\vec{j})\end{aligned}$$

$$\therefore\ \dot{x}_G = 0.25\dot{\theta},\ \ \dot{y}_G = -0.4330\dot{\theta}$$

이다. 처음에 막대가 수직으로 정지해 있었으므로

$$T_1 = 0,\ \ V_1 = 10 \times 9.81 \times 0.5 = 49.05$$

이고, 에너지 보존을 적용하면 다음과 같다.

$$T = T_1 + (V_1 - V)$$

$$T = \frac{1}{2}m(\dot{x}_G^2 + \dot{y}_G^2) + \frac{1}{2}I_G(\dot{\theta})^2$$

$$= \frac{10}{2}\left[(0.25\dot{\theta})^2 + (-0.4330\dot{\theta})^2\right] + \frac{1}{2}\frac{10 \times 1^2}{12}(\dot{\theta})^2 = 1.667(\dot{\theta})^2$$

$$V_1 - V = 10(9.81)(0.5 - 0.5\cos 60^o) = 24.53$$

$$\therefore\ \dot{\theta} = \sqrt{\frac{24.53}{1.667}} = 3.836\ [\text{rad/s}] \cdots\cdots ④$$

여기서 A가 내려오고 B는 오른쪽으로 움직여서 막대가 반시계방향으로 회전하므로 $\dot{\theta} > 0$인 값을 택했다. 다음으로 각가속도와 A, B에서의 반력을 구하기 위해 식 ③을 사용하여 운동방정식을 적용하면 다음과 같다.

$$\sum F_x = m\ddot{x}_G\ :\ N_A = -4.330\dot{\theta}^2 + 2.5\ddot{\theta} \cdots\cdots ⑤$$

$$\sum F_y = m\ddot{y}_G\ :\ N_B - 98.1 = -2.5\dot{\theta}^2 - 4.330\ddot{\theta} \cdots\cdots ⑥$$

$$\sum M_G = I_G\alpha\ :\ -0.25N_A + 0.4330N_B = 0.8333\ddot{\theta} \cdots\cdots ⑦$$

식 ④를 사용하여 식 ⑤, ⑥을 다시 쓰면

$$N_A = -63.72 + 2.5\ddot{\theta} \cdots\cdots ⑧$$

$$N_B = 61.31 - 4.330\ddot{\theta} \cdots\cdots ⑨$$

이 되는데 식 ⑦에 이 두 식을 대입하여 정리하면

$$42.48 = 3.333\ddot{\theta} \cdots\cdots ⑩$$

이 된다. 식 ⑧~⑩에 의해 각가속도와 A, B에서의 반력은 다음과 같다.

$$\ddot{\theta} = 12.74\,[\text{rad/s}^2]$$

$$N_A = -31.87\ [\text{N}]$$

$$N_B = 6.146\,[\text{N}]$$

[문제 17.4] **그림과 같이 질량이 m이고 현가장치의 스프링 상수가 k인 차량이 길이가 L이고 높이가 H인 턱에 진입하고 있다. 턱의 형상이 다음 식과 같이 주어질 때, 물음에 답하시오. (단, 차량의 수평 방향 주행 속도는 v로 일정하다) (총 15점)**

[국가공무원 5급(기술) 공개경쟁채용 제2차시험(2018)]

$$y(x) = \frac{H}{2}\left(1 - \cos\frac{2\pi x}{L}\right)$$

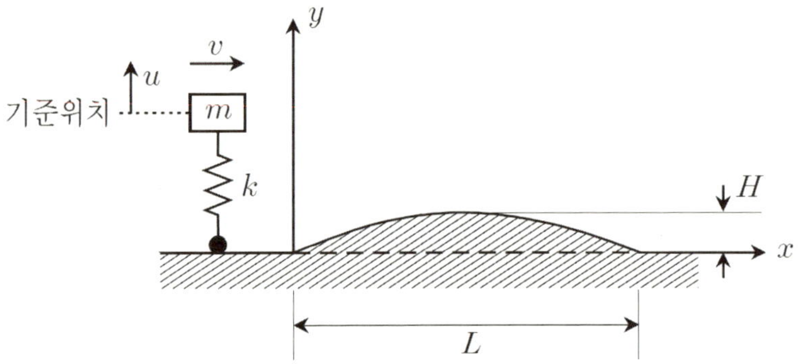

1) 턱을 통과하는 동안에 차량에 발생하는 $+y$방향의 진동 변위 (u)를 시간(t)의 함수로 구하시오. (단, $t=0$일 때 차량이 턱에 진입하며, 차량의 감쇠는 무시한다) (12점)
2) 차량이 턱에 진입한 직후의 $+y$방향 가속도를 구하시오. (3점)

풀이 질점의 운동방정식을 적용하여 해석한다. 차량의 무게는 정적평형 조건에 의해 스프링의 정적 변형과 상쇄된다.

1) 수평방향 속도는 v로 일정하며 $t=0$일 때 턱에 진입한다. 차량을 질점으로 볼 때 [그림]의 자유물체도를 참고하면 운동방정식은 다음과 같다.

$$\dot{x} = constant = v \ : \ x = x(0) + vt = 0 + vt = vt \quad \text{①}$$

$$\sum F_y = ma_y \ : \ -mg + k(\delta_{st} - u + y_b)$$

$$= m\frac{d^2}{dt^2}(y_0 + u) = m\ddot{u} \quad \text{②}$$

여기서 δ_{st}는 정적평형 상태에서 스프링이 무게 때문에 압축된 길이로 평형조건에 의해

$$-mg + k\delta_{st} = 0 \quad \text{③}$$

이 되고, $\delta_{st} - u + y_b = \delta$는 턱에 진입한 후 스프링이 압축된 길이로 운동과 턱의 효과가 반영되었다. y_b는 차량이 턱에 진입한 후 차량이 있는 곳의 바닥의 높이

$$y_b(t) = \frac{H}{2}\left(1 - \cos\frac{2\pi x(t)}{L}\right) = \frac{H}{2}\left(1 - \cos\frac{2\pi vt}{L}\right)$$

$$= \frac{H}{2}(1 - \cos\omega t), \ \ \omega = \frac{2\pi v}{L} \quad \text{④}$$

를 나타내는데, 턱에 진입하면 턱은 그 높이만큼 스프링을 추가로 압축하는 효과로 작용한다. y_0는 턱에 진입하기 전의 차량 높이로서 준 그림에서 기준위치의 높이에 해당한다.

식 ③, ④를 반영하여 식 ②를 다시 쓰면

$$m\ddot{u} + ku = \frac{kH}{2}(1 - \cos\omega t) \quad \text{⑤}$$

이 되고 m으로 나누면

$$\ddot{u} + \omega_n^2 u = \frac{\omega_n^2 H}{2}(1 - \cos\omega t), \ \ \omega_n = \sqrt{\frac{k}{m}} \quad \text{⑥}$$

이 된다. 이 방정식의 일반해를 여함수(또는 제차해)와 특수해(또는 특별해)의 합으로 나타내면

$$u = C_1 \cos\omega_n t + C_2 \sin\omega_n t + \frac{H}{2(\omega_n^2 - \omega^2)}$$
$$\left(\omega_n^2 - \omega^2 - \omega_n^2 \cos\omega t\right) \cdots\cdots ⑦$$

이다. 특수해는 우변의 비제차항이 상수와 코사인 항으로 되어 있으므로 미정계수법을 사용하여 $u_p = A + B\cos\omega t + C\sin\omega t$로 가정하는데 여기서는 좌변에 짝수 차수의 미분만 있기 때문에 사인 항은 빼도 된다.

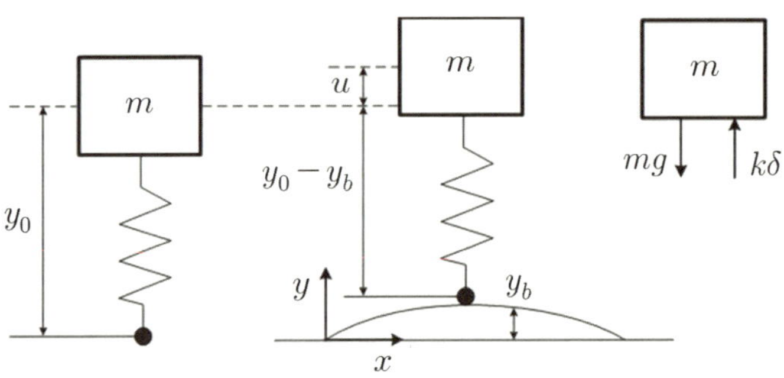

[그림] 자유물체도

진입할 때($t=0$) 차량이 턱을 부드럽게 타고 넘어야 한다. 차량의 높이와 속도에 대한 조건을 초기조건으로 나타내면

$$u(0) = y_b(0), \quad \dot{u}(0) = \dot{y}_b(0)$$

인데 $y_b(0) = doty_b(0) = 0$이므로 u에 대한 초기조건은

$$u(0) = \dot{u}(0) = 0 \cdots\cdots ⑧$$

이 된다. 식 ⑦과 그 도함수를 계산하여 $t=0$에서의 값을 구하고 식 ⑧을 적용하면 $\sin 0 = 0$, $\cos 0 = 1$ 이므로

$$u(0) = C_1 + \frac{H}{2(\omega_n^2 - \omega^2)}(-\omega^2) = 0$$

$$\therefore\ C_1 = \frac{H\omega^2}{2(\omega_n^2 - \omega^2)} \quad \cdots\cdots ⑨$$

$$u'(0) = \omega_n C_2 = 0$$

$$\therefore\ C_2 = 0 \quad \cdots\cdots ⑩$$

이 되고, 차량의 진동 변위 u에 대한 최종 해는 다음과 같다.

$$u = \frac{H}{2(\omega_n^2 - \omega^2)}\left[\omega_n^2(1-\cos\omega t) - \omega^2(1-\cos\omega_n t)\right] \quad \cdots\cdots ⑪$$

2) $+y$ 방향 가속도는 식 ⑪을 t로 두 번 미분하여

$$a_y = \frac{d^2}{dt^2}(y_0 + u) = \ddot{u} = \frac{H\omega_n^2\omega^2}{2(\omega_n^2 - \omega^2)}(\cos\omega t - \cos\omega_n t)$$

가 되고 진입한 직후, 즉 $t=0$일 때

$$a_y = \ddot{u}(0) = 0$$

이 된다. 이것은 식 ⑤나 식 ⑥의 운동방정식에 $t=0$을 대입하고 $u(0)=0$이라는 사실을 이용하여 다음과 같이 알 수도 있다.

$$m\ddot{u}(0) + ku(0) = 0$$

$$\therefore\ \ddot{u}(0) = -(k/m)u(0) = -(k/m)\times 0 = 0$$

$$\ddot{u}(0) + \omega_n^2 u(0) = 0$$

$$\therefore\ \ddot{u}(0) = -\omega_n^2 u(0) = -\omega_n^2 \times 0 = 0$$

제18장 2019년도 국가공무원 5급(기술) 공개경쟁채용 제2차시험

[문제 18.1] 그림과 같이 질량이 m인 어떤 물체가 공중으로 발사되었다. 다음 물음에 답하시오. (단, 발사각은 $0 < \theta < \frac{\pi}{2}$이고, 초기속도는 $v_0 > 0$이다. 공기의 저항은 무시하고, 중력가속도 g는 수직 하향으로 작용한다. 물체가 발사된 기준면의 위치에너지는 0이다) (총 10점)

[국가공무원 5급(기술) 공개경쟁채용 제2차시험(2019)]

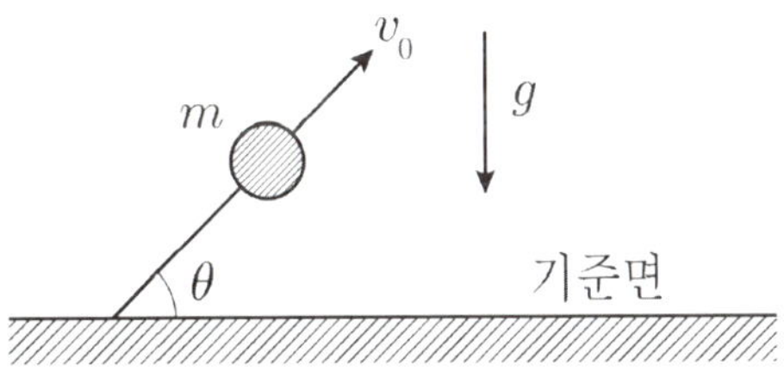

1) 발사된 물체가 도달할 수 있는 최대 높이에서 그 물체가 갖는 운동에너지 T와 위치에너지 V를 각각 m, v_0, θ의 함수로 나타내시오. (4점)
2) 발사된 물체가 도달할 수 있는 최대 높이에서의 위치에너지 V가 운동에너지 T의 3배가 되는 발사각도 θ를 구하시오. (3점)
3) 발사된 물체가 기준면에 도달하기 직전에 그 물체가 갖는 운동에너지 T_f를 m, v_0의 함수로 나타내시오. (3점)

풀이 운동방정식을 사용하여 질점의 평면운동을 해석한다. 발사 지점을 원점으로 잡고 오른쪽을 x 방향, 위쪽을 y 방향으로 잡는다.

1) 질점의 운동방정식을 시간 t에 대해 두 번 적분하면 물체의 수평 및 수직 위치는 다음과 같다.

$$\sum F_x = ma_x \ :$$

$$m\ddot{x} = 0$$

$$\therefore \ \dot{x} = \dot{x}(0) = v_0 \cos\theta \ \cdots\cdots \ ①$$

$$\therefore \ x = (v_0 \cos\theta)t \ \cdots\cdots \ ②$$

$$\sum F_y = ma_y \ :$$

$$m\ddot{y} = -mg$$

$$\therefore \ \dot{y} = v_0 \sin\theta - gt \ \cdots\cdots \ ③$$

$$\therefore \ y = (v_0 \sin\theta)t - \frac{1}{2}gt^2 \ \cdots\cdots \ ④$$

여기서 발사 지점이 원점 $(0,0)$이라는 사실을 적용하였다.
최대 높이에서 수직방향 속도가 양에서 음 또는 음에서 양으로 바뀌므로 $\dot{y} = 0$이고, 그 시간은 식 ③에 의해

$$t = \frac{v_0 \sin\theta}{g}$$

이다. 이 순간의 운동에너지 T와 위치에너지 V는 식 ①, ④에 의해 다음과 같다.

$$T = \frac{m}{2}(\dot{x}^2 + \dot{y}^2)$$

$$= \frac{m}{2}[(v_0 \cos\theta)^2 + 0] = \frac{mv_0^2}{2}\cos^2\theta \ \cdots\cdots \ ⑤$$

$$V = mgy = mg\left[v_0 \sin\theta\left(\frac{v_0 \sin\theta}{g}\right) - \frac{g}{2}\left(\frac{v_0 \sin\theta}{g}\right)^2\right]$$

$$= \frac{mv_0^2}{2}\sin^2\theta \ \cdots\cdots \ ⑥$$

2) 최대 높이에서 $V=3T$가 되어야 하므로 식 ⑤, ⑥으로부터

$$V=\frac{mv_0^2}{2}\sin^2\theta=3T=3\frac{mv_0^2}{2}\cos^2\theta$$

$$\therefore\ \tan^2\theta=3 \quad\cdots\cdots ⑦$$

이 되어야 한다. $0<\theta<\frac{\pi}{2}$의 범위에서 식 ⑦을 만족하는 각도는

$$\theta=\frac{\pi}{3}$$

가 된다.

3) 물체가 기준면에 도달하기 직전에 $y\simeq 0$이므로 식 ④로부터

$$t\simeq\frac{2v_0\sin\theta}{g}$$

이다. 이때

$$\dot{x}=v_0\cos\theta$$

$$\dot{y}=v_0\sin\theta-g\left(\frac{2v_0\sin\theta}{g}\right)=-v_0\sin\theta$$

이므로 운동에너지 T_f는 다음과 같다.

$$T_f=\frac{m}{2}[(v_0\cos\theta)^2+(-v_0\sin\theta)^2]=\frac{mv_0^2}{2}$$

운동에너지와 위치에너지의 합은 발사 순간, 최고 높이, 기준면 도달 직전의 세 시각에 모두 $\frac{mv_0^2}{2}$으로 일정하다. 이것은 에너지보존법칙과 부합한다.

[참고] x 방향으로 0, y 방향으로 $-g$의 등가속도 운동을 하므로 등가속도 관계식

$$2a\Delta s = \Delta(v^2)$$

$$\therefore\ 0 = \Delta(v_x^2) \cdots\cdots ⑧$$

$$\therefore\ -2g\Delta y = \Delta(v_y^2) \cdots\cdots ⑨$$

을 이용하여 해석할 수도 있다. 발사 순간, 최고 높이, 기준면 도달 직전을 각각 0, 1, f로 나타낸다.
먼저 최고 높이에서 $v_{y,1} = 0$이고 식 ⑧에 의해

$$v_{x,1}^2 = v_{x,0}^2 = (v_0\cos\theta)^2 \cdots\cdots ⑩$$

이므로

$$\therefore\ T_1 = \frac{m}{2}(v_{x,1}^2 + v_{y,1}^2) = \frac{m}{2}(v_0\cos\theta)^2$$

이고, 식 ⑨에 의해

$$-2g(y_1 - 0) = v_{y,1}^2 - v_{y,0}^2 = 0 - (v_0\sin\theta)^2$$

$$2gy_1 = (v_0\sin\theta)^2$$

$$\therefore\ V_1 = mgy_1 = \frac{m}{2}(v_0\sin\theta)^2$$

이 된다. 마찬가지로 식 ⑧, ⑩에 의해

$$v_{x,f}^2 = v_{x,1}^2 = (v_0\cos\theta)^2$$

이고, 식 ⑨에 의해

$$-2g(y_f - y_1) = v_{y,f}^2 - v_{y,1}^2$$

$$-2g(0 - y_1) = v_{y,f}^2 - 0$$

$$\therefore\ v_{y,f}^2 = 2gy_1 = (v_0\sin\theta)^2$$

이므로

$$T_f = \frac{m}{2}(v_{x,f}^2 + v_{y,f}^2) = \frac{m}{2}[(v_0\cos\theta)^2 + (v_0\sin\theta)^2] = \frac{mv_0^2}{2}$$

임을 알 수 있다.

[문제 18.2] 그림과 같이 질량이 m, 반지름이 R인 균일한 구가 경사각이 θ인 경사면 위에 놓여있다. 이 구가 미끄러짐 없이 경사면을 내려가기 위한 최소 마찰계수 μ를 구하시오. (10점)

[국가공무원 5급(기술) 공개경쟁채용 제2차시험(2019)]

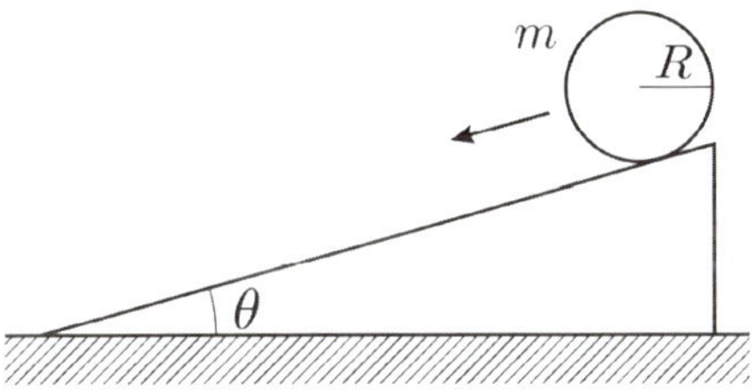

풀이 운동방정식과 운동학 관계식과 마찰계수의 정의를 사용하여 강체의 평면 운동을 해석한다. [그림]에 보인 것처럼 경사면과 평행하게 내려오는 방향을 x 방향, 면에 수직한 방향을 y 방향, 반시계방향을 회전방향으로 잡는다.

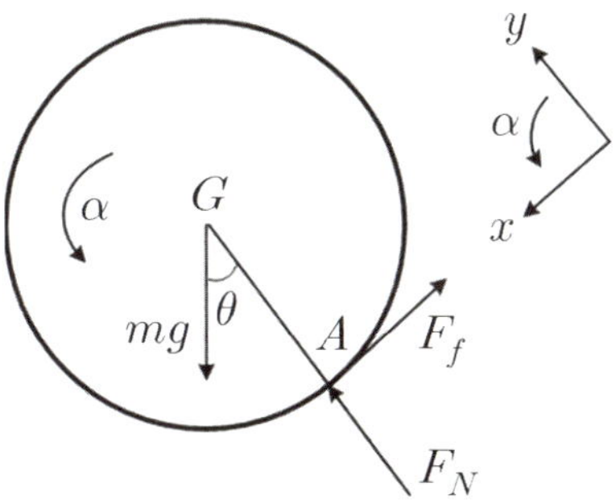

[그림] 구의 자유물체도

구가 미끄러지지 않고 굴러 내려갈 때의 운동방정식과 운동학 관계식은 다음과 같다.

• 운동방정식

$$\sum F_x = ma_{G,x} \ : \ mg\sin\theta - F_f = ma_{G,x} \cdots\cdots ①$$

$$\sum F_y = ma_{G,y} \ : \ -mg\cos\theta + F_N = ma_{G,y} \cdots\cdots ②$$

$$\sum M_G = I_G\alpha \ : \ RF_f = \frac{2}{5}mR^2\alpha \cdots\cdots ③$$

• 운동학 관계식

$$a_{G,x} = R\alpha \cdots\cdots ④$$

$$a_{G,y} = \ddot{y}_G = 0 \cdots\cdots ⑤$$

여기서 질량 m, 반지름 R인 구의 무게중심에 대한 질량관성모멘트 I_G는 $(2/5)mR^2$이다.
식 ③에 의해

$$F_f = \frac{2}{5}mR\alpha \cdots\cdots ⑥$$

이고, 식 ④, ⑥을 식 ①에 대입하여 정리하면

$$mg\sin\theta - \frac{2}{5}mR\alpha = m(R\alpha)$$

$$\therefore \ \alpha = \frac{mg\sin\theta}{(1+\frac{2}{5})mR} = \frac{5g\sin\theta}{7R} \cdots\cdots ⑦$$

이 된다. 이 값을 식 ⑥에 대입하면 마찰력은 다음과 같다.

$$F_f = \left(\frac{2}{5}mR\right)\frac{5g\sin\theta}{7R} = \frac{2mg\sin\theta}{7} \cdots\cdots ⑧$$

한편 식 ②, ④에 의해 수직반력은 다음과 같다.

$$F_N = mg\cos\theta \cdots\cdots ⑨$$

구가 미끄러지지 않고 굴러가려면 마찰력이 최대정지마찰력보다 작아야 한다. 즉 식 ⑧, ⑨에 의해

$$F_f \le \mu F_N$$

$$\frac{2mg\sin\theta}{7} \le \mu(mg\cos\theta)$$

$$\therefore \ \mu \ge \frac{2}{7}\tan\theta$$

이어야 한다. 따라서 구하는 최소 마찰계수 μ는 $\frac{2}{7}\tan\theta$ 이다.

[문제 18.3] 그림과 같이 질량이 m, 길이가 L인 균일한 막대가 지면 돌출부 A로부터 높이가 h인 위치에 수평 상태로 놓여있다. 이 막대가 그림과 같은 자세로 정지 상태로부터 수직으로 낙하하여 A와 부딪칠 때, 다음 물음에 답하시오. (단, 공기의 저항은 무시하고, 막대의 질량중심은 G이며, 막대와 A 간의 충돌반발계수는 ϵ이다) (총 15점)

[국가공무원 5급(기술) 공개경쟁채용 제2차시험(2019)]

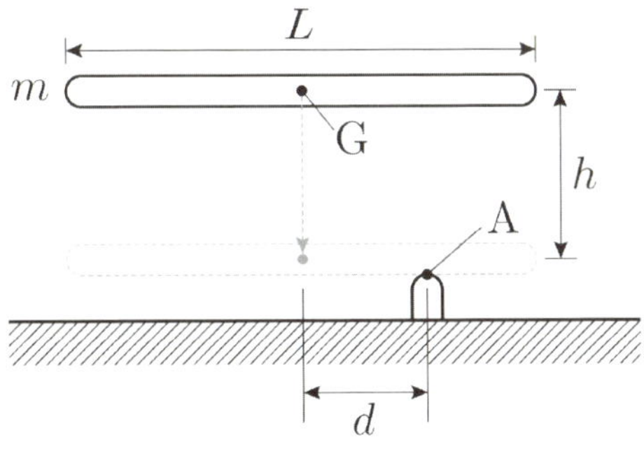

1) 막대가 A와 충돌하기 직전, G의 선속도 v_0을 구하시오. (3점)
2) 충돌 시 G와 A 사이의 수평거리를 d라고 할 때, 충돌 직후 G의 선속도 v_G를 구하시오. (10점)
3) 충돌 직후 G의 선속도 v_G가 0이 되도록 하는 G와 A 사이의 거리 d를 구하시오. (2점)

풀이 에너지보존식과, 선운동량 및 각운동량 보존식과 충돌반발계수를 사용한 충돌 해석을 사용하여 강체의 평면운동을 해석한다. [그림]처럼 운동방향을 잡는다. 초기 상태를 1, 돌출부에 부딪치기 직전, 직후를 2, 3으로 나타낸다.

1) 낙하과정 해석: 돌출부에 부딪치기 전에는 막대에 작용하는 힘이 무게중심 G에 작용하는 무게 밖에 없다. 따라서 수평인 정지 상태에서 낙하하기 시작한 막대는 회전 없이 내려온다. 운동방정식을 적용하여 해석하면 다음과 같다.

$$\sum F_x = ma_{G,x} \ : \ 0 = \dot{v}_{G,x}$$

$$\therefore \ v_{G,x,2} = v_{G,x,1} = 0 \quad \cdots\cdots ①$$

$$\sum F_y = ma_{G,y} \ : \ mg = m\dot{v}_{G,y}$$

$$\therefore \ v_{G,y} = gt \quad \cdots\cdots ②$$

$$\therefore \ y_G = \frac{1}{2}gt^2 \quad \cdots\cdots ③$$

$$\sum M_G = I_G\alpha \ : \ 0 = I_G\dot{\omega}$$

$$\therefore \ \omega_2 = \omega_1 = 0 \quad \cdots\cdots ④$$

식 ③과 ②를 조합하여 막대가 회전 없이 돌출부에 부딪칠 때의 낙하속도 $v_0(>0)$를 구하면

$$y_{G,2} = \frac{1}{2}gt_2^2 = h$$

$$v_{G,y,2} = gt_2 = g\sqrt{\frac{2h}{g}} = \sqrt{2gh}$$

$$\therefore \ v_0 = v_{G,y,2} = \sqrt{2gh} \quad \cdots\cdots ⑤$$

가 된다.

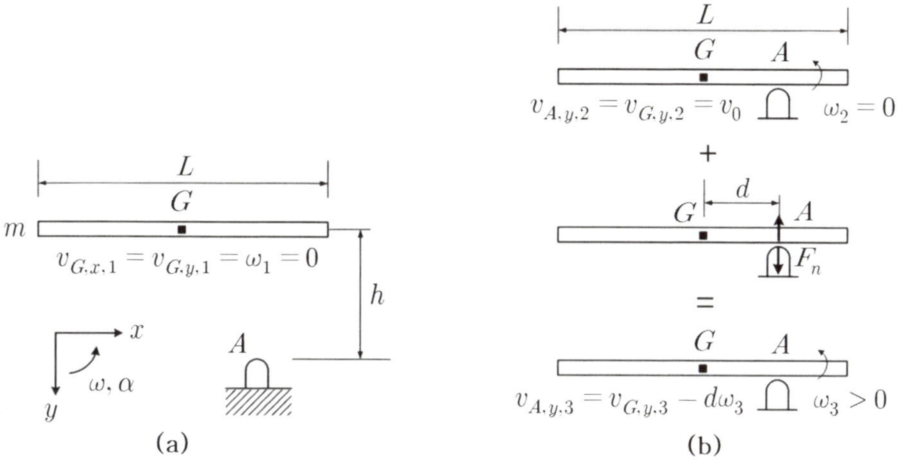

[그림] (a) 회전 없이 낙하하는 막대 (b) 충돌 후 회전하는 막대

2) 충돌 해석: 충돌과정 2~3을 충격량-운동량 관계식을 적용하여 해석하면 다음과 같다.

정지 상태가 유지되는 돌출부에 의한 반력을 F_n이라 하고, 무게를 충격력에 비해 무시하여 충돌을 해석한다. 충돌 직전 속도

$$v_{A,y,2} = v_{G,y,2} = v_0$$

이므로

- 선운동: $\int_{t_2}^{t_3} (-F_n)dt = m(v_{G,y,3} - v_{G,y,2})$ ⋯⋯⋯⋯ ⑥
- 각운동: $\int_{t_2}^{t_3} dF_n dt = I_G(\omega_3 - \omega_2)$ ⋯⋯⋯⋯ ⑦
- 충돌반발계수: $\epsilon = \dfrac{v_{A,y,3} - 0}{0 - v_{A,y,2}}$

$\therefore\ v_{A,y,3} = -\epsilon v_{A,y,2} = -\epsilon v_0$ ⋯⋯⋯⋯ ⑧

- 상대속도: $v_{A,y,3} = v_{G,y,3} - d\omega_3$ ⋯⋯⋯⋯ ⑨

이 성립한다.

식 ⑥에 d를 곱한 후 식 ⑦을 더하고, 식 ④, ⑤를 적용하면

$$md(v_{G,y,3}-v_{G,y,2})+I_G(\omega_3-\omega_2)=0$$
$$md(v_{G,y,3}-v_0)+I_G(\omega_3-0)=0$$
$$\therefore\ \ mdv_{G,y,3}+I_G\,\omega_3=mdv_0 \quad \text{⑩}$$

이고, 식 ⑧, ⑨를 같다고 놓으면

$$\therefore\ \ v_{G,y,3}-d\omega_3=-\epsilon\, v_0 \quad \text{⑪}$$

이 된다. 연립방정식 ⑩과 ⑪을 크라메르 규칙을 사용하여 풀면 구하는 충돌 직후 선속도 v_G와 각속도는 다음과 같다.

$$v_G=v_{G,y,3}=\begin{vmatrix} mdv_0 & I_G \\ -\epsilon v_0 & -d \end{vmatrix} \Big/ \begin{vmatrix} md & I_G \\ 1 & -d \end{vmatrix}=\frac{-md^2v_0+\epsilon I_Gv_0}{-md^2-I_G}$$
$$=\frac{(12d^2-\epsilon L^2)v_0}{12d^2+L^2} \quad \text{⑫}$$
$$\omega_3=\begin{vmatrix} md & mdv_0 \\ 1 & -\epsilon v_0 \end{vmatrix} \Big/ \begin{vmatrix} md & I_G \\ 1 & -d \end{vmatrix}=\frac{-\epsilon mdv_0-mdv_0}{-md^2-I_G}$$
$$=\frac{12(1+\epsilon)dv_0}{12d^2+L^2} \quad \text{⑬}$$

여기서 막대에 대해 $I_G=(1/12)mL^2$이다.

3) $0\le\epsilon\le 1$이므로 $v_G=v_{G,y,3}=0$이 되려면 식 ⑫에 의해서 G와 A 사이의 거리 d는

$$12d^2=\epsilon L^2$$
$$\therefore\ \ d=\pm\sqrt{\frac{\epsilon}{12}}\,L \quad \text{⑭}$$

이어야 한다. $d<0$인 경우는 G가 A보다 오른쪽에 있는 경우에 해당한다. 식 ⑬에 의하면 ω_3가 d에 비례하므로 $d>0$이면(G가 A의 왼쪽) 막대가 반시계방향으로 회전하고, $d<0$이면(G가 A의 오른쪽) 막대가 시계방향으로 회전한다. $d=0$인 경우에는

$$\omega_3 = 0$$

$$v_{G,y,3} = -\epsilon v_0 = v_{A,y,3}$$

가 되므로 회전 없이($\omega_2 = 0$) 속도 v_0로 내려온 막대가 속력이 ϵv_0로 줄면서 회전 없이($\omega_3 = 0$) 위로 튕겨나간다.

[참고(1)] 에너지보존을 이용하여 다음과 같이 충돌 직전 속도 v_0를 구할 수도 있다.

$$T_2 = T_1 + (V_1 - V_2)$$

$$T = \frac{1}{2}m(v_{G,x}^2 + v_{G,y}^2) + \frac{1}{2}I_G\,\omega^2, \quad V = -mgy_G$$

$$T_1 = 0, \quad V_1 - V_2 = mgh$$

$$v_{G,x,2} = 0, \quad v_{G,y,2} = v_0, \quad \omega_2 = 0$$

$$T_2 = \frac{1}{2}m(0 + v_0^2) + \frac{1}{2}I_G\,(0) = 0 + mgh$$

$$v_0^2 = 2gh$$

$$\therefore \ v_0 = \sqrt{2gh}$$

[참고(2)] 충돌 해석 시 돌출부에 의한 반력이 계산에 포함되지 않도록 A에 대한 각충격량-각운동량 관계를 적용해도 된다. 충격력에 의한 토크가 0이므로 A에 대한 각운동량이 보존된다. 즉

$$H_{A,2} = H_{A,3}, \quad H_A = I_G\omega + (m|\vec{v}_G|)\ell_{AG}$$

$$\omega_2 = 0, \quad v_{G,x,2} = 0, \quad v_{G,y,2} = v_0$$

$$v_{G,x,3} = 0$$

$$\ell_{AG} = d$$

$$I_G(0) + (mv_0)d = I_G\,\omega_3 + (mv_{G,y,3})d$$

$$\therefore \ mdv_0 = I_G\,\omega_3 + mdv_{G,y,3} \quad \cdots\cdots ⑮$$

이 성립한다. 여기서 ℓ_{AG}는 A에 대한, 무게중심의 선운동량 모멘트 팔의 길이를 나타낸다. 식 ⑮는 위에서 식 ⑥, ⑦로부터 반력을 소거하여 얻은 식 ⑩과 일치한다.

[문제 18.4] **그림과 같이 질량-스프링으로 구성된 진동계가 있다. 질량은 m, 스프링상수는 k이며, $x(t)$는 질량의 변위, F는 질량에 가해지는 외력일 때, 다음 물음에 답하시오. (단, 질량과 지면 사이에 발생하는 마찰은 무시한다) (총 15점)**

[국가공무원 5급(기술) 공개경쟁채용 제2차시험(2019)]

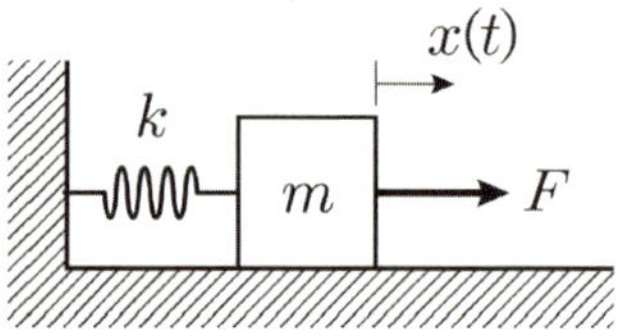

1) 진동계의 운동방정식을 쓰시오. (2점)
2) 초기조건으로 초기변위 $x(0)=x_0$, 초기속도 $\dot{x}(0)=v_0$가 주어졌다. 이 초기조건에 의한 자유진동 $x(t)$를 구하시오. (단, 외력 F는 없다) (3점)
3) 가해지는 외력이 단위임펄스(unit impulse)일 경우 이 외력에 의한 응답을 구하시오. (단, 초기조건 $x_0=0$이다) (4점)
4) 초기조건으로 초기변위 $x(0)=x_0$, 초기속도 $\dot{x}(0)=0$가 주어지고, 자유진동 시간 $t=\tau$일 때, 크기 A를 갖는 충격량 $A\delta(t-\tau)$을 가하여 $t=\tau$ 이후의 자유진동을 완전히 제거하려 한다. 진동이 시작된 이후 가장 빠른 시간에 진동을 완벽히 정지시키기 위한 충격의 크기 A와 시간 τ를 구하시오. (단, δ는 시간지연함수이다) (6점)

풀이 마찰을 무시하고 질점의 운동방정식을 사용하여 질량-스프링 시스템의 진동을 해석한다. 임펄스가 외력으로 가해질 때의 해석은 라플라스 변환을 이용한다.

1) 마찰이 없을 때 질점에 대하여 x 방향 운동방정식을 사용하면 진동계의 운동방정식은 다음과 같다.

$$\sum F_x = ma_x \ : \ F - kx = m\ddot{x}$$

$$\therefore\ m\ddot{x}+kx=F \cdots\cdots ①$$

2) 외력 $F=0$인 자유진동을 해석하기 위하여 식 ①에서 $F=0$으로 하고 m으로 나누면

$$\ddot{x}+\omega^2 x=0,\ \omega=\sqrt{k/m} \cdots\cdots ②$$

이 된다. 미지상수를 포함하는 이 미분방정식의 일반해

$$x=C_1\cos\omega t+C_2\sin\omega t \cdots\cdots ③$$

에 초기조건을 적용하면

$$x(0)=C_1=x_0$$
$$dotx(0)=\omega C_2=v_0$$

이다. 이 두 식으로부터 C_1, C_2는 쉽게 구할 수 있으며 구하는 자유진동 해는 다음과 같다.

$$x=x_0\cos\omega t+\frac{v_0}{\omega}\sin\omega t \cdots\cdots ④$$

3) 임펄스 형태의 외력 $F=P_0\delta(t-t_0)$, $(t_0\geq 0)$이 가해질 경우의 운동방정식은 다음과 같다.

$$m\ddot{x}+kx=P_0\delta(t-t_0),\ (t_0\geq 0)$$
$$\ddot{x}+\omega^2 x=V_0\delta(t-t_0) \cdots\cdots ⑤$$

여기서 $\delta(t-t_0)$는 단위충격함수 또는 디랙(Dirac)의 델타함수

$$\delta(t-t_0)=\lim_{\epsilon\to 0}\delta_\epsilon(t-t_0)$$
$$\delta_\epsilon(t-t_0)=\begin{cases}1/\epsilon & (t_0<t<t_0+\epsilon)\\ 0 & (t<t_0 \text{ or } t>t_0+\epsilon)\end{cases}$$

이고, $V_0=P_0/m$이다. 이렇게 하면 충격량은

$$\int_0^{\infty} F dt = \int_0^{\infty} P_0 \delta(t-t_0)\, dt = P_0 = m V_0$$

가 된다.

초기조건

$$x(0) = x_0 = 0,\ \dot{x}(0) = v_0$$

를 만족하는 미분방정식 ⑤의 해를 구하기 위해 라플라스 변환을 이용한다. $x(t)$의 라플라스 변환을 $X(s)$, 즉

$$X(s) = \mathcal{L}[x(t)] = \int_0^{\infty} x(t) e^{-st} dt$$

라 하고 식 ⑤의 양변을 라플라스 변환하고 $X(s)$에 대해 풀면 다음과 같다.

$$s^2 X(s) - s x(0) - \dot{x}(0) + \omega^2 X(s) = V_0 e^{-t_0 s}$$

$$(s^2 + \omega^2) X(s) - v_0 = V_0 e^{-t_0 s}$$

$$\therefore\ X(s) = \frac{v_0}{s^2+\omega^2} + \frac{V_0}{s^2+\omega^2} e^{-t_0 s} \quad \cdots\cdots ⑥$$

단위계단함수(또는 헤비사이드함수)

$$u(t-t_0) = \begin{cases} 0 & (t < t_0) \\ 1 & (t \geq t_0) \end{cases}$$

을 사용하여 식 ⑥의 역변환 $\mathcal{L}^{-1}[X(s)]$를 구하면

$$x(t) = \frac{v_0}{\omega} \sin\omega t + \frac{V_0}{\omega} u(t-t_0) \sin\omega(t-t_0)$$

$$= \begin{cases} (v_0/\omega)\sin\omega t & (t < t_0) \\ (v_0/\omega)\sin\omega t + (V_0/\omega)\sin\omega(t-t_0) & (t \geq t_0) \end{cases} \quad \cdots\cdots ⑦$$

가 초기조건을 만족하는, 임펄스 외력에 의한 응답이다. 외력이 단위 임펄스라는 것이 $P_0 = 1$, $V_0 = 1/m$를 의미하는 것이라 생각하지만,

크기가 1이 되기 위한 특정 단위를 지정하지 않았으므로 이 값을 그대로 두었다.

4) 초기변위가 x_0이고 초기속도가 0인 자유진동이 시작된 후 시간 $t=\tau$에 크기 A의 충격량이 가해질 경우의 운동방정식은

$$m\ddot{x}+kx=A\delta(t-\tau)$$

$$\ddot{x}+\omega^2 x=\frac{A}{m}\delta(t-\tau) \quad \cdots\cdots ⑧$$

이다. 앞에서와 마찬가지로 초기조건

$$x(0)=x_0,\ dotx(0)=0$$

을 적용하고 라플라스 변환을 사용하여 $x(t)$를 구하면 다음과 같다.

$$s^2X(s)-sx(0)-\dot{x}(0)+\omega^2X(s)=\frac{A}{m}e^{-\tau s}$$

$$(s^2+\omega^2)X(s)-sx_0=\frac{A}{m}e^{-\tau s}$$

$$\therefore\ X(s)=\frac{x_0 s}{s^2+\omega^2}+\frac{A/m}{s^2+\omega^2}e^{-\tau s} \quad \cdots\cdots ⑨$$

$$\therefore\ x=x_0\cos\omega t+\frac{A}{m\omega}u(t-\tau)\sin\omega(t-\tau)$$

$$=\begin{cases} x_0\cos\omega t & (t<\tau) \\ x_0\cos\omega t+\dfrac{A}{m\omega}\sin\omega(t-\tau) & (t\ge\tau)\end{cases} \quad \cdots\cdots ⑩$$

이제 $t=\tau$ 이후에 진동을 완벽하기 정지시키려면 삼각함수의 위상차를 이용하면 된다. 즉 음이 아닌 정수 N에 대해서

$$\omega\tau=\frac{\pi}{2}+2N\pi \quad \cdots\cdots ⑪$$

로 잡으면

$$\sin(\omega t - \omega\tau) = \sin\left(\omega t - \frac{\pi}{2} - 2N\pi\right) = -\cos\omega t$$

가 되는 것을 이용하면 된다. 가장 빠른 시간에 정지하려면 $N=0$으로 하여

$$\frac{A}{m\omega} = x_0, \quad \omega\tau = \frac{\pi}{2}$$

$$\therefore\ A = m\omega x_0, \quad \tau = \frac{\pi}{2\omega} \quad \cdots\cdots ⑫$$

로 잡는다.

제19장 2020년도 국가공무원 5급(기술) 공개경쟁채용 제2차시험

[문제 19.1] 그림과 같이 단면은 일정하나 재질이 각각 다른 봉 2개를 직각으로 용접하여 제작한 ㄱ자형 구조물이 A점에 힌지(hinge)로 매달려있다. 다음 물음에 답하시오. (단, 봉의 길이(L)는 1m, 수평 봉 질량은 3kg, 수직 봉 질량은 1kg, 봉의 두께와 용접부의 질량은 무시하고, 중력가속도 g는 수직 아래 방향으로 $9.81\mathrm{m/s^2}$이다) (총 10점)

[국가공무원 5급(기술) 공개경쟁채용 제2차시험(2020)]

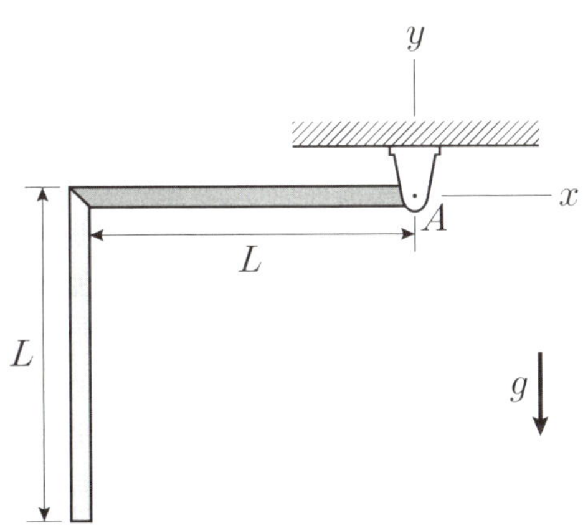

1) A점에 대하여 구조물의 질량관성모멘트[$\mathrm{kg \cdot m^2}$]를 구하시오. (2점)
2) A점을 원점으로 할 때, 그림의 위치에서 정지 상태인 구조물의 질량중심 좌표 (x_c, y_c)를 구하시오. (2점)
3) 그림의 위치에서 정지 상태인 구조물을 놓았을 때, 그 순간의 구조물 각가속도[$\mathrm{rad/s^2}$], A점의 반력 크기[N]와 방향을 구하시오. (6점)

풀이 정의에 따라 질량관성모멘트와 질량중심의 좌표를 계산한다. 강체의 각가속도와 힌지에 걸리는 반력은 운동학 관계와 평면운동방정식을 사용하여 구한다. 그림에서 준 x, y 좌표를 사용하고 반시계방향을 양의 회전방향으로 잡는다.

1) 기준점에 대한 질량관성모멘트는 그 점에 대한 요소 질량과 거리의 제곱의 곱을 합친 것이다. 이 정의와 평행축정리를 사용하고, [그림]의 자유물체도를 참고하면 A점에 대한 구조물의 질량관성모멘트는

$$
\begin{aligned}
I_A &= \sum_i I_{A,i} = \sum_i (I_{G,i} + m_i d_i^2) \\
&= \left(\frac{1}{12}\times 3\times 1^2 + 3\times 0.5^2\right) + \left[\frac{1}{12}\times 1\times 1^2 + 1\times(1^2+0.5^2)\right] \\
&= \frac{7}{3}\,[\text{kg}\cdot\text{m}^2]
\end{aligned}
$$

이다. [그림]에서 G에 작용하는 무게는 수평봉과 수직봉의 무게를 합친 것인데 두 봉의 무게를 없애면 이 무게로 대체할 수 있음을 나타낸 것이다. 당연히 이 합력만 사용하든지 두 봉의 무게만 사용하든지 해야 한다.

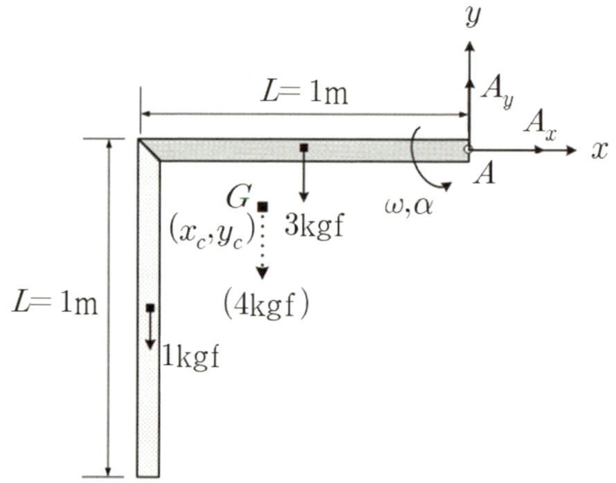

[그림] 구조물의 자유물체도

2) 질량중심 좌표 (x_c, y_c)는 요소 질량의 좌표 (x, y)에 대한 질량가중 평균으로 정의된다. 따라서

$$(x_c, y_c)\sum_i m_i = \sum_i m_i(x_{c,i}, y_{c,i})$$

$$(x_c, y_c)(3+1) = 3\left(-\frac{1}{2}, 0\right) + 1\left(-1, -\frac{1}{2}\right) = \left(-\frac{5}{2}, -\frac{1}{2}\right)$$

$$\therefore\ (x_c, y_c) = \frac{1}{4}\left(-\frac{5}{2}, -\frac{1}{2}\right) = \left(-\frac{5}{8}, -\frac{1}{8}\right)$$

$$= (-0.625, -0.125)\ [\text{m}]$$

이다. x 성분과 y 성분을 따로 계산해도 되지만 한꺼번에 구하는 것이 편하다.

3) 무게중심 G는 질량중심과 일치하고 구조물은 A를 지나는 고정축에 대하여 회전한다. 정지 상태에서 구조물을 놓았으므로 이 순간 각속도 $\omega = 0$이고 A는 정지해 있다.

먼저 구조물의 운동학관계를 적용하면 $x_A = y_A = 0$ 이므로

$$\begin{aligned}
\vec{a}_G &= a_{G,x}\vec{i} + a_{G,y}\vec{j} = \vec{a}_A + \vec{a}_{G/A} \\
&= \vec{a}_A - \omega^2 \vec{r}_{G/A} + (\alpha\vec{k}) \times \vec{r}_{G/A} \\
&= \vec{0} + \vec{0} + \alpha\vec{k} \times [(x_c - x_A)\vec{i} + (y_c - y_A)\vec{j}] \\
&= \alpha[(x_c - x_A)\vec{j} - (y_c - y_A)\vec{i}] \\
&= 0.125\alpha\vec{i} - 0.625\alpha\vec{j}
\end{aligned}$$

이다. 거리가 일정한 상대원운동 관계를 사용하면 다음과 같다.

$$\begin{aligned}
\vec{a}_G &= a_{G,x}\vec{i} + a_{G,y}\vec{j} = \vec{a}_A + \vec{a}_{G/A} = \vec{a}_A + \left(-r\dot{\theta}^2\right)\vec{e}_r + \left(r\ddot{\theta}\right)\vec{e}_\theta \\
&= \vec{0} + \vec{0} + \alpha(-y_{G/A}\vec{i} + x_{G/A}\vec{j}) \\
&= 0.125\alpha\vec{i} - 0.625\alpha\vec{j}
\end{aligned}$$

여기서

$$\vec{re_\theta} = r_{G/A}\vec{e}_{\theta,AG} = r_{G/A}(-\sin\theta\vec{i} + \cos\theta\vec{j})$$
$$= -r_{G/A}\sin\theta\vec{i} + r_{G/A}\cos\theta\vec{j} = -y_{G/A}\vec{i} + x_{G/A}\vec{j}$$

의 관계를 사용했다. 참고로

$$\vec{re_r} = x_{G/A}\vec{i} + y_{G/A}\vec{j}$$

이다.

이제 운동방정식을 사용하면

$$\sum M_A = I_A\alpha \ : \ mg(x_A - x_c) = I_A\alpha$$
$$\therefore \ \alpha = \frac{4\times 9.81\times[0-(-0.625)]}{7/3} = 10.51\ [\text{rad/s}^2]$$
$$\sum F_x = ma_{G,x} \ : \ A_x = ma_{G,x} = m(0.125\alpha)$$
$$\therefore \ A_x = 4\times 0.125\times 10.51 = 5.255\ [\text{N}]$$
$$\sum F_y = ma_{G,y} \ : \ A_y - mg = ma_{G,y} = m(-0.625\alpha)$$
$$\therefore \ A_y = 4(9.81 - 0.625\times 10.51) = 12.97\ [\text{N}]$$

이므로, 구조물의 각가속도는 반시계방향으로 10.51[rad/s^2]이고 A점의 반력은 오른쪽으로 5.255[N], 위쪽으로 12.97[N]이다. 반력을 하나의 크기와 방향으로 나타내면

$$\sqrt{5.255^2 + 12.97^2} = 13.99$$
$$\tan^{-1}(12.97/5.255) = 67.94^o$$

이므로 다음과 같다.

$$A = 13.99\angle 67.94^o\ [\text{N}]$$

[참고(1)] 다음과 같이 적분을 이용하여 질량관성모멘트와 질량중심의 좌표를 구할 수도 있다.

- 질량관성모멘트

$$I_A = \int r^2 dm = \int_{-1}^{0} x^2 \frac{3}{1} dx + \int_{-1}^{0} (1^2 + y^2) \frac{1}{1} dy$$

$$= [x^3]_{-1}^{0} + \left[y + \frac{y^3}{3}\right]_{-1}^{0} = 1 + \frac{4}{3} = \frac{7}{3}\ [\text{kg}\cdot\text{m}^2]$$

- 질량중심

$$\int (x_c,\ y_c) dm = (x_c, y_c) \int dm = (x_c, y_c)(3+1) = 4(x_c, y_c)$$

$$= \int (x, y) dm$$

$$= \int_{-1}^{0} (x, 0) \frac{3}{1} dx + \int_{-1}^{0} (-1, y) \frac{1}{1} dy$$

$$= \left[\left(\frac{3x^2}{2}, 0\right)\right]_{-1}^{0} + \left[\left(-y,\ \frac{y^2}{2}\right)\right]_{-1}^{0}$$

$$= \left(-\frac{3}{2}, 0\right) + \left(-1,\ -\frac{1}{2}\right) = \left(-\frac{5}{2},\ -\frac{1}{2}\right)$$

$$\therefore\ (x_c,\ y_c) = \frac{1}{4}\left(-\frac{5}{2},\ -\frac{1}{2}\right) = \left(-\frac{5}{8},\ -\frac{1}{8}\right)$$

$$= (-0.625,\ -0.125)\ [\text{m}]$$

[참고(2)] 구조물을 막대 두 개의 조합으로 보고 각각에 대하여 운동을 해석하면 다음과 같다.

- 운동학관계

$$\vec{a}_{G,i} = a_{G,x,i}\vec{i} + a_{G,y,i}\vec{j}$$

$$= \vec{a}_A - \omega^2 \vec{r}_{G/A,i} + (\alpha_i \vec{k}) \times \vec{r}_{G/A,i}$$

$$= \vec{0} + \vec{0} + \alpha_i (x_{G/A,i}\vec{j} - y_{G/A,i}\vec{i})$$

$$= \alpha_i (-y_{G/A,i}\vec{i} + x_{G/A,i}\vec{j})$$

또는

$$\begin{aligned}\vec{a}_{G,i} &= a_{G,x,i}\vec{i} + a_{G,y,i}\vec{j} = \vec{a}_A + \vec{a}_{G/A,i} \\ &= \vec{a}_A + \left(-r_i\dot{\theta}_i^2\right)\vec{e}_r + \left(r_i\ddot{\theta}_i\right)\vec{e}_\theta \\ &= \vec{0} + \vec{0} + \alpha_i(-y_{G/A,i}\vec{i} + x_{G/A,i}\vec{j}) \\ &= \alpha_i(-y_{G/A,i}\vec{i} + x_{G/A,i}\vec{j})\end{aligned}$$

• 운동방정식

$$\sum M_A = \sum I_{A,i}\alpha_i \;:$$

$$\begin{aligned}&3\times 9.81\times 0.5 + 1\times 9.81\times 1 = 24.53 \\ &\quad = 3\times\left(\frac{1}{12}\times 1^2 + 0.5^2\right)\alpha + 1\times\left(\frac{1}{12}\times 1^2 + 0.5^2 + 1^2\right)\alpha \\ &\quad = \alpha + \frac{4}{3}\alpha = \frac{7}{3}\alpha\end{aligned}$$

$$\therefore\ \alpha = \frac{24.53}{7/3} = 10.51\ [\text{rad/s}^2]$$

$$\sum F_x = \sum m_i a_{G,x,i} \;:\; A_x = 3(\alpha)(0) + 1(\alpha)(0.5)$$

$$\therefore\ A_x = 10.51\times 0.5 = 5.255\ [\text{N}]$$

$$\sum F_y = \sum m_i a_{G,y,i} \;:\; A_y - 3g - 1g = 3\alpha(-0.5) + 1\alpha(-1)$$

$$\therefore\ A_y = 4\times 9.81 - 2.5\times 10.51 = 12.97\ [\text{N}]$$

[문제 19.2] **그림과 같이 질량이 m 이고 반지름이 r 인 균일한 공이 각속도 ω_0 로 회전하면서 높이 h 만큼 수직으로 낙하하여 지면과 충돌한다. 다음 물음에 답하시오. (단, 수직으로 낙하하기 전 공의 선속도는 0이고, 충돌 시 공과 지면의 미끄러짐은 없으며, 공기의 저항은 무시한다. 중력가속도 g 는 수직 아랫방향으로 작용하고, 충돌 반발계수는 e 이다) (총 10점)** [국가공무원 5급(기술) 공개경쟁채용 제2차시험(2020)]

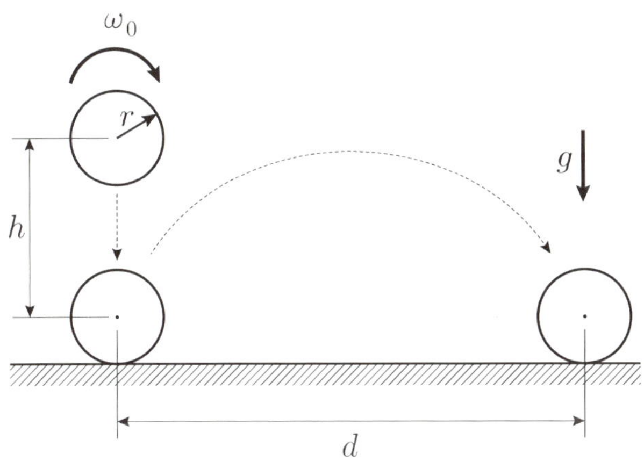

1) 1차 충돌 직후 공의 각속도와 질량중심에서의 수평 방향 선속도를 구하시오. (7점)

2) 공이 1차 충돌과 2차 충돌 사이 수평 방향으로 이동한 거리 d를 구하시오. (3점)

풀이 운동방정식, 운동량 보존과 충돌반발계수를 사용한 충돌 해석, 미끄러짐 없는 운동학관계식을 사용하여 강체의 평면운동을 해석한다. [그림]처럼 오른쪽 방향을 x 방향, 아래쪽 방향을 y 방향, 시계방향을 양의 회전방향으로 잡는다. 초기 상태를 0, 충돌 직전과 직후를 각각 1, 2로 나타낸다.

1) 낙하하는 동안 공에 작용하는 힘은 무게중심에 작용하는 무게밖에 없다. 충돌 직전의 속도와 각속도는 운동방정식에 의해 구할 수 있다.

$$\sum F_x = ma_{G,x} \ : \ 0 = m\dot{v}_{G,x}$$

$$v_{G,x} = constant = v_{G,x,0} = 0$$

$$\therefore \; v_{G,x,1} = 0 \quad \cdots\cdots ①$$

$$\sum F_y = ma_{G,y} \;:\; mg = m\dot{v}_{G,y}$$

$$\dot{v}_{G,y} = g, \;\; v_{G,y,0} = 0$$

$$v_{G,y,1}^2 - v_{G,y,0}^2 = 2g(y_{G,1} - y_{G,0}) = 2gh$$

$$\therefore \; v_{G,y,1} = \sqrt{2gh} \quad \cdots\cdots ②$$

$$\sum M_G = I_G\alpha \;:\; 0 = I_G\dot{\omega}, \;\; \omega = constant = \omega_0$$

$$\therefore \; \omega_1 = \omega_0 \quad \cdots\cdots ③$$

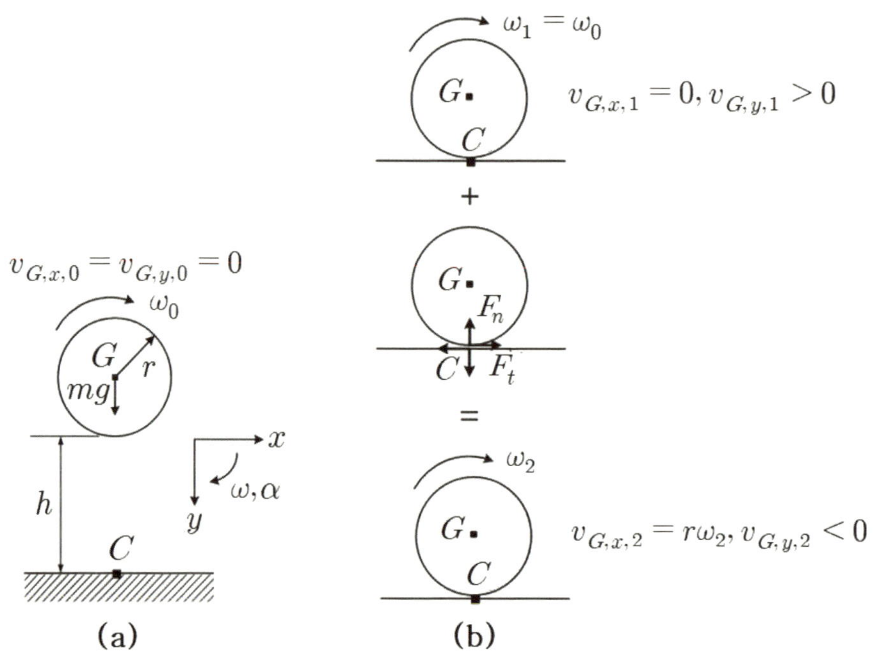

[그림] (a) 회전하며 낙하하는 구 (b) 충돌 후 운동 변화

이어지는 충돌 과정에서 비충격력인 중력은 무시한다. 충돌 직후의 속도와 각속도는 운동학관계식, 충돌 점 C에 대한 각운동량보존, 충돌반발계수를 사용하여 구할 수 있다.

• 운동학관계식

$$v_{C,y,1} = v_{G,y,1} \cdots\cdots ④$$

$$v_{C,y,2} = v_{G,y,2} \cdots\cdots ⑤$$

$$v_{G,x,2} = r\omega_2 \cdots\cdots ⑥$$

• 각운동량보존

$$H_{C,1} = H_{C,2} \;;\; H_C = I_G\omega + (mv_G)d$$

$$I_G\omega_1 + m(v_{G,x,1}r + v_{G,y,1} \times 0) = I_G\omega_2 + m(v_{G,x,2}r + v_{G,y,2} \times 0)$$

$$\frac{2}{5}mr^2\omega_1 + m(0 \times r + 0) = \frac{2}{5}mr^2\omega_2 + m[(r\omega_2)r + 0]$$

$$\frac{2}{5}mr^2\omega_1 = \frac{7}{5}mr^2\omega_2$$

$$\therefore \omega_2 = \frac{2}{7}\omega_1 \cdots\cdots ⑦$$

• 충돌반발계수

$$e = \frac{v_{C,y,2} - 0}{0 - v_{C,y,1}} = -\frac{v_{G,y,2}}{v_{G,y,1}}$$

$$\therefore v_{G,y,2} = -ev_{G,y,1} = -e\sqrt{2gh} \cdots\cdots ⑧$$

따라서 식 ③, ⑥, ⑦로부터 충돌 직후 공의 각속도는

$$\omega_2 = \frac{2}{7}\omega_0$$

이고, 질량중심의 수평 방향 선속도는

$$v_{G,x,2} = \frac{2}{7}r\omega_0$$

임을 알 수 있다.

해석에 사용한 속도관계 식 ④~⑥은 [그림]의 충돌 과정 1~2에서 상대속도 관계식을 다음과 같이 적용하여 나온 것이다.

$$\vec{v}_G = \vec{v}_C + \vec{\omega} \times \vec{r}_{G/C}$$
$$= \vec{v}_C + \omega \vec{k} \times (-r\vec{j}) = \vec{v}_C + r\omega \vec{i}$$
$$\therefore \ v_{G,x,2} = v_{C,x,2} + r\omega_2 = 0 + r\omega_2 = r\omega_2$$
$$\therefore \ v_{G,y} = v_{C,y}$$

공이 바닥에 닿고 나면(상태 2) 공이 미끄러지지 않고 바닥도 움직이지 않기 때문에 $v_{C,x,2} = 0$ 이다. 그러나 공이 바닥에 닿기 전에는(상태 0~1) $v_{G,x} = 0$이기 때문에 $v_{C,x} = -r\omega$가 되어 G를 중심으로 시계방향으로 회전하는 운동을 나타낸다.

2) 1차 충돌 후 공이 튀어 올라 오른쪽으로 평면운동을 하다가 내려오면서 2차 충돌이 생긴다. 1차 충돌 이후의 시간을 t라 하면 이 동안의 운동방정식은 다음과 같다.

$$\sum F_x = ma_{G,x} \ : \ 0 = \dot{v}_{G,x}$$
$$v_{G,x} = constant = v_{G,x,2} = \frac{2}{7} r\omega_0$$
$$\therefore \ x_G = \frac{2}{7} r\omega_0 t \quad \cdots\cdots ⑨$$
$$\sum F_y = ma_{G,y} \ : \ mg = m\dot{v}_{G,y}$$
$$\dot{v}_{G,y} = g$$
$$v_{G,y} = gt + v_{G,y,2} = gt - e\sqrt{2gh}$$
$$\therefore \ y_G = \frac{1}{2} gt^2 - (e\sqrt{2gh})t - r \quad \cdots\cdots ⑩$$

2차 충돌은 $y_G = -r$일 때 발생하므로 2차 충돌 시간과 그 사이에 이동한 거리는 식 ⑨, ⑩에 의해 다음과 같다.

$$\frac{1}{2} gt^2 - (e\sqrt{2gh})t - r = -r$$
$$\therefore \ t = 2e\sqrt{\frac{2h}{g}} \quad \cdots\cdots ⑪$$

$$\therefore \; d = \frac{2}{7} r\omega_0 t = \frac{4er\omega_0}{7}\sqrt{\frac{2h}{g}} = er\omega_0\sqrt{\frac{32h}{49g}} \quad \cdots\cdots ⑫$$

참고로 2차 충돌 시의 수직방향 속도는

$$v_{G,y} = g\left(2e\sqrt{\frac{2h}{g}}\right) - e\sqrt{2gh} = e\sqrt{2gh}$$

가 되어 충돌 직후의 반발 속도와 크기가 같다. 수평방향 속도와 회전 속도가 두 시점에서 변하지 않았는데 이것은 에너지가 보존되는 것을 의미한다.

[참고] 충돌해석에서 충돌 점 C 대신에 접선방향 반력 F_t 를 포함하여 선충격량–선운동량 원리와 무게중심 G에 대한 각충격량–각운동량 원리를 이용해서 계산할 수도 있다.

- 선운동 : $\int_{t_1}^{t_2} F_t dt = m(v_{G,x,2} - v_{G,x,1})$ ⋯⋯ ⑬
- 각운동 : $\int_{t_1}^{t_2} (-rF_t)\, dt = I_G(\omega_2 - \omega_1)$ ⋯⋯ ⑭

식 ⑬에 r를 곱한 후 식 ⑭를 더하고, 운동학관계식

$$v_{G,x,1} = 0$$
$$v_{G,x,2} = r\omega_2$$

와, 속이 찬 공에 대해 $I_G = (2/5)mr^2$을 사용하면

$$rm(r\omega_2 - 0) + \frac{2}{5}mr^2(\omega_2 - \omega_1) = 0$$

$$\frac{7}{5}mr^2\omega_2 = \frac{2}{5}mr^2\omega_1$$

$$\therefore \; \omega_2 = \frac{2}{7}\omega_1$$

이 된다. 이것은 식 ⑦과 일치한다.

[문제 19.3] **그림과 같은 수레-도립진자가 있다. 수레의 질량은 M이고, 진자의 질량은 m이며, 관성좌표계에서 수레까지의 위치를 x, 도립진자의 각도를 수직에서 반시계방향으로 θ라고 할 때, 다음 물음에 답하시오. (단, 길이 l의 링크 질량은 무시하고, 중력가속도 g는 수직 아래 방향으로 작용한다) (총 15점)**

[국가공무원 5급(기술) 공개경쟁채용 제2차시험(2020)]

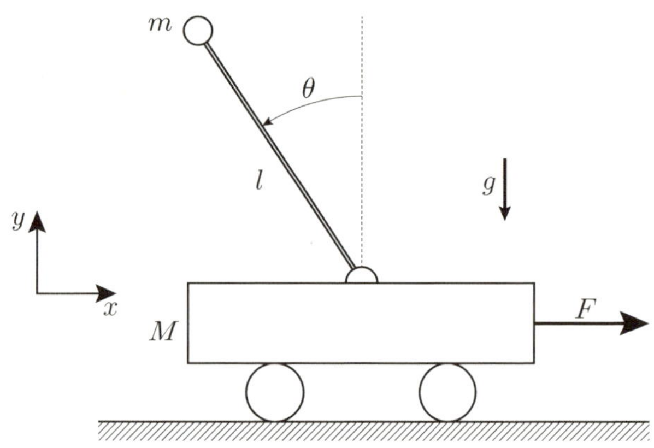

1) 수평방향 힘 F가 가해졌을 때 운동방정식을 구하면 다음의 행렬식으로 나타낼 수 있다. 여기에서 행렬 $I(\theta)$, $V(\theta, \dot{\theta}) \in R^{2\times 2}$, $G(\theta) \in R^{2\times 1}$가 $\dfrac{dI}{dt} = V + V^T$을 만족하도록 I, V, G를 구하시오. (12점)

$$I\begin{bmatrix}\ddot{x}\\ \ddot{\theta}\end{bmatrix} + V\begin{bmatrix}\dot{x}\\ \dot{\theta}\end{bmatrix} + G = \begin{bmatrix}F\\ 0\end{bmatrix}$$

2) $F=0$인 경우, 수직에 가까운($\theta = +0°$) 정지 상태에서 진자를 놓은 후 $\theta = 180°$가 되었을 때, 수레와 진자의 상대속도 크기를 구하시오. (3점)

풀이 수레-도립진자 시스템에서 수레와 질량을 질점으로 보고 운동방정식을 유도한다. 링크의 질량과 마찰을 무시한다. 수평방향 운동량 보존과 에너지 보존을 사용하여 진자와 수레의 상대속도의 크기를 구한다. 준 그림과 [그림]처럼 오른쪽 방향을 x 방향, 위쪽을 y 방향, 반시계방향을 회전방향으로 잡는다.

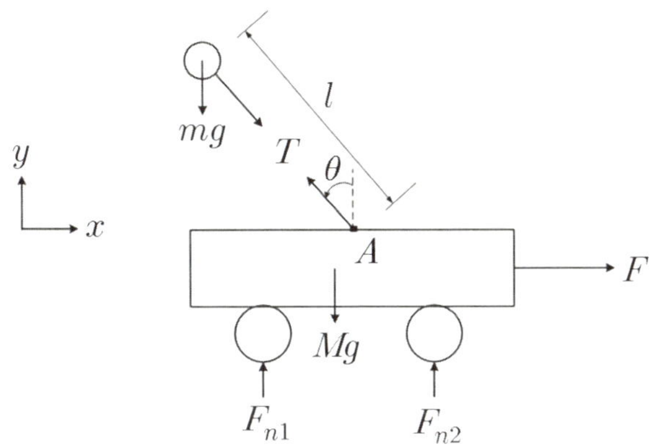

[그림] 자유물체도

1) [그림]의 자유물체도처럼 링크에 작용하는 힘을 T, 관성좌표계에서 수레의 중앙 A까지 거리를 x라 하면 수레와 진자의 운동방정식은 다음과 같다.

- 수레

$$\sum F_x = ma_x \ :$$

$$F - T\sin\theta = M\ddot{x} \quad \cdots\cdots \text{①}$$

- 진자

$$\sum F_x = ma_x \ :$$

$$T\sin\theta = m\frac{d^2(x - l\sin\theta)}{dt^2} = m\ddot{x} - ml(\ddot{\theta}\cos\theta - \dot{\theta}^2\sin\theta) \cdots \text{②}$$

$$\sum F_y = ma_y \ :$$

$$-T\cos\theta - mg = m\frac{d^2(l\cos\theta)}{dt^2} = -ml(\ddot{\theta}\sin\theta + \dot{\theta}^2\cos\theta) \cdots ③$$

여기서 $\theta = \theta(t)$이므로 연쇄법칙을 적용하여 다음과 같이 2차 도함수를 계산하였다.

$$\frac{d(\sin\theta)}{dt} = \frac{d(\sin\theta)}{d\theta}\frac{d\theta}{dt} = \dot{\theta}\cos\theta$$

$$\frac{d^2(\sin\theta)}{dt^2} = \frac{d(\dot{\theta}\cos\theta)}{dt} = \frac{d\dot{\theta}}{dt}\cos\theta + \dot{\theta}\frac{d(\cos\theta)}{dt}$$

$$= \ddot{\theta}\cos\theta + \dot{\theta}(-\dot{\theta}\sin\theta) = \ddot{\theta}\cos\theta - \dot{\theta}^2\sin\theta$$

$$\frac{d(\cos\theta)}{dt} = \frac{d(\cos\theta)}{d\theta}\frac{d\theta}{dt} = -\dot{\theta}\sin\theta$$

$$\frac{d^2(\cos\theta)}{dt^2} = \frac{d(-\dot{\theta}\sin\theta)}{dt} = -\frac{d\dot{\theta}}{dt}\sin\theta - \dot{\theta}\frac{d(\sin\theta)}{dt}$$

$$= -\ddot{\theta}\sin\theta - \dot{\theta}(\dot{\theta}\cos\theta) = -\ddot{\theta}\sin\theta - \dot{\theta}^2\cos\theta$$

식 ①과 식 ②를 더한 것과, 식 ②에 $\cos\theta$를 곱한 식과 식 ③에 $\sin\theta$를 곱한 식을 더하여 T를 소거한 후 l을 곱한 것을 각각 정리하면 다음과 같다.

$$(M+m)\ddot{x} - (ml\cos\theta)\ddot{\theta} + (ml\sin\theta)\dot{\theta}^2 = F \cdots\cdots ④$$

$$-(ml\cos\theta)\ddot{x} + ml^2\ddot{\theta} - mgl\sin\theta = 0 \cdots\cdots ⑤$$

행렬을 이용하면 이 두 식은

$$I\begin{bmatrix}\ddot{x}\\ \ddot{\theta}\end{bmatrix} + V\begin{bmatrix}\dot{x}\\ \dot{\theta}\end{bmatrix} + G = \begin{bmatrix}F\\ 0\end{bmatrix} \cdots\cdots ⑥$$

로 나타낼 수 있는데, 여기서 I, V, G는 다음과 같다.

$$I = \begin{bmatrix} M+m & -ml\cos\theta \\ -ml\cos\theta & ml^2 \end{bmatrix}$$

$$V = \begin{bmatrix} 0 & (ml\sin\theta)\dot{\theta} \\ 0 & 0 \end{bmatrix}$$

$$G = \begin{bmatrix} 0 \\ -mgl\sin\theta \end{bmatrix}$$

행렬 I는 대칭행렬이고, 앞에서 구한 $\cos\theta$의 도함수를 참고하여 시간에 대한 도함수를 계산하면 그 값이 다음과 같이 V와 그 전치행렬 V^T의 합과 같음을 알 수 있다.

$$\begin{aligned} \frac{dI}{dt} &= \frac{d}{dt}\begin{bmatrix} M+m & -ml\cos\theta \\ -ml\cos\theta & ml^2 \end{bmatrix} \\ &= \begin{bmatrix} 0 & (ml\sin\theta)\dot{\theta} \\ (ml\sin\theta)\dot{\theta} & 0 \end{bmatrix} \\ &= \begin{bmatrix} 0 & (ml\sin\theta)\dot{\theta} \\ 0 & 0 \end{bmatrix} + \begin{bmatrix} 0 & 0 \\ (ml\sin\theta)\dot{\theta} & 0 \end{bmatrix} = V + V^T \end{aligned}$$

2) 수레와 진자의 상대운동은 θ를 통하여 나타난다. $F=0$이고 마찰이 없으므로 수평방향 운동량 보존과 에너지 보존을 사용할 수 있다. 진자의 속도가

$$v_{p,x} = \frac{d(x - l\sin\theta)}{dt} = \dot{x} - l\dot{\theta}\cos\theta$$

$$v_{p,y} = \frac{d(l\cos\theta)}{dt} = -l\dot{\theta}\sin\theta$$

이므로 수레(c)에 대한 진자(p)의 상대속도의 성분들과 크기는 다음과 같다.

$$v_{p,r,x} = v_{p,x} - v_{c,x} = v_{p,x} - \dot{x} = -l\dot{\theta}\cos\theta$$

$$v_{p,r,y} = v_{p,y} - v_{c,y} = v_{p,y} - 0 = -l\dot{\theta}\sin\theta$$

$$\therefore\ v_{p,r} = \sqrt{v_{p,r,x}^2 + v_{p,r,y}^2} = \sqrt{l^2\dot{\theta}^2} = l|\dot{\theta}| \quad \cdots\cdots ⑦$$

처음에 $\theta = \theta_1 = +0$에서 정지 상태였고, $\theta = \theta_2 = \pi$에서

$$v_{p,x,2} = \dot{x}_2 + l\dot{\theta}_2$$

$$v_{p,y,2} = 0$$

이다. 처음에 정지 상태였던 전체 계에 대해 x 방향 운동량 보존과 에너지 보존을 적용하면 다음과 같다.

$$\sum_i m_i v_{x,i,1} = \sum_i m_i v_{x,i,2} \ :$$

$$M\dot{x}_2 + m(\dot{x}_2 + l\dot{\theta}_2) = 0$$

$$\therefore \ \dot{x}_2 + l\dot{\theta}_2 = -\frac{M}{m}\dot{x}_2 \quad \cdots\cdots ⑧$$

$$T_2 = T_1 + (V_1 - V_2) \ ; \ T = \sum_i \frac{1}{2}m_i(v_{x,i}^2 + v_{y,i}^2), \ \ V = \sum_i m_i g y_i$$

$$\frac{1}{2}M\dot{x}_2^2 + \frac{1}{2}m(\dot{x}_2 + l\dot{\theta}_2)^2 = mg(2l)$$

$$M\dot{x}_2^2 + m(-\frac{M}{m}\dot{x}_2)^2 = 4mgl$$

$$\therefore \ \dot{x}_2 = -\sqrt{\frac{4glm^2}{M(m+M)}} \quad \cdots\cdots ⑨$$

식 ⑧에 의하면 $\dot{\theta}_2$와 $\dot{x}_2$는 부호가 반대이고, $\theta = \theta_1 = +0$에서 출발하였으므로 $\dot{\theta}_2 > 0$이 되어야 하기 때문에 식 ⑨에서 $\dot{x}_2 < 0$인 값을 택했다. 식 ⑧을 변형하면

$$l\dot{\theta}_2 = \frac{m+M}{m}\sqrt{\frac{4glm^2}{M(m+M)}} = \sqrt{\frac{4gl(m+M)}{M}} \quad \cdots\cdots ⑩$$

이고, 식 ⑦에 따르면 이 값이 구하려는 수레와 진자의 상대속도 크기다.

[참고(1)] 운동방정식을 유도하는 과정에서 다음과 같이 링크에 작용하는 힘이 포함되지 않게 할 수 있다.

• 수레와 진자

$$\sum F_x = ma_x \ :$$

$$F = M\ddot{x} + m\dot{v}_{p,x}$$
$$= M\ddot{x} + m\left(\ddot{x} - l\ddot{\theta}\cos\theta + l\dot{\theta}^2\sin\theta\right)$$
$$= (M+m)\ddot{x} - ml\ddot{\theta}\cos\theta + ml\dot{\theta}^2\sin\theta$$
$$\therefore\ (M+m)\ddot{x} - ml\ddot{\theta}\cos\theta + ml\dot{\theta}^2\sin\theta = F \cdots\cdots ⑪$$

• 진자

$$\sum M_A = I_G\alpha + (ma_G)d\ :$$
$$mgl\sin\theta = 0 - (m\dot{v}_{p,x})l\cos\theta - (m\dot{v}_{p,y})l\sin\theta$$
$$= -m\left(\ddot{x} - l\ddot{\theta}\cos\theta + l\dot{\theta}^2\sin\theta\right)l\cos\theta$$
$$- m\left(-l\ddot{\theta}\sin\theta - l\dot{\theta}^2\cos\theta\right)l\sin\theta$$
$$= -m\ddot{x}(l\cos\theta) + ml^2\ddot{\theta}$$
$$\therefore\ -m\ddot{x}l\cos\theta + ml^2\ddot{\theta} - mgl\sin\theta = 0 \cdots\cdots ⑫$$

두 결과 식 ⑪과 ⑫는 각각 식 ④, ⑤와 일치한다. 계산과정에는 위에서 구한 진자의 속도성분들에 대한 도함수(가속도)

$$\dot{v}_{p,x} = \frac{d}{dt}\left(\dot{x} - l\dot{\theta}\cos\theta\right) = \ddot{x} - l\ddot{\theta}\cos\theta + l\dot{\theta}^2\sin\theta$$
$$\dot{v}_{p,y} = \frac{d}{dt}\left(-l\dot{\theta}\sin\theta\right) = -l\ddot{\theta}\sin\theta - l\dot{\theta}^2\cos\theta$$

가 사용되었다.

[참고(2)] 진자가 수직선과 이루는 각도가 임의의 각도 θ 일 때의 상대속도 크기를 운동량 보존과 에너지 보존을 사용하여 구하면 다음과 같다.
$\theta = \theta_1 = +0$에서 출발하였으므로 $\dot{\theta} > 0$이 되어야 한다. 식 ⑦에 의해 진자와 수레의 상대속도 크기는 $l\dot{\theta}$ 이다.

• 운동량 보존(수평방향)

$$M\dot{x} + m(\dot{x} - l\dot{\theta}\cos\theta) = 0$$

$$\therefore \ \dot{x}=\frac{m\cos\theta}{M+m}l\dot{\theta}$$

• 에너지 보존

$$\frac{1}{2}M\dot{x}^2+\frac{1}{2}m[(\dot{x}-l\dot{\theta}\cos\theta)^2+(-l\dot{\theta}\sin\theta)^2]=mgl(1-\cos\theta)$$

$$(M+m)\dot{x}^2-2m\cos\theta\dot{x}l\dot{\theta}+ml^2\dot{\theta}^2=2mgl(1-\cos\theta)$$

$$\left(\frac{m^2\cos^2\theta}{M+m}-2\frac{m^2\cos^2\theta}{M+m}+m\right)l^2\dot{\theta}^2=2mgl(1-\cos\theta)$$

$$l^2\dot{\theta}^2=\frac{2gl(M+m)(1-\cos\theta)}{M+m\sin^2\theta}$$

$$\therefore \ l\dot{\theta}=\sqrt{\frac{2gl(M+m)(1-\cos\theta)}{M+m\sin^2\theta}} \quad \cdots\cdots ⑬$$

이 식에서 $\theta=\pi$인 경우는 식 ⑩과 일치한다.

[참고(3)] $F=0$인 경우에는 운동방정식을 이용하여 상대속도를 구할 수도 있다. 식 ④, ⑤로부터 $\ddot{x}$를 소거하면

$$(M+m\sin^2\theta)l\ddot{\theta}-(M+m)g\sin\theta+(\sin\theta)(ml\cos\theta)\dot{\theta}^2=0$$

이다. 여기에 $\dot{\theta}$를 곱하면

$$Ml\ddot{\theta}\dot{\theta}-(M+m)g\sin\theta\dot{\theta}+ml\sin^2\theta\ddot{\theta}\dot{\theta}+ml\sin\theta\cos\theta\dot{\theta}^3=0$$

$$Ml\frac{d}{dt}\left(\frac{\dot{\theta}^2}{2}\right)+(M+m)g\frac{d}{dt}(\cos\theta)+ml\frac{d}{dt}\left(\sin^2\theta\frac{\dot{\theta}^2}{2}\right)=0$$

이고 적분하면 다음과 같이 식 ⑬과 같은 결과를 얻는다.

$$Ml\dot{\theta}^2+2(M+m)g\cos\theta+ml\sin^2\theta\dot{\theta}^2=constant=2(M+m)g$$

$$\therefore \ (M+m\sin^2\theta)l\dot{\theta}^2=2(M+m)g(1-\cos\theta)$$

운동량 보존식과 에너지 보존식이 운동방정식으로부터 유도된 것이므로 이것은 당연한 결과다.

[참고(4)] 시스템의 운동이 2자유도 운동이기 때문에 다음과 같이 라그랑지안을 이용하여 운동방정식을 구할 수도 있다.

$$L = T - V$$
$$= \frac{1}{2}M\dot{x}^2 + \frac{1}{2}m(\dot{x}^2 - 2l\dot{\theta}\cos\theta\dot{x} + l^2\dot{\theta}^2) - mgl\cos\theta + constant$$

이므로

$$\frac{d}{dt}\left(\frac{\partial L}{\partial \dot{q}_i}\right) - \frac{\partial L}{\partial q_i} = Q_i$$

에서 $q_1 = x$을 적용하면

$$\frac{d}{dt}\left[M\dot{x} + m(\dot{x} - l\dot{\theta}\cos\theta)\right] = F$$
$$\therefore\ M\ddot{x} + m(\ddot{x} - l\ddot{\theta}\cos\theta + l\dot{\theta}^2\sin\theta) = F$$

이고, $q_2 = \theta$를 적용하면

$$\frac{d}{dt}[m(-l\cos\theta\dot{x} + l^2\dot{\theta})] - ml(\dot{\theta}\dot{x} + g)\sin\theta = 0$$
$$\therefore\ -ml\cos\theta\ddot{x} + ml^2\ddot{\theta} - mgl\sin\theta = 0$$

이다. 이 두 식은 각각 식 ④, ⑤와 일치한다.

[문제 19.4] **그림과 같이 점 O를 중심으로 반지름이 R인 원통이 지면에 고정되어 있다. 이 원통의 안쪽 면으로 반지름이 r이고, 질량이 m인 속이 꽉 찬 실린더(cylinder)가 수직선을 기준으로 미끄러짐 없이 좌우로 구르는 왕복운동을 하고 있다. 다음 물음에 답하시오. (단, 중력가속도 g는 수직 아래 방향으로 작용한다) (총 15점)**

[국가공무원 5급(기술) 공개경쟁채용 제2차시험(2020)]

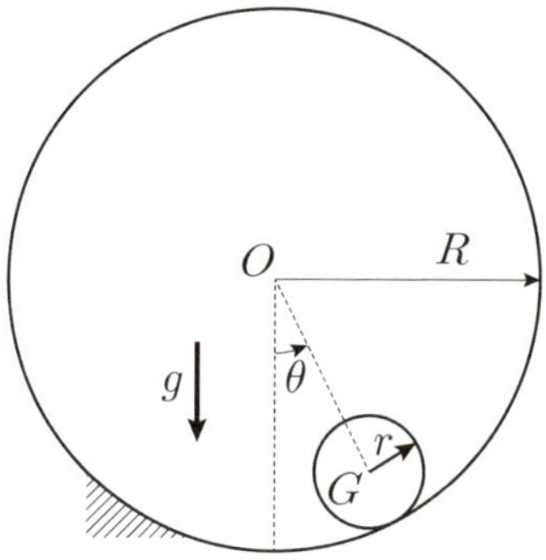

1) 점 O를 지나는 수직선과 실린더의 중심 G가 이루는 각이 θ이고, 실린더가 에너지 손실 없이 왕복운동을 할 때, 미소각 θ에 대한 운동방정식과 운동 주기 T_c를 각각 구하시오. (12점)
2) 실린더를 대신하여 반지름이 r이고, 질량이 m인 속이 빈 얇은 파이프(pipe)가 동일한 미소각 θ에 대한 운동을 할 때, 운동 주기 T_p를 구하시오. (3점)

풀이 운동학 관계식과 각운동방정식을 사용하여 마찰과 미끄러짐이 없이 회전하는 강체의 운동을 해석한다. 저점 위치를 기준으로 실린더(또는 파이프)의 반시계방향 공전 각도를 θ, 시계방향으로 회전하는 각속도를 ω 라고 한다. 강체의 회전반지름을 k, 즉 $I_G = mk^2$ 이라고 하면 실린더는 $k^2 = (1/2)r^2$ 이고 파이프는 $k^2 = r^2$ 이다.

1) [그림]의 자유물체도에서 실린더(또는 파이프)와 원통의 접점 A에 작용하는 반력을 계산에서 제외하기 위하여 A에 대한 각운동방정식을 적용한다. 미끄러지지 않는 회전운동이므로 A가 순간중심이다.

• 각운동방정식과 평행축정리

$$\sum M_A = I_A \alpha \ ; \ I_A = I_G + mr^2 :$$

$$-mgr\sin\theta = (mk^2 + mr^2)\dot{\omega}$$

$$\therefore \ -gr\sin\theta = (k^2 + r^2)\dot{\omega} \ \cdots\cdots \ ①$$

• 운동학관계식

$$v_G = r\omega = (R-r)\dot{\theta}$$

$$\therefore \ \omega = \frac{(R-r)}{r}\dot{\theta} \ \cdots\cdots \ ②$$

$$\therefore \ \dot{\omega} = \frac{(R-r)}{r}\ddot{\theta} \ \cdots\cdots \ ③$$

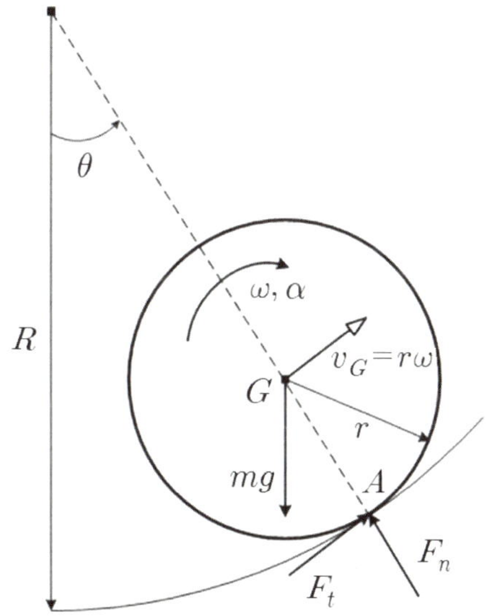

[그림] 자유물체도

θ를 미소각도로 가정하므로 식 ①에서 $\sin\theta = \theta$로 근사한 후 식 ③과 결합하면 운동방정식은 다음과 같다.

$$(k^2 + r^2)\frac{(R-r)}{r}\ddot{\theta} + gr\theta = 0$$

$$\therefore \ \ddot{\theta} + \frac{r^2 g}{(k^2+r^2)(R-r)}\theta = 0 \quad \cdots\cdots ④$$

이 식을 시스템 $\ddot{\theta}+\omega^2\theta=0$과 비교하면 운동 주기 T는

$$T = \frac{2\pi}{\omega} = 2\pi\sqrt{\frac{(k^2+r^2)(R-r)}{r^2 g}} \quad \cdots\cdots ⑤$$

이고, 실린더의 경우 $k^2=(1/2)r^2$이므로 운동 주기 T_c는 다음과 같다.

$$T_c = 2\pi\sqrt{\frac{3(R-r)}{2g}} \quad \cdots\cdots ⑥$$

2) 앞의 해석을 그대로 사용할 수 있다. 파이프의 경우 $k^2=r^2$을 식 ⑤에 대입하면 운동 주기 T_p는 다음과 같다.

$$T_p = 2\pi\sqrt{\frac{2(R-r)}{g}} \quad \cdots\cdots ⑦$$

[참고(1)] 무게중심 G에 대한 각운동방정식을 사용하려면 계산 과정에 접선방향 반력이 추가되므로 선운동방정식을 추가로 고려해야 한다.

- 운동학관계식

$$v_G = r\omega = (R-r)\dot{\theta}$$

$$\therefore \ \dot{\omega} = \frac{(R-r)}{r}\ddot{\theta} \quad \cdots\cdots ③$$

- 각운동방정식

$$\sum M_G = I_G\alpha \ :$$

$$-rF_t = mk^2\dot{\omega} \quad \cdots\cdots ⑧$$

- 선운동방정식

$$\sum F_\theta = ma_\theta \ :$$

$$F_t - mg\sin\theta = mr\dot{\omega} \quad \cdots\cdots ⑨$$

식 ⑨에 r을 곱한 후 식 ⑧을 더하면 다음과 같다.

$$-mgr\sin\theta = (mk^2 + mr^2)\dot{\omega}$$
$$-gr\sin\theta = (k^2 + r^2)\dot{\omega}$$

이 식은 식 ①과 같고, 이후 과정도 위와 같다.

[참고(2)] 다음과 같이 에너지 보존을 이용해서 θ에 대한 운동방정식을 구할 수 도 있다.

• 운동학관계식

$$v_G = r\omega = (R-r)\dot{\theta}$$
$$\therefore \ \omega = \frac{(R-r)}{r}\dot{\theta} \quad \cdots\cdots ②$$
$$\therefore \ \dot{\omega} = \frac{(R-r)}{r}\ddot{\theta} \quad \cdots\cdots ③$$

• 에너지 보존

$$T + V = constant \ ;$$
$$T = \frac{1}{2}mv_G^2 + \frac{1}{2}I_G\omega^2 = \frac{1}{2}m(r\omega)^2 + \frac{1}{2}mk^2\omega^2 = \frac{1}{2}m(k^2 + r^2)\omega^2$$
$$V = -mg(R-r)\cos\theta$$
$$\dot{T} + \dot{V} = 0$$
$$m(k^2 + r^2)\omega\dot{\omega} + mg(R-r)\sin\theta\dot{\theta} = 0$$
$$\therefore \ (k^2 + r^2)\omega\dot{\omega} + g(R-r)\sin\theta\dot{\theta} = 0$$

이 식에서 $\sin\theta = \theta$로 근사하고 식 ②, ③을 적용하면

$$(k^2 + r^2)\frac{(R-r)^2}{r^2}\dot{\theta}\ddot{\theta} + g(R-r)\theta\dot{\theta} = 0$$

이고, 이 식을 $(k^2 + r^2)\dfrac{(R-r)^2}{r^2}\dot{\theta}$으로 나누면 식 ④와 같아진다.

제20장 2021년도 국가공무원 5급(기술) 공개경쟁채용 제2차시험

[문제 20.1] 그림과 같이 1,500kg인 자동차가 일정한 비율로 감속하면서 평면상의 곡선도로에 진입하여 A지점을 100km/h로 통과한 후, 계속 진행하여 C지점을 50km/h로 통과하였다. A, C지점에서 도로의 곡률반경 ρ_A, ρ_C는 각각 400m, 80m이다. B지점은 곡률 방향이 전환되는 변곡점이다. 다음 물음에 답하시오. (총 10점)

[국가공무원 5급(기술) 공개경쟁채용 제2차시험(2021)]

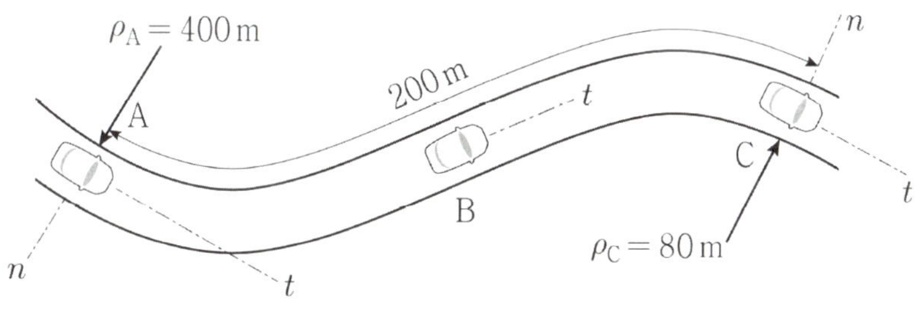

1) 자동차가 A, B와 C지점 통과 시 해당지점 가속도의 법선성분을 각각 구하시오. (3점)
2) 자동차가 A, B와 C지점 통과 시 타이어에 작용하는 평면합력의 크기를 각각 구하시오. (7점)

풀이 질점의 운동방정식을 접선-법선 좌표계에서 해석한다. 곡률반경이 ρ(곡률 $\kappa = 1/\rho$)인 곳에서 속력 v로 운동하는 질점의 접선방향 가속도 $a_t = \dot{v}$이고 법선방향 가속도 $a_n = v^2/\rho = \kappa v^2$이다. a_t의 방향은 운동방향이고 a_n의 방향은 곡률중심을 향하는 방향(구심방향)이다.

1) 세 지점에서 속력과 곡률반경을 알고 있다. 곡률 방향이 바뀌는 점에서는 곡률 반경이 ∞, 즉 곡률이 0이고

$$v_A = 100 \times 1000/3600 = 27.78\ [\mathrm{m/s}]$$
$$v_C = 50 \times 1000/3600 = 13.89\ [\mathrm{m/s}]$$

이다. 가속도의 법선성분들은 다음과 같다.

$$a_{n,A} = \frac{v_A^2}{\rho_A} = \frac{27.78^2}{400} = 1.929\ [\mathrm{m/s^2}] \quad \cdots\cdots ①$$

$$a_{n,B} = \frac{v_B^2}{\rho_B} = \frac{v_B^2}{\infty} = 0\ [\mathrm{m/s^2}] \quad \cdots\cdots ②$$

$$a_{n,C} = \frac{v_C^2}{\rho_C} = \frac{13.89^2}{80} = 2.412\ [\mathrm{m/s^2}] \quad \cdots\cdots ③$$

2) A에서 C까지 가는 동안 일정 비율로 감속하므로 $a_t = \dot{v}$는 일정하다. 등가속도 운동에서 거리-속도-가속도 관계에 의해

$$a_t = \frac{v_C^2 - v_A^2}{2(s_C - s_A)} = \frac{13.89^2 - 27.78^2}{2 \times 200} = -1.447\ [\mathrm{m/s^2}] \quad \cdots\cdots ④$$

이 된다. 단위접선벡터를 $\vec{T}$, 단위법선벡터를 $\vec{N}$이라 하면 운동방정식

$$\vec{F} = m\vec{a} = m(a_t\vec{T} + a_n\vec{N})$$

에 의해

$$F = |\vec{F}| = m\sqrt{a_t^2 + a_n^2}$$

이 된다. 세 지점에서 평면합력의 크기는 다음과 같다.

$$F_A = 1500\sqrt{1.447^2 + 1.929^2} = 3617\ [\mathrm{N}] \quad \cdots\cdots ⑤$$

$$F_B = 1500\sqrt{1.447^2 + 0^2} = 2171\ [\mathrm{N}] \quad \cdots\cdots ⑥$$

$$F_C = 1500\sqrt{1.447^2 + 2.412^2} = 4219\ [\mathrm{N}] \quad \cdots\cdots ⑦$$

[참고] 질점의 곡선운동에서 곡률과 가속도의 접선 및 법선 성분을 나타내는 방법은 다음과 같다.

시간 t일 때 질점의 위치벡터를 $\vec{r}=\vec{r}(t)$라 하면 속도(벡터)는

$$\vec{v}=\frac{d\vec{r}}{dt}=\dot{\vec{r}}$$

이다. 속도의 크기

$$|\vec{v}|=|\dot{\vec{r}}|=v$$

를 속력이라 하고, 속도를 속력으로 나눈 단위벡터

$$\vec{T}=\frac{\vec{v}}{|\vec{v}|}=\frac{\vec{v}}{v}$$

는 운동경로의 단위접선벡터가 된다.

크기가 일정한 벡터의 도함수가 그 벡터와 직교한다는 것은 내적을 이용하여 알 수 있다. 예를 들어 $\vec{T}$는 크기가 1로 일정하므로

$$\frac{d}{dt}(\vec{T}\cdot\vec{T})=\frac{d}{dt}(1)=0=2\dot{\vec{T}}\cdot\vec{T}$$

$$\therefore\ \dot{\vec{T}}\perp\vec{T} \quad\cdots\cdots\cdots\cdots\cdots\cdots ⑧$$

이다. 따라서

$$\vec{N}=\frac{\dot{\vec{T}}}{|\dot{\vec{T}}|}$$

가 운동경로의 단위법선벡터임을 알 수 있다.

단위접선벡터의 도함수 $\dot{\vec{T}}$는 단위시간당 운동방향($\vec{T}$)의 변화를 나타내는데, 단위거리당 운동방향의 변화의 크기를 곡률 κ, 그 역수를 곡률반경 $\rho=1/\kappa$로 정의한다. 운동경로를 따른 거리를 s로 나타낼 때

$$ds=|d\vec{r}|=vdt$$

이기 때문에

$$\kappa = \left|\frac{d\vec{T}}{ds}\right| = \left|\frac{d\vec{T}}{vdt}\right| = \frac{|\dot{\vec{T}}|}{v}$$

$$\therefore \ |\dot{\vec{T}}| = \kappa v = \frac{v}{\rho} \quad \cdots\cdots ⑨$$

가 된다.

이제 속도와 가속도를 정리하면 다음과 같다.

$$\vec{v} = v\vec{T} \quad \cdots\cdots ⑩$$

$$\vec{a} = a_t\vec{T} + a_n\vec{N} \quad \cdots\cdots ⑪$$

$$\vec{a} = \dot{\vec{v}} = \dot{v}\vec{T} + v\dot{\vec{T}}$$

$$= \dot{v}\vec{T} + v|\dot{\vec{T}}|\frac{\dot{\vec{T}}}{|\dot{\vec{T}}|} = \dot{v}\vec{T} + v\frac{v}{\rho}\vec{N}$$

$$\therefore \ a_t = \dot{v}, \ a_n = \frac{v^2}{\rho} \quad \cdots\cdots ⑫$$

다음과 같이 하면 $\vec{a}$ 이외의 고차도함수를 구하지 않고 곡률반경과 가속도 성분들을 간편하게 구할 수 있다. 식 ⑩, ⑪을 사용하여 속도와 가속도의 내적을 계산하면 접선방향가속도는

$$\vec{v} \cdot \vec{a} = (v\vec{T}) \cdot (a_t\vec{T} + a_n\vec{N}) = va_t$$

$$\therefore \ a_t = \frac{\vec{v} \cdot \vec{a}}{v} \quad \cdots\cdots ⑬$$

이 되고, 속도와 가속도의 외적의 크기를 구하면 법선방향가속도와 운동경로의 곡률은

$$\vec{v} \times \vec{a} = (v\vec{T}) \times (a_t\vec{T} + a_n\vec{N}) = va_n\vec{B}$$

$$|\vec{v} \times \vec{a}| = va_n|\vec{B}| = va_n$$

$$\therefore \ a_n = \frac{v^2}{\rho} = \frac{|\vec{v} \times \vec{a}|}{v} \quad \cdots\cdots ⑭$$

$$\therefore\ \kappa = \frac{1}{\rho} = \frac{|\vec{v} \times \vec{a}|}{v^3} \quad \cdots\cdots ⑮$$

가 된다. 여기서 단위벡터 $\vec{B} = \vec{T} \times \vec{N}$는 종법선단위벡터를 나타내는데 $(\vec{i}, \vec{j}, \vec{k})$ 짝과 비슷하게 $(\vec{T}, \vec{N}, \vec{B})$ 짝이 3차원 운동 공간에서 기저벡터 역할을 한다.

[문제 20.2] **각각의 질량이 $m_b = 180$g, $m_s = 45$g이며 강체인 드릴비트와 스트라이커의 반발계수를 측정하기 위해 다음과 같은 실험을 하였다. 먼저 드릴비트를 단단한 바닥에 세워놓고 스트라이커를 일정한 높이 h_1에서 떨어뜨렸을 때 스트라이커가 $h_2 = 40$mm 튀어 올랐고, 드릴비트를 고무바닥에 세워놓고 스트라이커를 일정한 높이 h_1에서 떨어뜨렸을 때 스트라이커가 $h_3 = 10$mm 튀어 올랐다. 물음에 답하시오. (단, 단단한 바닥에서는 드릴비트가 파고 들어가지 않으며 고무바닥에서는 드릴비트가 파고 들어가고 드릴비트는 바닥에 수직으로 서 있으며 스트라이커도 충돌 후 수직으로 튀어 오른다) (총 10점)**

[국가공무원 5급(기술) 공개경쟁채용 제2차시험(2021)]

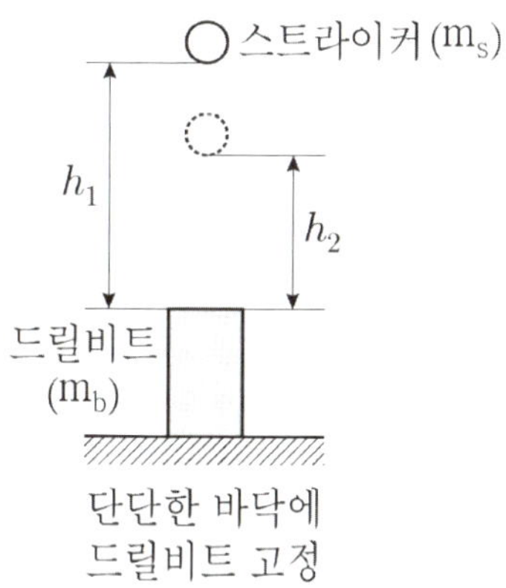

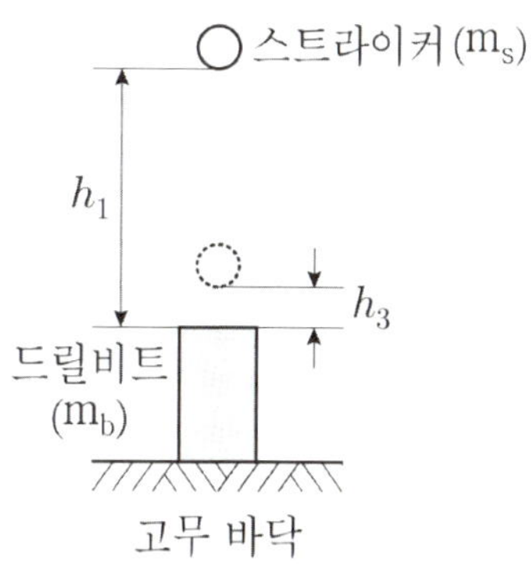

1) 스트라이커와 드릴비트 사이의 반발계수를 구하시오. (7점)
2) 스트라이커를 떨어뜨린 높이 h_1을 구하시오. (3점)

풀이 에너지 보존(또는 등가속도운동) 식과 충돌 해석을 사용하여 질점의 충돌과 반발 운동을 해석한다. 충돌 해석은 드릴비트가 고정된 경우 반발계수를 사용하고, 드릴비트가 움직이는 경우에는 운동량 보존과 반발계수를 사용한다. 충돌 해석에서 무게는 충격력에 비해 작으므로 무시한다. 아래쪽 방향을 y 방향으로 잡고, 초기 상태를 o, 충돌 직전, 직후를 i, f, 충돌 후 최대로 올라간 상태를 k로 나타낸다.

1) 낙하과정 해석 : 수평방향 힘이 없고 초기 상태가 정지 상태이므로 모든 운동은 수직 방향(y 방향)으로 일어난다. 거리 h_1을 낙하한 후 드릴비트와 충돌하는 스트라이커의 속도 $v_{s,i}(>0)$는 에너지 보존에 의해

$$T_i = T_o + (V_o - V_i)$$

$$\frac{1}{2}m_s v_{s,i}^2 = 0 + m_s g h_1$$

$$\therefore\ v_{s,i} = \sqrt{2gh_1} \quad \cdots\cdots ①$$

이다. 먼저, 드릴비트가 바닥에 고정된 경우, 충돌 후 스트라이커의 속도 $v_{s,f}$는 반발계수 e를 사용하여 다음과 같이 구할 수 있다.

$$e = \frac{v_{b,f} - v_{s,f}}{v_{s,i} - v_{b,i}} = \frac{0 - v_{s,f}}{v_{s,i} - 0} = \frac{-v_{s,f}}{\sqrt{2gh_1}}$$

$$\therefore\ v_{s,f} = -e\sqrt{2gh_1} \quad \cdots\cdots ②$$

충돌 후 최대로 올라가 속도가 0이 될 때까지 올라간 높이 h_2는 에너지 보존에 의해 다음 관계를 만족해야 한다.

$$(V_k - V_f) = T_f - T_k$$

$$m_s g h_2 = \frac{1}{2}m_s(-e\sqrt{2gh_1})^2 - 0$$

$$\therefore\ h_2 = e^2 h_1 \quad \cdots\cdots ③$$

다음으로, 드릴비트가 고무바닥에 세운 드릴비트에 충돌하는 경우 드릴비트도 충돌 후 움직인다. 운동량 보존과 반발계수를 사용하면

$$m_s v_{s,i} + m_b v_{b,i} = m_s v_{s,f} + m_b v_{b,f}$$

$$m_s \sqrt{2gh_1} + 0 = m_s v_{s,f} + m_b v_{b,f}$$

$$\therefore \ m_s v_{s,f} + m_b v_{b,f} = m_s \sqrt{2gh_1} \ \cdots\cdots ④$$

$$e = \frac{v_{b,f} - v_{s,f}}{v_{s,i} - v_{b,i}} = \frac{v_{b,f} - v_{s,f}}{\sqrt{2gh_1} - 0} = \frac{v_{b,f} - v_{s,f}}{\sqrt{2gh_1}}$$

$$\therefore \ v_{b,f} = v_{s,f} + e\sqrt{2gh_1} \ \cdots\cdots ⑤$$

이다. 식 ⑤를 식 ④에 대입하고 $m_b/m_s = 180/45 = 4$를 적용하여 풀면

$$m_s v_{s,f} + m_b v_{s,f} = m_s \sqrt{2gh_1} - m_b e\sqrt{2gh_1}$$

$$\therefore \ v_{s,f} = \frac{1 - e(m_b/m_s)}{1 + (m_b/m_s)}\sqrt{2gh_1} = -\frac{(4e-1)}{5}\sqrt{2gh_1} \ \cdots\cdots ⑥$$

이고, 스트라이커가 충돌 후 튀어 올라야 하기 때문에

$$v_{s,f} < 0$$

$$\therefore \ \frac{1}{4} < e \le 1$$

이어야 한다. 충돌 후 최대로 올라간 높이 h_3는 에너지 보존 식에 의해

$$(V_k - V_f) = T_f - T_k$$

$$m_s g h_3 = \frac{1}{2} m_s \left(\frac{4e-1}{5}\sqrt{2gh_1} \right)^2 - 0$$

$$\therefore \ h_3 = \left(\frac{4e-1}{5} \right)^2 h_1 \ \cdots\cdots ⑦$$

을 만족해야 한다. 식 ③과 식 ⑦에서 h_1을 소거하면 반발계수는 다음과 같다.

$$\frac{4e-1}{5e} = \sqrt{\frac{h_3}{h_2}} = \sqrt{\frac{10}{40}} = \frac{1}{2}$$

$$\therefore \ e = \frac{2}{3} \quad \cdots\cdots ⑧$$

이 값은 1/4보다 크므로 스트라이크가 올라갈 조건을 만족한다.

2) 스트라이커를 떨어뜨린 높이 h_1은 식 ③으로부터 다음과 같다.

$$h_1 = \frac{h_2}{e^2} = \frac{40}{(2/3)^2} = 90\,[\mathrm{mm}] \quad \cdots\cdots ⑨$$

[참고] 운동방정식에 의하면 스트라이커는 낙하 시 $a=g$, 상승 시 $a=-g$로 등가속도 운동을 하므로 충돌 직전/직후 스트라이커의 속도와 낙하/상승 거리 사이의 관계를 질점의 등가속도 관계식

$$v_2^2 - v_1^2 = 2a(s_2 - s_1)$$

을 사용하여 다음과 같이 구할 수도 있다.

• 낙하 시

$$v_2^2 - v_1^2 = 2g(s_2 - s_1)$$
$$v_{s,i}^2 - 0 = 2gh_1$$
$$\therefore \ v_{s,i} = \sqrt{2gh_1}$$

• 상승 시

$$v_2^2 - v_1^2 = -2g(s_2 - s_1)$$
$$0 - v_{s,f}^2 = -2gh_k$$
$$\therefore \ h_k = \frac{v_{s,f}^2}{2g} \quad (= h_2 \text{ or } h_3)$$

[문제 20.3] **그림과 같이 고정된 슬라이더 안쪽에서 우측 수평 방향으로 가속하며 움직이는 피스톤 A의 속도 $v_A = 3$m/s이며, 가속도 $a_A = 1.5$ $\mathrm{m/s^2}$이다. 링크 AB는 고정된 핀 C 위에서 홈을 따라 자유롭게 미끄러질 수 있다. 다음 물음에 답하시오. (단, 슬라이더와 피스톤 사이의 마찰력과 모든 물체의 질량은 무시한다) (총 15점)**

[국가공무원 5급(기술) 공개경쟁채용 제2차시험(2021)]

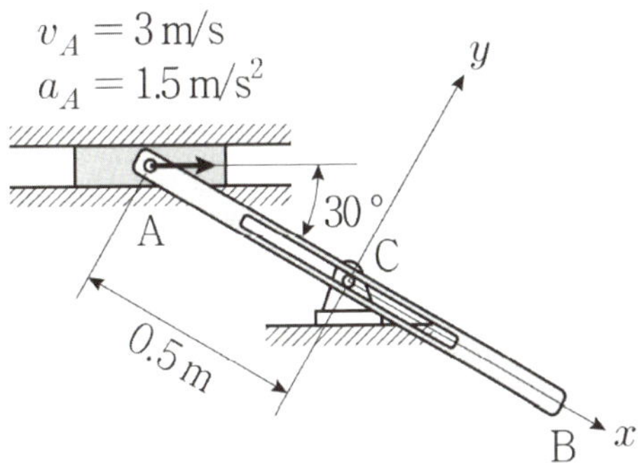

1) 링크 AB의 각속도의 크기와 방향을 구하시오. (6점)
2) 링크 AB의 각가속도의 크기와 방향을 구하시오. (9점)

풀이 강체의 평면회전운동을 해석한다. 거리가 변하는 상대 원운동에 대한 원통좌표를 사용하면 편리하다. 준 그림과 [그림]처럼 C가 원점이고 AB가 x축 상에 있고 회전방향이 반시계방향인 좌표계를 사용한다. 막대 위의 두 점 C, A 사이의 거리가 변하고 막대는 C를 지나는 고정 수평선에 대하여 반시계방향으로 회전한다.

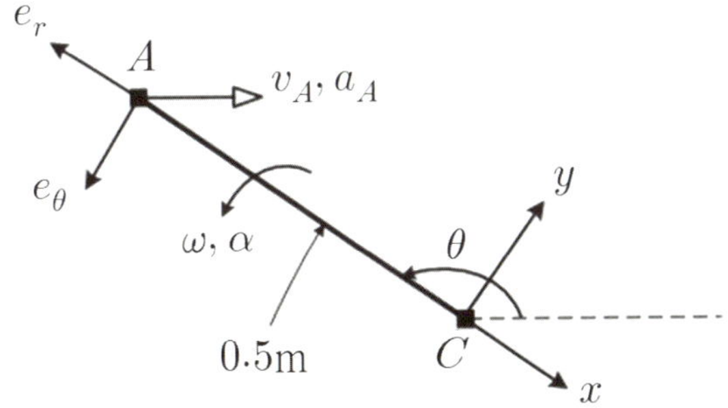

[그림] 거리가 변하며 회전하는 CA의 상대운동

1) 강체 위의 두 점 O, P 사이의 상대운동 $\vec{r}_{P/O} = r\vec{e}_r$ 은 다음과 같이 쓸 수 있다.

$$\vec{v}_{P/O} = \dot{r}\vec{e}_r + r\dot{\theta}\vec{e}_\theta \quad \cdots\cdots ①$$

$$\vec{a}_{P/O} = \left(\ddot{r} - r\dot{\theta}^2\right)\vec{e}_r + \left(r\ddot{\theta} + 2\dot{r}\dot{\theta}\right)\vec{e}_\theta \quad \cdots\cdots ②$$

식 ①을 C, A에 적용하고

$$\dot{r}_{A/C} = v,\ \dot{\theta}_{AB} = \omega$$

라고 하면 C는 정지해 있으므로

$$\vec{v}_A = 3(\cos30^o\vec{i} + \sin30^o\vec{j}) = v(-\vec{i}) + 0.5\omega(-\vec{j}) \quad \cdots\cdots ③$$

이다. 성분별로 비교하면 다음과 같다.

$$\therefore\ v = -3\cos30^o = -2.598\ [\text{m/s}] \quad \cdots\cdots ④$$

$$0.5\omega = -3\sin30^o = -1.5$$

$$\therefore\ \omega = -3\ [\text{rad/s}] \quad \cdots\cdots ⑤$$

따라서 링크 AB의 각속도는 시계방향으로 3[rad/s]이다.

2) 식 ②를 C, A에 적용하고 추가로

$$\ddot{r}_{A/C} = a,\ \ddot{\theta}_{AB} = \alpha$$

라 하면 C는 정지해 있으므로

$$\vec{a}_A = 1.5(\cos30^o\vec{i} + \sin30^o\vec{j})$$

$$= \left(a - 0.5\omega^2\right)(-\vec{i}) + (0.5\alpha + 2v\omega)(-\vec{j}) \quad \cdots\cdots ⑥$$

이다. 성분별로 비교하고 식 ④, ⑤의 결과를 반영하면 다음과 같다.

$$a - 0.5\omega^2 = -1.5\cos30^o$$

$$\therefore\ a = -1.5\cos30^o + 0.5 \times 3^2 = 3.201\ [\text{m/s}^2] \quad \cdots\cdots ⑦$$

$$0.5\alpha + 2v\omega = -1.5\sin 30^o$$
$$\therefore\ \alpha = 2[-1.5\sin 30^o - 2(-2.598)(-3)]$$
$$= -32.68\ [\text{rad/s}^2] \cdots\cdots ⑧$$

따라서 링크 AB의 각가속도는 시계방향으로 32.68[rad/s^2]이다.

[참고] 준 그림에서 링크 AB와 함께 회전하는 좌표계를 xyz라 하면 관성좌표계에서 A의 속도와 가속도는

$$\vec{v}_A = \vec{v}_C + \vec{\Omega}\times\vec{r}_{A/C} + (\vec{v}_{A/C})_{xyz}$$
$$\vec{a}_A = \vec{a}_C + \vec{\dot{\Omega}}\times\vec{r}_{A/C} + \vec{\Omega}\times(\vec{\Omega}\times\vec{r}_{A/C})$$
$$+ 2\vec{\Omega}\times(\vec{v}_{A/C})_{xyz} + (\vec{a}_{A/C})_{xyz}$$

로 구할 수 있다. 여기서 첨자 xyz는 회전하는 좌표계(xyz 좌표계)에서의 속도와 가속도를 나타내기 때문에 회전이 없을 때의 속도와 가속도에 해당한다. 이 식들을 이용하여 해석하면 다음과 같다.

$$\vec{v}_C = \vec{a}_C = \vec{0}$$

이고,

$$\vec{\dot{\Omega}} = \alpha\vec{k},\ \ \vec{\Omega} = \omega\vec{k}$$
$$(\vec{v}_{A/C})_{xyz} = -v\vec{i},\ \ (\vec{a}_{A/C})_{xyz} = -a\vec{i}$$

라 둘 수 있으므로

$$\vec{v}_A = 3(\cos 30^o\vec{i} + \sin 30^o\vec{j})$$
$$= (\omega\vec{k})\times(-0.5\vec{i}) - v\vec{i} = -0.5\omega\vec{j} - v\vec{i} \cdots\cdots ⑨$$
$$\vec{a}_A = 1.5(\cos 30^o\vec{i} + \sin 30^o\vec{j})$$
$$= (\alpha\vec{k})\times(-0.5\vec{i}) + (\omega\vec{k})\times[(\omega\vec{k})\times(-0.5\vec{i})]$$
$$+ 2(\omega\vec{k})\times(-v\vec{i}) - a\vec{i}$$
$$= -(0.5\alpha + 2\omega v)\vec{j} - (a - 0.5\omega^2)\vec{i} \cdots\cdots ⑩$$

가 된다. 여기서 식 ⑨는 식 ③과 같고, 식 ⑩은 식 ⑥과 같아서 이후 계산이 위와 같으므로 이후 과정은 생략한다.

[문제 20.4] **그림 (가)와 같이 반지름 $r = 100$mm인 균일한 원판 중심을 길이가 각각 $\frac{h}{2}$인 탄성막대 사이에 고정하였다. 원판에 500$\text{mN} \cdot \text{m}$의 토크를 작용해서 그 원판이 10°로 회전한 상태에서 토크를 해제했을 때, 원판의 진동이 개시되었고 그 주기가 1.2s라고 할 때, 다음 물음에 답하시오. (총 15점)** [국가공무원 5급(기술) 공개경쟁채용 제2차시험(2021)]

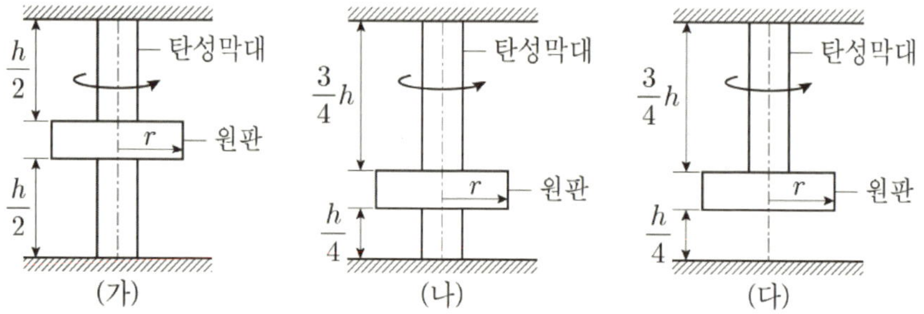

1) 원판의 질량 m을 구하시오. (5점)
2) 그림 (나)와 같이 원판을 길이가 각각 $\frac{3}{4}h$, $\frac{h}{4}$인 탄성막대 사이에 고정하였을 때 진동 주기를 구하시오. (5점)
3) 그림 (다)와 같이 (나)의 상태에서 원판 아래쪽 탄성막대를 제거하였을 때 진동 주기를 구하시오. (5점)

풀이 벽에 수직으로 고정된 두 원형막대 사이에 고정된 원판이 토크에 의해 진동할 때의 운동을 해석한다.

1) [그림]의 자유물체도처럼 두 원형막대 사이에 고정된 원판에 T의 토크가 가해질 때, 위와 아래 막대에 걸리는 토크와 길이가 T_1, T_2와 L_1, L_2, 원판의 회전 각도가 θ라 하면 탄성관계식과 토크 평형 식을 다음과 같이 쓸 수 있다.

$$T_1 = \frac{GJ}{L_1}\theta \cdots\cdots ①$$

$$T_2 = \frac{GJ}{L_2}\theta \cdots\cdots ②$$

$$T_1 + T_2 = T \cdots\cdots ③$$

여기서 G는 막대의 횡탄성계수이고, J는 막대의 극관성모멘트 $\frac{\pi}{2}R^4$ (R은 막대의 반지름)을 나타낸다. 식 ①, ②를 식 ③에 대입하면

$$T = GJ\left(\frac{1}{L_1} + \frac{1}{L_2}\right)\theta = \frac{(L_1 + L_2)GJ}{L_1 L_2}\theta = k\theta \cdots\cdots ④$$

$$k = \frac{(L_1 + L_2)GJ}{L_1 L_2} \cdots\cdots ⑤$$

와 같이 T와 θ의 비례관계 식을 얻는다.

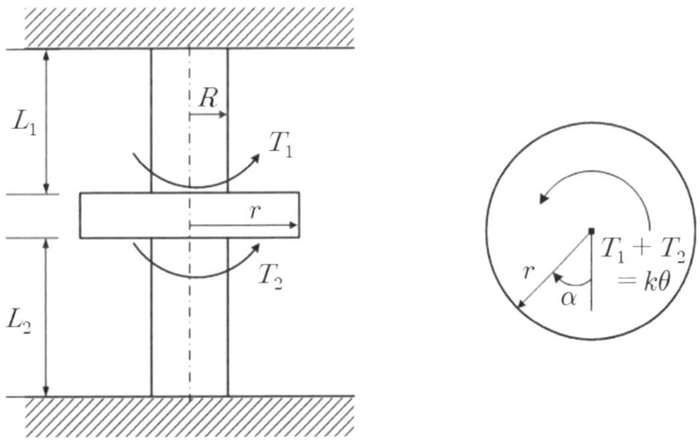

[그림] 자유물체도

토크를 해제하여 원판이 진동할 때 운동방정식은 각운동방정식과 식 ④를 적용하여

$$\sum M_G = I_G \alpha \ :$$

$$-k\theta = \frac{1}{2}mr^2\ddot{\theta}$$

$$\therefore\ \ddot{\theta} + \frac{2k}{mr^2}\theta = 0 \quad \cdots\cdots\cdots ⑥$$

이므로 시스템 $\ddot{\theta} + \omega^2\theta = 0$와 비교하면 진동 주기 τ는

$$\tau = \frac{2\pi}{\omega} = 2\pi\sqrt{\frac{mr^2}{2k}} = \pi r\sqrt{\frac{2m}{k}} \quad \cdots\cdots\cdots ⑦$$

이다. $L_1 = L_2 = (1/2)h$인 경우 비례상수 k는

$$k = k_1 = \frac{4GJ}{h} = \frac{T}{\theta} = \frac{0.5}{\pi(10^o/180^o)} = 2.865\ [\mathrm{N \cdot m/rad}]$$

이므로 원판의 질량은 식 ⑦에 의해

$$m = \frac{k_1}{2}\left(\frac{\tau}{\pi r}\right)^2 = \frac{2.865}{2}\left(\frac{1.2}{\pi \times 0.1}\right)^2 = 20.90\ [\mathrm{kg}]$$

이다.

2) 이 경우에 막대의 길이만 바뀌고 G, J, h는 변함이 없다. $L_1 = (3/4)h$, $L_2 = (1/4)h$인 경우

$$k = k_2 = \frac{16GJ}{3h} = \frac{4}{3}k_1$$

이다. r, m이 일정할 때 식 ⑦에 의해 $\tau\sqrt{k}$ = 일정하므로 진동 주기는

$$\tau_2 = \tau_1\sqrt{\frac{k_1}{k_2}} = 1.2\sqrt{\frac{3}{4}} = 1.039\ [\mathrm{s}]$$

가 된다.

3) 아래쪽 막대가 없을 때는 위쪽 막대가 전체 토크를 지지해야 하기 때문에

$$T = \frac{GJ}{L_1}\theta = \frac{4GJ}{3h}\theta = k_3\theta$$

$$k_3 = \frac{4GJ}{3h} = \frac{k_1}{3}$$

이다. r, m이 그대로이므로 앞에서 본 것처럼 $\tau\sqrt{k}$ 도 변함이 없다. 따라서 이 경우 진동 주기는

$$\tau_3 = \tau_1\sqrt{\frac{k_1}{k_3}} = 1.2\sqrt{3} = 2.078\ [\mathrm{s}]$$

이다.

참고문헌

[1] 강연준 외 공역, F. P. Beer, E. R. Johnston, Jr., P. J. Cornwell, B. P. Self, S. Sanghi 저, 공학도를 위한 동역학, 맥그로힐에듀케이션코리아, 2020(새 판 계속 나옴).

[2] 강연준 외 공역, J. L. Meriam, L. G. Kraige 저, 공업역학: 동역학, ㈜시그마프레스, 2018(새 판 계속 나옴).

[3] 경상대학교 외 공역, D. Halliday, R. Resnick, J. Walker 저, 일반물리학, John Willey & Sons, Inc., 2013(새 판 계속 나옴).

[4] 유주식, 쉽게 배우는 기계공학개론, 교육과학사, 2021.

[5] 윤종호 외 공역, R. C. Hibbeler, Kai Beng Yap 저, 공업역학: 동역학, 프로텍미디어, 2015(새 판 계속 나옴).

[6] 황철호 역, A. Bedford, W. Fowler 저, 공업역학: 동역학, Prentice- Hall, Inc., 2005(새 판 계속 나옴).

[7] 사이버국가고시센터 (www.gosi.go.kr)

질량관성모멘트

<table>
<tr>
<td>가는 막대</td>
<td>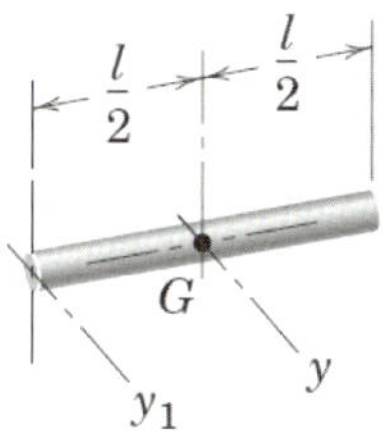
</td>
<td>$I_{yy} = \frac{1}{12}ml^2$
$I_{y_1y_1} = \frac{1}{3}ml^2$</td>
</tr>
<tr>
<td>얇은 원판</td>
<td>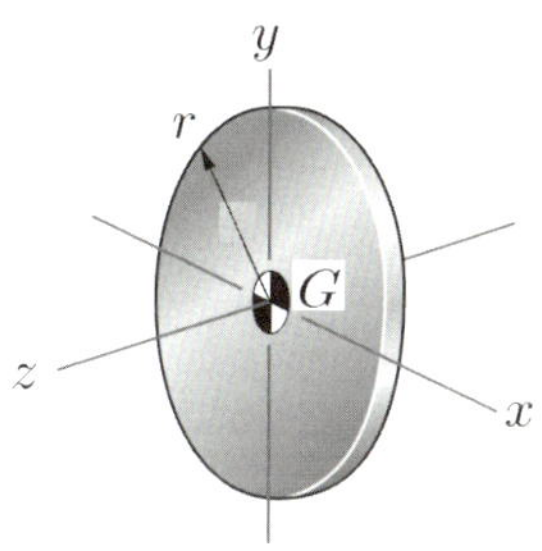
</td>
<td>$I_{xx} = I_{yy} = \frac{1}{4}mr^2$
$I_{zz} = \frac{1}{2}mr^2$</td>
</tr>
<tr>
<td>속이 찬 원기둥</td>
<td>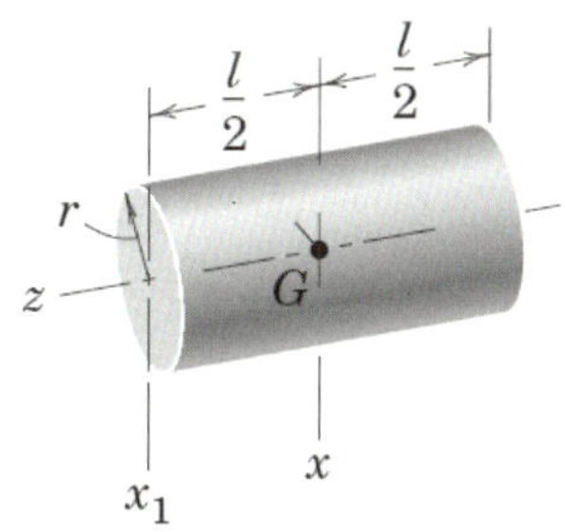
</td>
<td>$I_{xx} = \frac{1}{4}mr^2 + \frac{1}{12}ml^2$
$I_{x_1x_1} = \frac{1}{4}mr^2 + \frac{1}{3}ml^2$
$I_{zz} = \frac{1}{2}mr^2$</td>
</tr>
<tr>
<td>속이 빈 원기둥</td>
<td>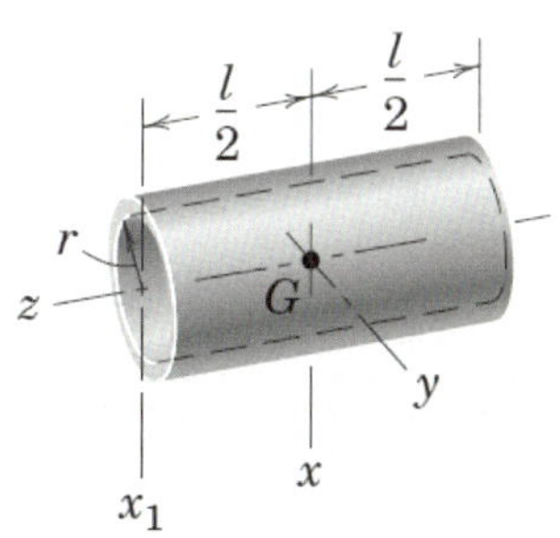
</td>
<td>$I_{xx} = \frac{1}{2}mr^2 + \frac{1}{12}ml^2$
$I_{x_1x_1} = \frac{1}{2}mr^2 + \frac{1}{3}ml^2$
$I_{zz} = mr^2$</td>
</tr>
</table>

속이 찬 구	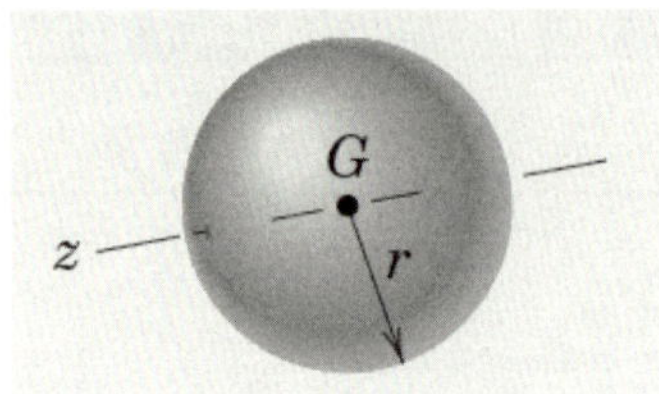	$I_{zz} = \frac{2}{5}mr^2$
속이 빈 구	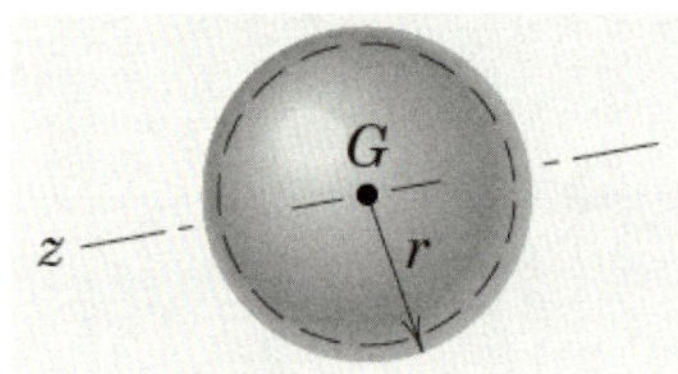	$I_{zz} = \frac{2}{3}mr^2$
직육면체	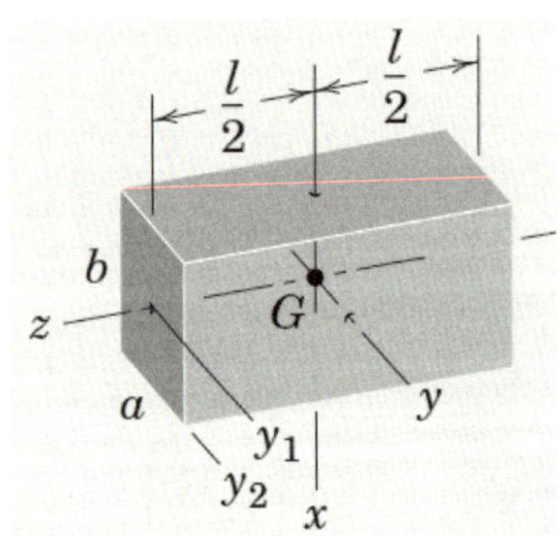	$I_{xx} = \frac{1}{12}m(a^2 + l^2)$ $I_{yy} = \frac{1}{12}m(b^2 + l^2)$ $I_{xx} = \frac{1}{12}m(a^2 + b^2)$ $I_{y_1y_1} = \frac{1}{12}mb^2 + \frac{1}{3}ml^2$ $I_{y_2y_2} = \frac{1}{3}m(b^2 + l^2)$
원뿔	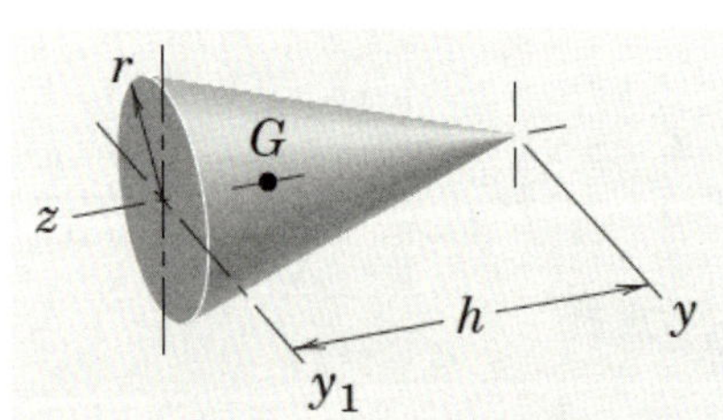	$I_{yy} = \frac{3}{20}mr^2 + \frac{3}{5}mh^2$ $I_{y_1y_1} = \frac{3}{20}mr^2 + \frac{1}{10}mh^2$ $I_{zz} = \frac{3}{10}mr^2$ $\bar{I}_{yy} = \frac{3}{20}mr^2 + \frac{3}{80}mh^2$

차원과 SI 단위

차원에서 M, L, T, Θ는 각각 질량, 길이, 시간, 절대온도를 나타낸다.

[표] 차원과 SI 단위

물리량	차원	SI 단위
면적 A	L^2	m^2
부피 V	L^3	m^3
속도 v	L/T	m/s
가속도 a	L/T^2	m/s^2
각속도 ω	$1/T$	1/s
각가속도 α	$1/T^2$	$1/s^2$
힘 F	ML/T^2	$kg \cdot m/s^2$ 또는 N (Newton)
밀도 ρ	M/L^3	kg/m^3
비중량 γ	M/L^2T^2	N/m^3
진동수, 주파수 f	$1/T$	1/s 또는 Hz
압력(p), 응력(σ, τ)	M/LT^2	N/m^2 또는 Pa (Pascal)
표면장력 σ	M/T^2	N/m, kg/s^2
운동량 L, p	ML/T	$kg \cdot m/s$
각운동량 H	ML^2/T	$kg \cdot m^2/s$
질량관성모멘트 I	ML^2	$kg \cdot m^2$
단면2차모멘트 I	L^4	m^4
일(W), 에너지(E)	ML^2/T^2	$N \cdot m$ 또는 J (Joule)
열전달률 $\dot{Q}$	ML^2/T^3	J/s 또는 W (Watt)
모멘트(토크) M, T	ML^2/T^2	$N \cdot m$
동력(일률) H	ML^2/T^3	J/s 또는 W (Watt)
체적유량 Q	L^3/T	m^3/s
질량유량 $\dot{m}$	M/T	kg/s
중량유량 G	ML/T^3	N/s
비열(c), 기체상수(R)	$L^2/T^2\Theta$	$J/kg \cdot K$
점성계수 μ	M/LT	$N \cdot s/m^2$, $Pa \cdot s$
동점성계수 ν	L^2/T	m^2/s

단위 변환

- 길이 : 1mm = 0.0394 inch ; 1m = 3.281 ft ; 1 km = 0.622mile ; 1 mile = 5280 ft
  1 inch = 2.54 cm ; 1 ft = 12 inch = 0.3048 m ; 1yard = 0.9144 m
- 면적 : $1m^2 = 10.76 ft^2$; $1mm^2 = 0.00155 inch^2$
- 체적 : $1m^3 = 10^3 \ell = 35.31\ ft^3$; $1\ell = 10^3 cm^3 = 10^{-3} m^3$
- 질량 : 1kg = 0.0685 slug ; 1 slug = 14.59 kg ; 1 ton = 1000 kg
- 중력가속도 : $g = 9.80665\ m/s^2 = 32.174\ ft/s^2$
- 힘 : $1N = 10^5$ dyne ; 1 N = 0.2248 lb ; 1kgf = 9.80665 N ; 1 lb = 4.448 N
- 점성계수 : $1 Pa \cdot s = 1 N \cdot s/m^2 = 10$ poise $= 0.02089\ lb \cdot s/ft^2$
  1 poise $= 1g/cm \cdot s = 1$ dyne $\cdot\ s/cm^2 = 0.1\ kg/m \cdot s$
  1 poise $= 0.1 N \cdot s/m^2 = 0.1 Pa \cdot s = 100$ cP
- 밀도 : $1 kg/m^3 = 0.00194\ slug/ft^3$
- 에너지: $1J = 1N \cdot m = 0.7375 ft \cdot lb$; $1J = 10^7$ erg ; 1cal = 4.1860 J (exactly)
- 유량 : $1 m^3/s = 10^6 cm^3/s = 1000\ell/s = 35.31\ ft^3/s$; $1\ell/s = 10^{-3} m^3/s$
- 동점성계수 : $1 m^2/s = 10^4$ stoke $= 10.76\ ft^2/s$
  1 stoke $= 1cm^2/s = 10^{-4} m^2/s = 100$ cSt
- 동력 : $1W = 1J/s = 0.7375 ft \cdot lb/s$; 1kW = 1.341 hp = 737.5 ft · lb/s
  1 PS = 75 kgf · m/s = 735.5 W ; 1 hp = 746 W ; 1hp = 550 lb · ft/s
- 압력 : $1 bar = 10^5 Pa = 100kPa = 0.987$ atm ; $1kN/m^2 = 1 kPa = 0.145$ psi
  $1mm H_2O = 9.807 Pa$; 1mmHg = 0.0394 inch Hg = 133.3 Pa
  1 atm = 760 mmHg = 101.325 kPa = 1.01325 bar = 14.70 psi
- 비열, 기체상수 : 1 J/kg · K = 5.98 ft · lb/slug · R
- 비체적 : $1 m^3/kg = 515.5\ ft^3/slug$
- 비중량 : $1 N/m^3 = 0.006365\ lb/ft^3$
- 온도차(ΔT) : 1 ℃ = 1 K = 1.8 °F = 1.8 R
- 속도 : 1 m/s = 3.281 ft/s = 3.60 km/h = 2.28mile/h ; 1knot = 0.5155 m/s

[ℓ = liter = 1000 cc = $1000\ cm^3$; ft = foot ; lb = pound force ; psi = $lb/inch^2$]

저자약력

유주식

서울대학교 공과대학 기계공학과 졸업
한국과학기술원 기계공학과 석 · 박사
University of Michigan 연구교수
(현재) 안동대학교 기계교육과 교수

고형종

서울대학교 공과대학 기계공학과 졸업
한국과학기술원 기계공학과 석 · 박사
Pennsylvania State University 연구교수
(현재) 금오공과대학교 기계공학과 교수

고급 동역학 문제연습

2022년 7월 10일 1판 1쇄 인쇄
2022년 7월 15일 1판 1쇄 발행

저 자 : 유주식 · 고형종
발행자 : 한 정 주
발행처 : 교육과학사

저자와의 협의하에 인지생략

경기도 파주시 광인사길 71
전화 (031)955-6956~8/팩스 (031)955-6037
Home-page : www.kyoyookbook.co.kr
E-mail : kyoyook@chol.com
등록 : 1970년 5월 18일 제2-73호

낙장 · 파본은 교환해 드립니다.
Printed in Korea.

정가 16,000 원
ISBN 978-89-254-1700-4